U1018343

"十四五"职业教育河南省规划教材

高职高专机械类专业新形态系列教材

机械设计基础

（第二版）

主　编　李春明

副主编　屈晓莉　张爱香　李婷婷

参　编　李　磊　李智华

西安电子科技大学出版社

内 容 简 介

本书以就业岗位群技能要求为切入点，尽可能以实际工作场景为学习情景，且在"知识拓展"内容里注入课程思政元素，着重培养学生的实际工作能力，并有助于提高学生的综合素质和创新能力。

本书共分为5个模块、13个项目，主要内容有机械传动机构，包括平面机构及其自由度、平面连杆机构、凸轮机构和间歇运动机构等内容；机械传动形式，包括带传动和链传动、齿轮传动等内容；连接，包括螺纹连接、键销连接等内容；轮系与轴系零部件，包括轮系、轴、轴承、轴系零部件等内容；机械设计应用及发展，包括机械设计方案制定、现代设计方法简介等内容。

本书可作为高职院校机械类或近机类专业教材，也可供相关专业技术人员参考。

图书在版编目(CIP)数据

机械设计基础/李春明主编. --2. --西安：西安电子科技大学出版社，2023.11

ISBN 978-7-5606-6919-9

Ⅰ. ①机… Ⅱ. ①李… Ⅲ. ①机械设计—高等职业教育—教材
Ⅳ. ①TH122

中国国家版本馆CIP数据核字(2023)第184885号

策　　划　秦志峰　刘　杰
责任编辑　秦志峰
出版发行　西安电子科技大学出版社(西安市太白南路2号)
电　　话　(029)88202421　88201467　　邮　　编　710071
网　　址　www.xduph.com　　电子邮箱　xdupfxb001@163.com
经　　销　新华书店
印刷单位　陕西天意印务有限责任公司
版　　次　2023年11月第2版　2023年11月第1次印刷
开　　本　787毫米×1092毫米　1/16　印张　15.5
字　　数　364千字
印　　数　1～2000册
定　　价　45.00元
ISBN 978-7-5606-6919-9/TH

XDUP 7221002-1

＊＊＊如有印装问题可调换＊＊＊

前　言
PREFACE

本书是在总结经验的基础上，根据《国家职业教育改革实施方案》的精神以及当前我国高等职业教育发展的实际情况，结合工程实际对人才的知识需求，对第一版教材进行的修订。

为了保持第一版的特色与风格，故体系结构、内容均未做大的变动。此次修订有如下特点：

• 考虑到教学实际及近年来的使用经验，在每个模块末尾增设了“模块知识小结”，简明清晰地列出了各模块的关键知识点，便于学生总结和归纳，按照各模块的学习要求检验学习效果。

• 为了突出课程的工程实用性，增加了结合工程实际和日常生活的实例分析。例如，在“模块一 机械传动机构”中增加了“绘制长柄雨伞的机构运动简图”的实例分析，在“模块四 轮系与轴系零部件”中增加了“外圆磨床的进给机构”和“滚齿机工作台的传动系统”的实例分析，这些内容有助于培养学生的工程意识。

• 为了深入落实立德树人的根本任务，增加了依据知识点、技能点提炼出的课程思政内容，使专业教育与思政教育同向同行。

• 增加了实际应用场景的视频、动画等数字化资源，有助于学生深入理解知识点，同时有助于培养学生的实际动手能力。

参加本次修订的人员为郑州职业技术学院的李春明(绪论和模块三)、李磊(模块一的项目一、二)、张爱香(模块一的项目三中的任务一、二和模块二的项目二中的任务一至任务六以及任务八)、李婷婷(模块二的项目一和模块五的项目二)、屈晓莉(模块二的项目二中的任务七和模块四的项目一、二、三)、李智华(模块一的项目三中的任务三、模块四的项目四和模块五的项目一)，全书由李春明任主编，屈晓莉、张爱香、李婷婷任副主编。在此，向所有关心和支持本书出版的人员表示衷心的感谢。

由于编者水平有限，书中不妥之处在所难免，恳请广大读者批评指正。

编　者

2023 年 4 月

第一版前言

机械设计基础课程是机械类和近机类专业的一门承上启下的专业基础课，该课程的教学内容对学生毕业后从事专业工作起着十分重要的作用。本书是根据近几年高职高专教育发展的特点和趋势，以培养技术应用型人才为目的，参考教育部对本课程教学的基本要求，在征求企业技术人员的意见和建议以及总结多年教学实践经验的基础上，按照通俗易懂、实用、优化的原则编写而成的。

为了适应职业教育发展的需要，本书对传统机械设计基础教材部分内容进行了科学的调整，避免出现深奥的原理分析及复杂的公式推导。同时，针对现在企业对人才提出的新要求，补充了部分知识点，以适应行业发展趋势。

本书分为5个模块、13个项目、39个任务，以企业中机械产品的实际生产过程为主线安排教学内容，每个任务对应一次课程教学，方便教师备课和学生预习，力争使本书内容简洁实用、易学易懂。

本书针对学生都拥有智能手机的现状，重点推出了新颖的移动课堂教学服务。学生通过手机扫描二维码，可方便地获取相关的拓展知识内容，这些内容多以图片、动画、视频等形式呈现，便于学生理解和学习。

为使学生能了解本学科最新发展动态并适应未来的就业岗位，本书还介绍了现代机械设计方法，对学生今后进一步学习提供帮助。

本书由郑州职业技术学院李春明担任主编，屈晓莉、张爱香、李婷婷担任副主编。其中，绪论和模块三由李春明编写；模块一的项目一、二由李磊编写；模块一的项目三中的任务一、二和模块二的项目二中的任务一至任务六以及任务八由张爱香编写；模块二的项目一和模块五的项目二由李婷婷编写；模块四的项目一、二、三和模块二的项目二中的任务七由屈晓莉编写；模块一的项目三中的任务三、模块四的项目四和模块五的项目一由李智华编写。在此，向所有关心和支持本书出版的人员表示衷心的感谢。

由于编者水平有限，疏漏之处在所难免，恳请使用本书的读者批评指正。

编　者

2021年6月

目　录
CONTENTS

模块三　连　　接

模块四　轮系与轴系零部件

模块五　机械设计应用及发展

绪　论

机械工程师的主要工作包括机械设计和机械制造工艺设计两个方面，本书主要介绍机械设计方面的知识。机械设计是机械产品研制的第一步，设计水平的高低直接影响着产品的性能、质量和经济效益。下面首先来介绍“机械设计”中的“机械”和“设计”。

1. 机械

机械是一个总称，习惯上将机器和机构都包括在内。

1）机器

近代真正意义上的机器，是在西方工业革命后发明出来的。为了代替人的劳动，人们将制造出的零件和部件装配成机器，通过机器中零部件间的相对运动，完成机械能的转换。两台或两台以上联在一起工作的机器一般称作机组。机器中有称为动力机器的，如电动机、发电机、内燃机等；有称为加工机器的，如普通机床、数控机床、工业机器人、缝纫机等；有称为运输机器的，如汽车、飞机、自行车、输送机等。机器的生产水平是衡量一个国家工业化和现代化的重要标志。

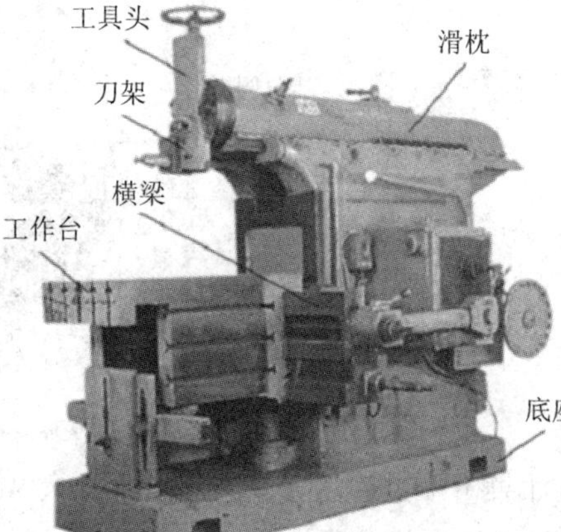

图 0-1　牛头刨床

那么，机器的组成如何呢？这里以牛头刨床为例进行介绍。图 0-1 中的牛头刨床是用来加工零件平面的机器。牛头刨床是通过滑枕的往复直线运动和工作台的左右移动来实现零件的刨削加工的。滑枕和工作台直接代替了人的劳动，称为**工作机构**。它们之所以能够运动和加工零件，靠的是**原动机**，这里用的是电动机，它提供机器做功的动力。工作机构的运动形式和速度往往和原动机不同，如滑枕往复运动的速度是 12.5～72.7 次/分，电动机的转速是 1420 转/分，因此需要一个中间环节把原动机的运动和动力传送到工作机构，这些中间环节叫作**传动装置**。从运动的角度来分析，机器的主体通常是由原动机＋传动装置＋工作机构组成的。电动机、内燃机、液压泵、空气压缩机等都是原动机。工作机构也叫执行机构，如车床的主轴和刀架、卡车的后轮（驱动轮）等。从图 0-1 中的牛头刨床可以看出，传动装置是一般机器的主要组成部分，它在一定程度上决定了机器的工作性能、外形、尺寸和重量等，所以它是机械设计中需要重点考虑的。传动装置有电气传动、流体传动和机械传动等，本书主要介绍机械传动。传动装置有三个作用：一是改变速度，如带传动、齿轮传动；二是改变运动形式，如连杆机构、凸轮机构等；三是传递动力给工作机构。

综上所述，机器有三个特征：① 它们是由人们加工出来的实体（构件）组装而成的；② 这些实体（构件）之间有相对运动；③ 它们能够实现能量转换，产生有用的机械功，或者是进行信息处理、影像处理等。

扫描下面的二维码，说出哪些是机器。

活扳手　台灯　普通车床　机器人　足浴盆

2）机构

机构是传动装置的组成部分，是由两个或两个以上的零件和部件通过运动副连接且具有确定**相对运动**的组合件。机构具有机器的前两个特征，它是机器的一部分。机构的主要功能是传递或转变运动的形式，但是它不能做机械功，也不能实现能量转换。通常机器至少包括一个机构。如图 0－2 所示为单缸内燃机，其中有一个曲柄连杆机构，该机构用于将气缸内活塞的往复直线运动转变成曲轴的旋转运动。同时，该内燃机还有齿轮机构和凸轮机构。

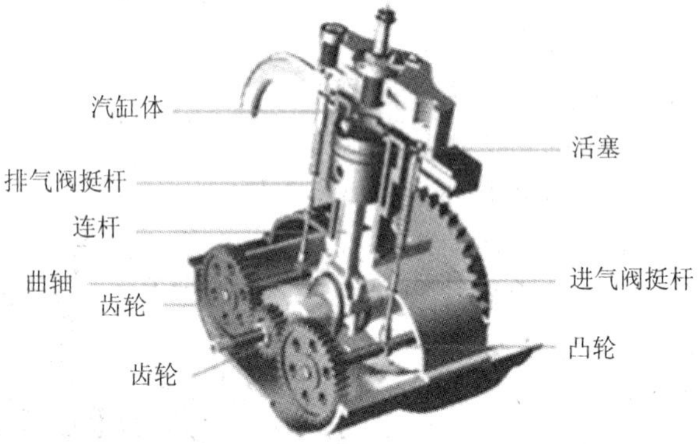

图 0－2　单缸内燃机

如果不考虑做功或实现能量转换，只从结构和运动的观点来看，机器和机构没有区别，所以将它们总称为机械。

扫描下面的二维码，说出哪些是机器，哪些是机构。

发动机　压力表　变速箱　千斤顶　拖拉机

3）构件和零件

构件是机构中参加运动的单元体，具有独立的运动特性。零件是机械中的制造单元，是组成机械的不可拆分的基本单元。构件可以由一个零件组成，如图 0－2 中的曲轴；也可以由若干个零件组成，如图 0－3 中的螺栓、连杆体、轴瓦等都是零件。

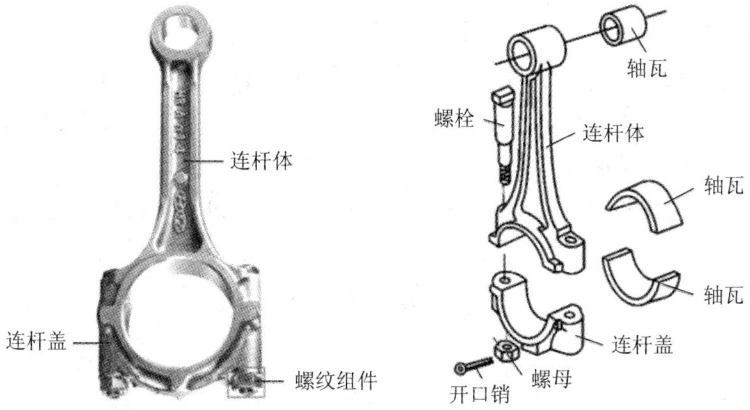

(a) 连杆实物图　　(b) 连杆结构

图 0－3　连杆

2. 设计

机械设计在机械工程中举足轻重，它是机械生产的第一步，机械产品的性能首先取决于机械设计。

任何设计都不是盲目进行的，设计的目的是制造出最新产品以满足人们的需要，或者是提高已有产品的生产效率，或改进它的性能，或者是减轻人的体力劳动，改善人们的生活和工作条件等。总之，设计的目的一定要明确。

机械设计的过程通常分为三个阶段。

1）方案设计

明确设计的目的以后，大中型机器的设计要先制订设计任务书，主要说明用途、技术指标、使用条件和设计周期等，之后再拟定设计方案；对于小型产品，则是直接进行方案的设计。在方案设计的过程中，设计者首先要收集相关的经济技术资料，在头脑里有所“设想”，然后再进行调研，充分了解市场发展趋势、用户需求和具备的生产制造能力等，采用经验设计和类比的方法，确定实现预定功能的机器工作原理，论证其可行性及经济性，最后再绘制机构简图，制订出设计方案。

2）技术设计

技术设计包括三个过程。

(1) 形成方案之后，还要经过一定的计算和试验，确定该方案是否具有实用价值，并用总装图和设计说明表示出来，这个过程称作结构设计。结构设计过程最为复杂，要考虑结构形式的选择、力学的计算和校核以及加工能力的匹配等。本书将一些可以通用的机构、连接形式、传动形式、典型机器等作为素材介绍给大家，这些素材在结构设计中很有用处。

(2) 零件设计过程，即把总装图具体化，形成零件图，主要包括零件尺寸等方面的技术要求、材料的选择以及工艺性分析和零部件标准化要求等。

(3) 在经过一定的审核手续之后，制订出工艺加工文件，然后就可以投入生产或者试生产。

此即为技术设计的文件编制过程。

3）试制鉴定

对于大多数产品的设计，在技术设计完成之后都要进行样机的试制，从而对产品的结构、零件的尺寸、加工工艺的可行性、装配后实现的性能以及经济成本的测算进行确认，经专家鉴定后，出具完整的设计和工艺文件，即可投入生产。

像这样一种从方案设计、技术设计到试制鉴定的整个过程，就是所谓的机械设计。

练　　习

一、选择题

1. 利用机械能做功或者实现能量转换的装置是______。

A. 机器　　B. 机械　　C. 机构　　D. 构件

2. ______是主要用来传递和变换运动的装置。

A. 机器　　B. 机构　　C. 构件　　D. 零件

3. ______是机构中参加运动的单元体，具有独立的运动特性。

A. 机器　　B. 机构　　C. 构件　　D. 零件

4. 机器的动力来源是______。

A. 原动机　　B. 执行部分　　C. 传动部分　　D. 控制部分

5. 将原动机的运动和动力传递给工作部分，传递运动或转换运动形式的是机器的______。

A. 原动机　　B. 执行部分　　C. 传动部分　　D. 控制部分

6. 连杆机构是机器的______。

A. 动力部分　　B. 执行部分　　C. 传动部分　　D. 控制部分

7. 下列不属于原动机的是______。

A. 柴油机　　B. 汽油机　　C. 电动机　　D. 发电机

8. ______是机械中的制造单元，是组成机械的不可拆分的基本单元。

A. 构件　　B. 零件　　C. 机构　　D. 部件

二、判断题

1. 机构能完成有用的机械能或转换机械能。(　　)

2. 机器与机构的主要区别是机器在结构上更为复杂。(　　)

3. 组成机器的各构件之间应具有确定的相对运动。(　　)

4. 刨床的刨刀装置是机器的动力部分。(　　)

5. 构件可以是单一的零件，也可以是多个零件组成的刚性结构。(　　)

6. 用来传递运动和力，有一个构件为机架(固定件）且构件间能够进行相对运动的连接方式组成的构件系统称为机构。(　　)

7. 一部机器可以只含有一个机构，也可以由数个机构组成。(　　)

8. 整体式连杆是最小的制造单元，所以它是零件而不是构件。(　　)

9. 连杆中的螺栓、连杆体、轴瓦等都是零件。(　　)

三、简答题

1. 机械设计的对象是什么？

2. 机器和机构有什么区别？

3. 图 0-2 所示的内燃机中的齿轮和凸轮机构的作用各是什么？

知识拓展

机械发展简史

几十万年前，旧石器时代的人类已经开始用石头、木材、贝壳、骨头等制造出各种工具，后来还发明了一种叫作弓钻的装置，即把磨尖的石块安装在木棒的头部，再在木棒上缠绕弓弦，使弓弦能前后运动，从而带动木棒转动，这样，尖石就可以钻孔了。到了新石器时代，对石器的选择、切割、磨制和钻孔等有了更高的要求，出现了桔槔、辘轳等复合机械工具和原始纺织机、制陶转轮等较复杂的机械。

后来人们根据人类文明的发展，把机械的发展史大致分为三个时期。

一是从公元前 7000 年城市文明的出现到公元 17 世纪末机械起源和古机械的发展阶段，称为传统机械发展时期。这个时期最著名的机械是公元前 3500 年左右埃及金字塔上重达 30 吨巨石的运输和吊装机械。公元前 3000 年，美索不达米亚人和埃及人开始普遍使用青铜器，出现了青铜农具及用来修造金字塔的青铜工具。公元前 2800 年，中国中原地区出现了原始耕地工具。到了公元前 1400 年，中国人已经能够制作出司母戊大方鼎，大鼎连耳高 133 cm、口长 110 cm、口宽 79 cm，壁厚 6 cm，重达 832.84 公斤，展现了商代高度发达的青铜文化。到公元前 1000 年，中国出现了铁制犁铧。

二是从 18 世纪到 20 世纪初的近代机械发展时期。这个时期最重要的标志是 1764 年哈格里沃斯发明的珍妮纺织机和 1776 年瓦特制造出的第一台有使用价值的蒸汽机，随后英国的威尔金森发明了炮筒镗床，它能够加工精度较高的汽缸体，这使得瓦特蒸汽机得以投入运行。经过瓦特的一系列重大改进，蒸汽机成为“万能的原动机”，在工业上得到广泛应用，人类进入了“蒸汽时代”。随后各种制造机械的机械设备如龙门刨床、卧式铣床、木工圆锯机等相继出现，机械制造迅猛发展。

1834 年，第一台电动机诞生，电动机进入了实用阶段。1838 年，科学家用蓄电池给直流电动机供电以驱动快艇，这是首次使用电力传动装置。1873 年，电动机成为机床的动力，开启了电力取代蒸汽动力的时代。

近代中国的机械行业发展停滞不前，1845 年英国人柯拜在广州黄埔设立的柯拜船舶厂，是中国最早的一家外资机械厂。1860 年中国开始进行洋务运动，在李鸿章等人的主持下，江南机器制造总局、金陵制造局、福州船政局、天津机器局等一批大型近代化军事工业相继问世。1862 年和 1865 年先后制造出中国第一台蒸汽机和第一台木质蒸汽机船。短短几年，中国就已经具备了铸铁、炼钢以及使用机器生产各种军工产品的能力，可以生产大炮、枪械、弹药、水雷和蒸汽轮船等新式武器。19 世纪后期还出现了一批民族资产阶级创办的企业。

三是现代机械发展时期。20世纪以来，人们继承了19世纪延续下来的传统机械生产技术，并不断改进、提高和扩大其应用范围。例如，高速钢的发明，极大地提高了金属的切削速度。为了维修战争中损坏的枪械，机械加工开始了互换性的生产方法，而千分尺等一大批测量器具的设计制造使得互换性得以实现。(零件和部件的互换性是指在同一规格的一批零件或部件中，任取其一，不需要任何挑选或附加修配就能装在机器上，达到规定的性能要求。)内燃机的应用已在几乎所有的移动机械中得到普及。随着工作母机设计水平的提高及新型工具材料和机械式自动化技术的发展，机械制造工艺的水平有了极大的提高。美国人泰勒首创的科学管理制度，在20世纪初开始在一些国家广泛推广，对机械工程的发展起到了推动作用。福特汽车的流水线作业，使得大规模机械生产得以实现。

随着电子科技的发展，机械自动化程度越来越高。1952年，美国帕森斯公司制造了第一台数字控制机床。1967年，美国的福克斯首先提出最优化的概念，英国莫林斯公司根据威廉森提出的柔性制造系统的基本概念研制出“系统24”。1976年，日本发那科公司首次展出4台加工中心和1台工业机器人组成的柔性制造单元。这一时期，最重要的发明无疑是电脑，电脑的出现及其在生产中的运用，以及机械工程与电工、电子、冶金、化学、物理和激光等技术的结合，创造了许多新工艺、新材料和新产品，使机械产品精密化、高效化和制造过程自动化的水平提高到了一个前所未有的高度。

新中国成立后，建立了独立自主的机械工业，很快就能自己生产飞机、轮船、机车、汽车、机床和各种工程机械等，并进一步建立了门类比较齐全的机械工业体系，为许多工业部门提供成套的机械设备，有力地支援了农业、国防工业和尖端科学技术的发展，还生产出了一批大型精密的机械产品。

改革开放以来，中国的制造业发展突飞猛进，2010年中国成为世界第一制造大国。2015年5月国务院正式发布实施制造强国战略第一个十年的行动纲领——《中国制造2025》，全面部署推进实施制造强国。2018年，中国制造业产值接近美国、日本和德国三个国家制造业产值的总和。“十四五”规划指出要坚持把发展经济着力点放在实体经济上，加快推进制造强国、质量强国建设，促进先进制造业和现代服务业深度融合。二十大指出十八大召开至今的十年里，中国制造业规模已稳居世界第一；下一步我国将努力建设现代化产业体系，加快建设制造强国、质量强国，推动制造业高端化、智能化、绿色化发展。

二十大报告中关于制造业的论述

中国制造 2025

我国古代机械的辉煌成就

模块一　机械传动机构

机械传动是采用各种机构、传动装置和零件来传递运动和动力的方式。根据工作原理的不同，机械传动的类型主要有：依靠摩擦力传动的带传动、摩擦轮传动；依靠啮合传动的齿轮传动、蜗杆传动、螺旋传动等；依靠推压传动的连杆机构传动、凸轮传动。本模块主要介绍平面连杆传动机构、凸轮传动机构和间歇运动机构。

项目一　平面机构及其自由度

任务一　平面机构及其运动简图

任务引入

一个做平面运动的自由构件有3个自由度。那么什么是平面机构呢？这些平面机构在结构上有哪些特点呢？无论是在生活中还是生产中，各种各样的机构都在为人们的生活和工作服务。例如，在缝纫机踏板机构中，踏板为主动件，当脚放置在踏板上时，通过连杆使带轮做整周转动；还有常见的雷达天线、摄影机的升降台机构和汽车车门的启闭机构，这些机构都可以归结为平面连杆机构。

任务实施

1. 平面机构及其组成

机构是由若干构件通过运动副相互连接组成的，因此构件和运动副是组成机构的两大基本要素。机构可分为平面机构和空间机构两类。所有构件都在同一平面或相互平行的平面内运动的机构称为平面机构，否则称为空间机构。

构件是组成机构的最小运动单元，它由一个或若干个零件组合而成。从运动的观点来看，机构是由若干构件组成的。一般机构中的构件可分为三类：

(1) 机架(固定件)。用来支承活动构件的构件称为机架。机架可以是固定在固定的构件上，也可以固定在车、船等可动构件上。在分析研究机构中的运动时，构件的运动通常以机架作为参考坐标系。

(2) 原动件。由外界施加动力且运动规律已知的活动构件称为原动件(即主动件)。一般情况下，原动件与机架相连接。在机构运动简图中，原动件上常画有箭头，用以表示其运动方向。

(3) 从动件。机构中随着原动件的运动而运动的其余活动构件称为从动件，其运动规律取决于原动件的运动规律和机构的组成情况。

在任何一个机构中，只能有一个构件作为机架。在活动构件中至少要有一个原动件，其余的活动构件都是从动件。

2. 构件的自由度和约束

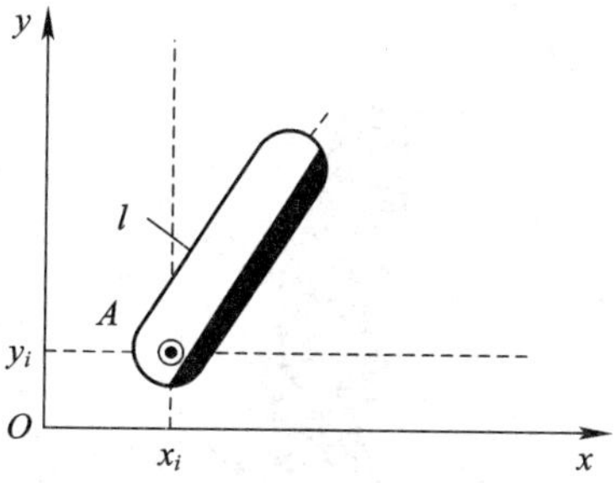

图 1-1-1　平面运动的构件自由度

构件的自由度指构件具有的独立运动参数的数目。

一个做平面运动的活动构件有三个独立运动的参数，即沿 x 轴或 y 轴方向的移动、在 xOy 平面内绕任一点 A 的转动(见图 1-1-1)，所以做平面运动的活动构件的自由度为三个。

机构必须具有确定的运动，因此机构中的各构件的运动受到某些限制，是按一定规律运动的。这些对构件独立运动所施加的限制称为约束。当构件受到约束时，其自由度随之减少。约束是由两构件直接接触而产生的，不同的接触方式可能产生不同的约束。

3. 运动副及其分类

机构的每个构件都以一定的方式与其他构件相互连接，并能产生一定的相对运动。这种使两个构件直接接触并能产生一定相对运动的连接称为运动副，运动副分为平面运动副和空间运动副。

1）平面运动副

图 1-1-2 为几种常见的平面运动副。

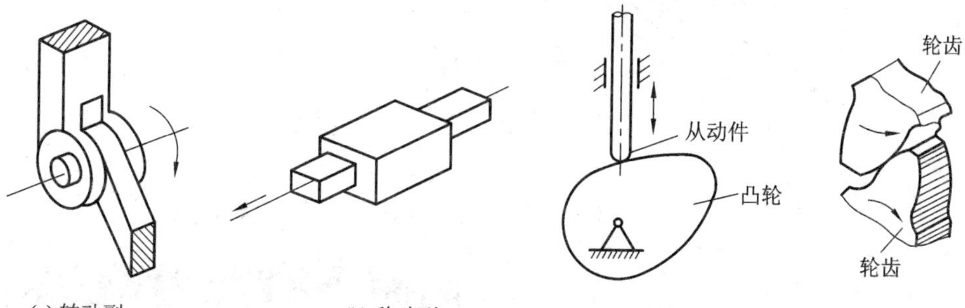

(a) 转动副　(b) 移动副　(c) 凸轮副　(d) 齿轮副

图 1-1-2　平面运动副

移动副　转动副　齿轮副　尖顶凸轮副

根据组成运动副的两个构件之间的接触特性，平面运动副可分为低副和高副。

(1) 低副。两个构件通过面接触形成的运动副称为低副。低副引入两个约束。根据两个构件间相对运动的不同形式，低副又分为转动副和移动副。

① 转动副：两个构件之间只允许相对转动的运动副，也可称为铰链。转动副及其符号如图 1-1-3 所示。

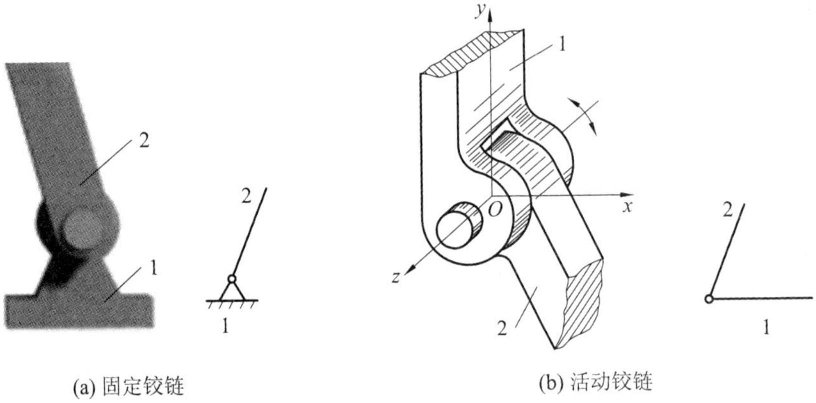

图 1-1-3 转动副及其符号(1 和 2 分别代表两个构件)

两个构件组成转动副后，引入了两个(移动)约束，只保留一个(转动)自由度。

② 移动副：两个构件之间只能沿一定方向相对移动的运动副，其余的运动均受到约束。一个移动副限制了两个自由度(一个移动，一个转动)，保留一个自由度(移动)。移动副及其符号如图 1-1-4 和图 1-1-5 所示。图 1-1-6 为同时使用移动副和转动副的装载机实例。

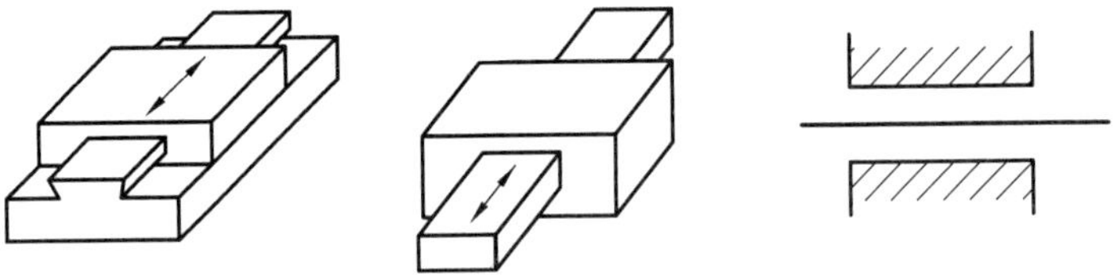

图 1-1-4 移动副及其符号

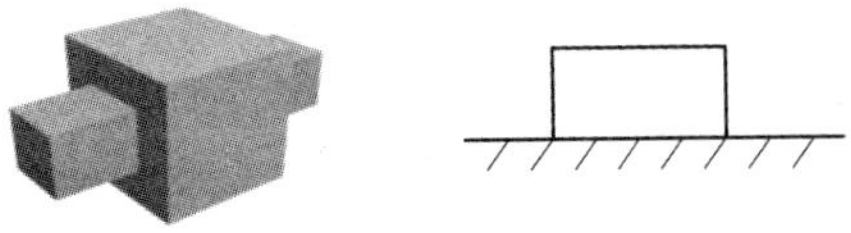

图 1-1-5 与机架组成的移动副及其符号

图 1-1-6 同时使用移动副和转动副的装载机

(2) 高副。两个构件通过点或线接触组成的运动副称为高副。高副引入一个约束，如凸轮副、齿轮副等。图 1-1-7(a)为机车车轮 2 与钢轨 1 在 A 处形成高副，图 1-1-7(b)和图 1-1-7(c)分别为工程中常见的凸轮副和齿轮副。高副中顶杆和凸轮为点接触(见图 1-1-7(b))，其相对运动为绕 A 点的转动和沿切线方向 t—t 的移动。显然，高副引入一个约束(一个移动)，保留两个自由度(一个移动，一个转动)。

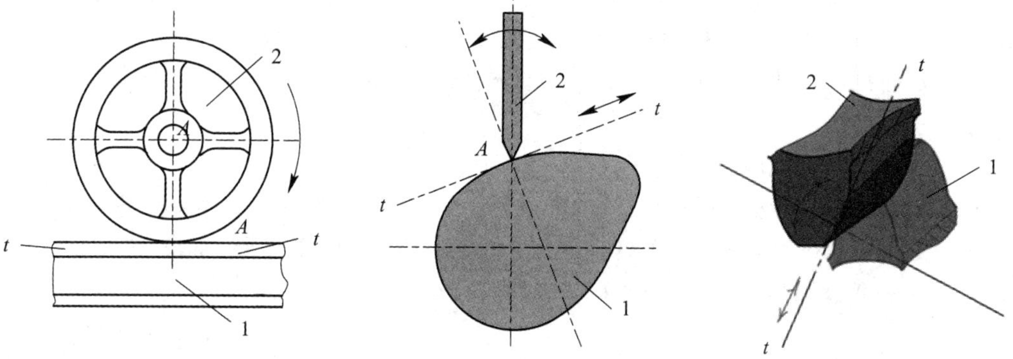

(a) 机车车轮运动副　　(b) 凸轮副　　(c) 齿轮副

图 1-1-7　平面高副

2）空间运动副

常见的运动副还有球面副和螺旋副，如图 1-1-8 所示。它们均属于空间运动副，即运动副中两个构件的相对运动为空间运动。

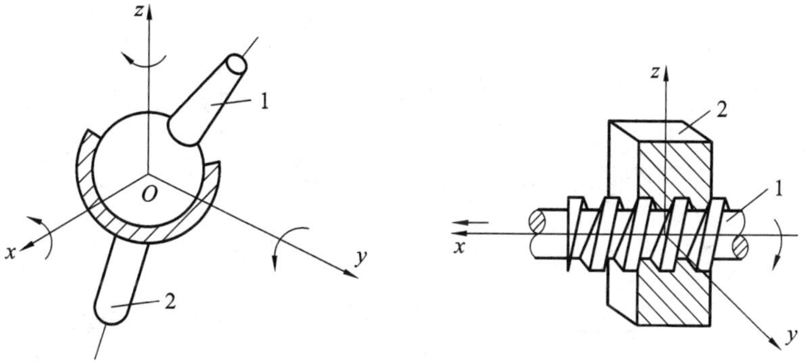

(a) 球面副　　(b) 螺旋副

图 1-1-8　空间运动副

球面副　　螺旋副　　运动副在普通车床中的应用

运动副在数控车床中的应用　　运动副在 3D 打印机中的应用　　运动副在机器人中的应用

4. 平面机构运动简图

1）平面机构运动简图的定义

用简单的线条和符号表示构件和运动副，并按一定比例确定各运动副的位置，以此来说明机构各构件间相对运动关系，称为平面机构运动简图。从平面机构运动简图中可以了解机构的组成和类型，即机构中构件的类型和数目、运动副的类型和数目以及运动副的相对位置。平面机构运动简图不仅表达了一部复杂机器的传动原理，还可以对机构的运动和动力进行分析。

2）构件及运动副的表示方法

（1）构件的表示方法。在运动简图中，构件常用直线或小方块表示，两端画出运动副的符号，如图 1-1-9(a)所示；若构件固连在一起，则涂以焊接记号，如图 1-1-10 所示；画有斜线的构件表示机架，如图 1-1-9(c)所示。

(a) 一个构件、两个转动副　(b) 一个构件、一个转动副　(c) 一个机架、一个转动副

图 1-1-9　构件的表示方法

（2）运动副的表示方法。转动副的表示方法如图 1-1-10 所示，移动副的表示方法如图 1-1-11 所示，平面高副的表示方法如图 1-1-12 所示。

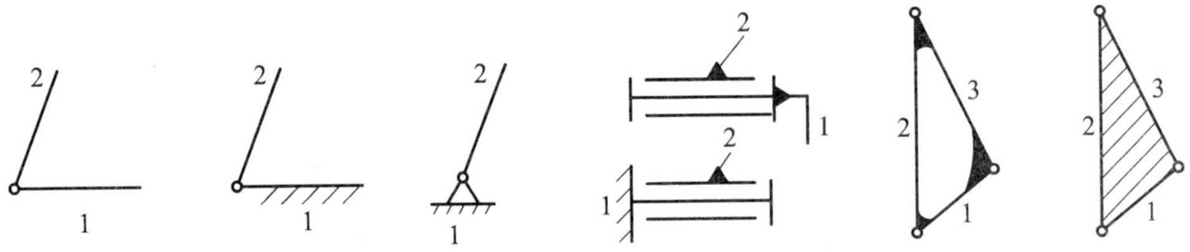

图 1-1-10　转动副的表示方法

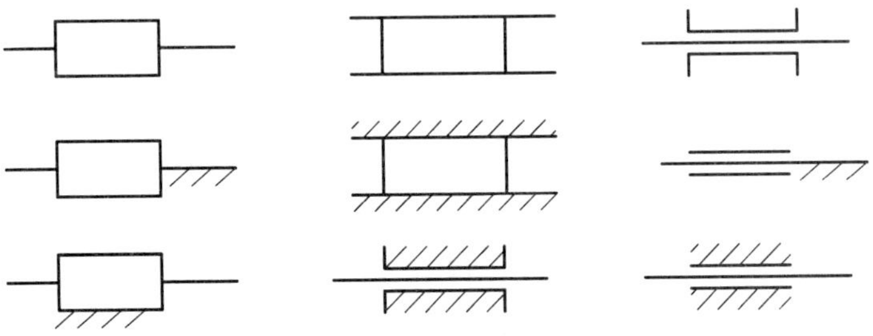

图 1-1-11　移动副的表示方法

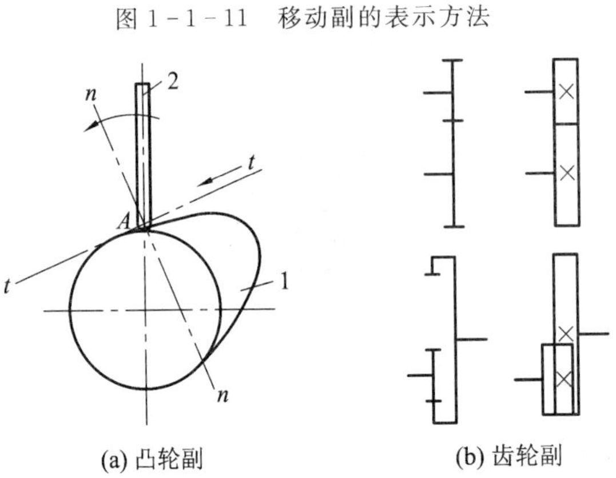

(a) 凸轮副　(b) 齿轮副

图 1-1-12　平面高副的表示方法

3）平面机构运动简图的绘制步骤

（1）找出各构件，分清固定件（机架），确定主动件。

（2）找出连接构件的运动副，确定运动副的类型和数目。

（3）测量出运动副间的相对位置。

（4）选择视图平面和比例尺，用规定的符号和线条绘制机构的运动简图。根据图纸的幅面及构件的实际长度，选择适当的比例尺 μ_L $\left(\mu_L=\dfrac{\text{实际长度(m)}}{\text{图示长度(mm)}}\right)$。

（5）在原动件上标出表示运动方向的箭头，在机架上画斜线。

实例分析

绘制如图 1-1-13 所示的颚式破碎机主体机构的运动简图。

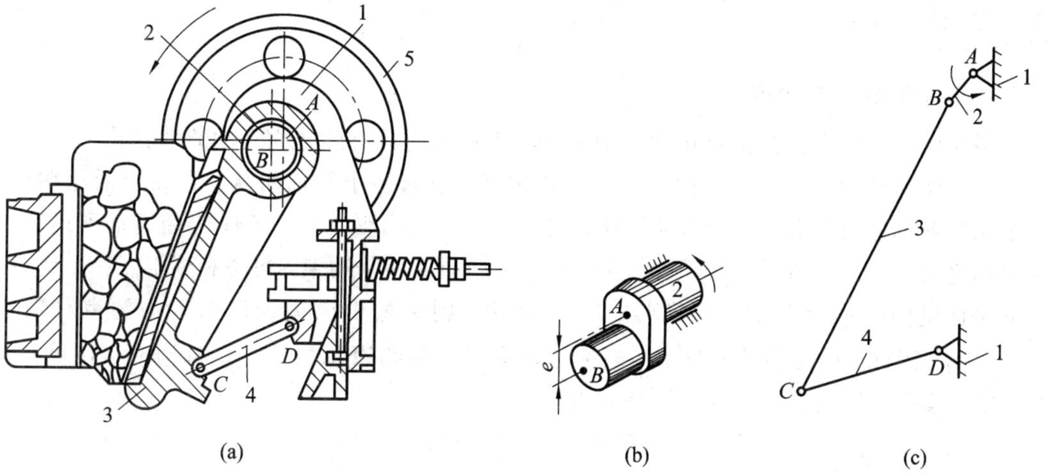

图 1-1-13　颚式破碎机主体结构

解　（1）由图 1-1-13 可知，颚式破碎机主体机构由机架 1、偏心轴 2（见图 1-1-13(b)）、动颚 3、肋板 4 组成。机构运动由带轮 5 输入，而带轮 5 与偏心轴 2 固连成一体（属于同一构件），绕 A 转动，故偏心轴 2 为原动件。动颚 3 通过肋板 4 与机架相连，并在偏心轴 2 的带动下做平面运动，将矿石打碎，故动颚 3 和肋板 4 为从动件。

（2）偏心轴 2 与机架 1、偏心轴 2 与动颚 3、动颚 3 与肋板 4、肋板 4 与机架 1 均构成转动副，其转动中心分别为 A、B、C、D。

（3）选择构件的运动平面为视图平面，以图示机构运动瞬时位置来绘制机构运动简图，如图 1-1-13(a)所示。

（4）根据实际尺寸及图样大小选定比例尺 μ_L。根据已知运动尺寸 l_{AB}、l_{DA}、l_{BC}、l_{CD}，依次确定各转动副 A、B、C、D 的位置，画上代表转动副的符号，并用线段连接 A、B、C、D。用数字标注构件号，并在构件 2 上标注表示原动件运动方向的箭头，在构件 1 上画出表示机架的斜线，该机构的运动简图如图 1-1-13(c)所示。

任务小结

（1）自由度的定义：构件具有的独立运动参数的数目。

(2) 运动副的种类：平面运动副，包括低副（转动副、移动副）和高副（齿轮副、凸轮副）；空间运动副（螺旋副、球面副）。

(3) 平面机构运动简图的绘制。

任务二　平面机构的自由度

任务引入

为了保证相互组合的构件能够产生确定的运动，必须研究机构自由度和机构具有确定运动的条件。

任务实施

1. 平面机构的自由度

平面机构的自由度是指机构中各构件相对于机架所具有的独立运动的数目。

一个做平面运动的自由构件具有三个自由度。设有一个平面机构，有 n 个活动构件，在未用运动副连接之前，这些活动构件相对于机架的自由度总和为 $3n$；当用运动副连接组成机构之后，各构件的自由度受到约束，每个低副引入两个约束，每个高副引入一个约束；若此平面机构中包含有 P_L 个低副和 P_H 个高副，则机构中由运动副引入的约束总数为 $2P_L+P_H$。因此，活动构件的自由度减去运动副引入的约束总数即为该机构的自由度，用 F 表示。故平面机构自由度的计算公式为

$$F = 3n - 2P_L - P_H \tag{1-1-1}$$

图 1-1-14 为几种平面机构。在图 1-1-14(a)中，三个构件彼此用铰链连接，选构件 3 为机架，计算其自由度为 $F=3\times2-2\times3=0$。表明各构件间无相对运动，因此它是一个刚性架。按照上述方法，在图 1-1-14(b)中的四个构件用转动副连接在一起，选构件 3 为机架，则该构件组合的自由度为 $F=3\times3-2\times5=-1$，表明各构件之间无相对运动，它是超静定结构。图 1-1-14(c)中的四个构件用转动副连接在一起，选构件 4 为机架，则该构件组合的自由度为 $F=3\times3-2\times4=1$。图 1-1-14(d)中的五个构件用转动副连接在一起，选构件 5 为机架，则该构件组合的自由度 $F=3\times4-2\times5=2$。因此，可利用机构的自由度 F 判别机构是否具有运动的可能性。若 $F>0$，则表示机构能运动；若 $F\leqslant0$，则表示机

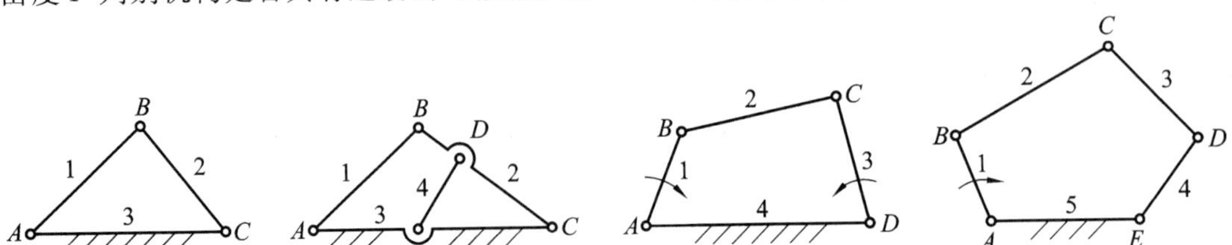

(a) 刚性桁架　(b) 超静定结构　(c) $F=1$ 的四杆机构　(d) $F=2$ 的五杆机构

图 1-1-14　平面机构

构不能运动。

2. 平面机构具有确定运动的条件

由于原动件(也称主动件)是由外界给定的具有独立运动的构件，而从动件是不能脱离原动件而独立运动的，因此，机构具有确定运动的条件是机构的自由度等于机构所具有的独立运动构件的个数。

机构具有确定运动的条件为自由度必须大于零，且与原动件的数目相等。

构件组的自由度 F 与确定原动件的数目 W 相比，可分为下列几种情况：

(1) 当 $F\leqslant 0$ 时，它不构成机构，而是不能产生相对运动的静定或超静定刚性桁架，如图 1-1-14(a)和图 1-1-14(b)所示。

(2) 当 $F>0$，但小于原动件数 W 时，会发生运动干涉而破坏构件，如图 1-1-14(c)所示；若该机构减少一个主动件，则机构具有确定运动。

(3) 当 F 大于原动件数目 W 时，机构从动件的运动是不确定的，如图 1-1-14(d)所示。当该机构增加至两个原动件时，机构具有确定运动。

3. 计算平面机构自由度示例及其注意事项

1) 复合铰链

复合铰链　　　　滚子凸轮

复合铰链是指两个以上的构件共用同一转动轴线所构成的转动副。当由 m 个构件组成复合铰链时，应当按 $m-1$ 个转动副计算。

例 1-1　试计算如图 1-1-15 所示振动式输送机的自由度。

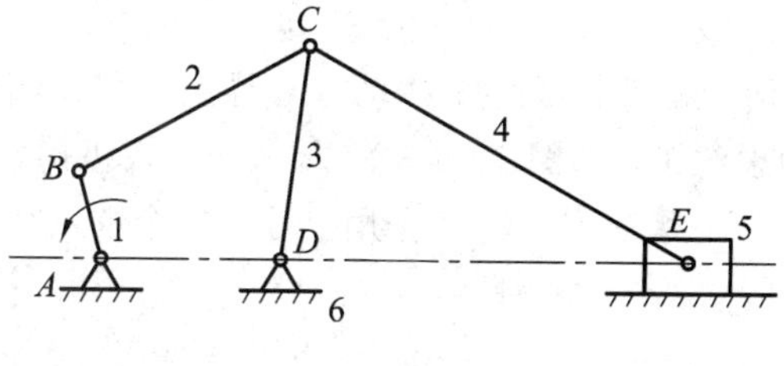

图 1-1-15　振动式输送机

解　机构中主动件 1 绕 A 轴转动，通过相互铰接的运动构件 2、3、4，带动滑块 5 做往复直线移动。

构件 2、3 和 4 在 C 处构成复合铰链。此机构有 5 个活动构件、6 个转动副、1 个移动副，即 $n=5$，$P_L=7$，$P_H=0$，故其自由度为

$$F=3n-2P_L-P_H=3\times 5-2\times 7-0=1$$

2) 局部自由度

机构中某些不影响整个机构运动的自由度称为局部自由度，在计算自由度时，应予以去除。

例 1－2 试计算如图 1－1－16 所示凸轮机构的自由度。

解 机构中滚子本身绕其轴心转动并不影响其他从动件的运动，该转动的自由度即为局部自由度。计算时，应先将滚子看成是与从动件连为一体的构件，消除局部自由度后(局部自由度除去不计)，再计算整个机构的自由度。该机械的 $n=2$，$P_L=2$，$P_H=1$，故其自由度为

$$F = 3n - 2P_L - P_H = 3\times2 - 2\times2 - 1 = 1$$

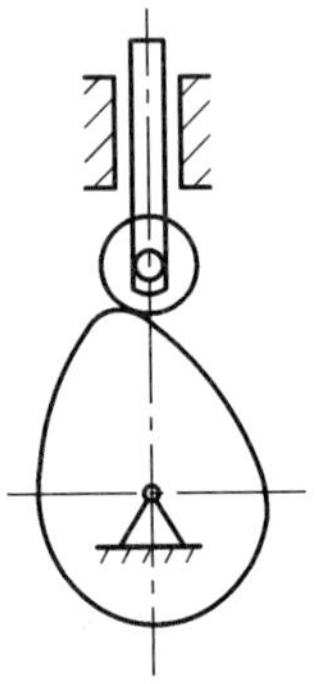

图 1－1－16 局部自由度

3) 虚约束

机构中与其他运动副所起的限制作用重复，对机构运动不起新的限制作用的约束，称为虚约束。虽然虚约束不影响机构的运动，但却可以增加机构的刚性，改善受力状况，因而在结构设计中被广泛使用。但是，结构中虚约束必须保证足够的装配精度，如果不满足其特定的几何条件，虚约束就会变成真正的约束，从而使机构无法正常工作。

在计算自由度时应先除去虚约束，平面机构中的虚约束常发生在以下情形中：

(1) 运动轨迹相同。当不同构件上两点间的距离保持恒定时，若在两点间加一个构件和两个转动副，就引入了一个虚约束。如图 1－1－17 所示，图中 AB、CD、MN 三杆运动轨迹相同，MN 为虚约束，其自由度为 $F=3n-2P_L-P_H=3\times3-2\times4-0=1$。

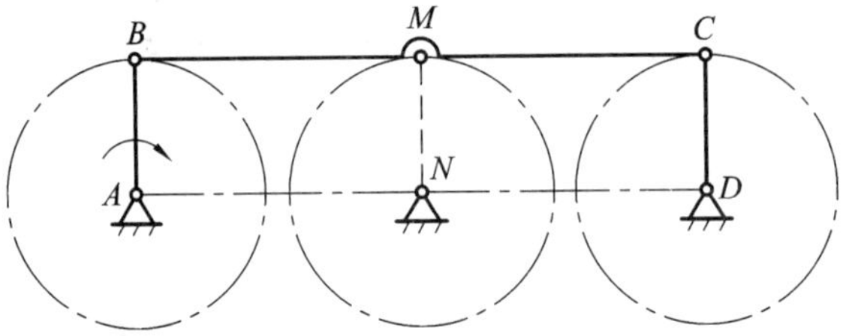

图 1－1－17 虚约束(1)

(2) 平行的移动副。两个构件构成多个移动副且导路互相平行时，只有一个移动副起约束作用，其余移动副为虚约束。如图 1－1－18 所示的压板机构，其中两处移动副方向一致(从左至右)，这时只有一个移动副起约束作用，另外一个移动副为虚约束，其自由度为 $F=3n-2P_L-P_H=3\times3-2\times4-0=1$。

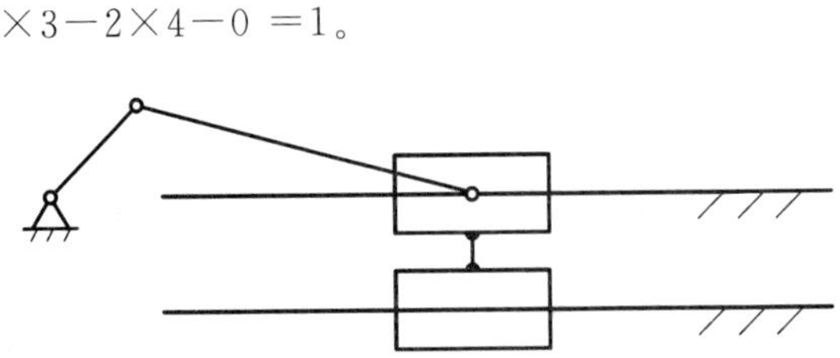

图 1－1－18 虚约束(2)

(3) 转动副轴线重合。两个构件构成多个转动副且其轴线相互重合，这时只有一个转动副起约束作用，其余转动副为虚约束。如图 1－1－19 所示的齿轮机构，A 和 A' 以及 B 和 B' 中，各有一个为虚约束。

(4) 对称部分。机构中对传递运动不起独立作用的对称部分为虚约束。如图 1-1-20 所示的行星轮系，机构中 2′和 2 有一个为虚约束，其自由度为 $F=3n-2P_L-P_H=3\times4-2\times4-2=2$。

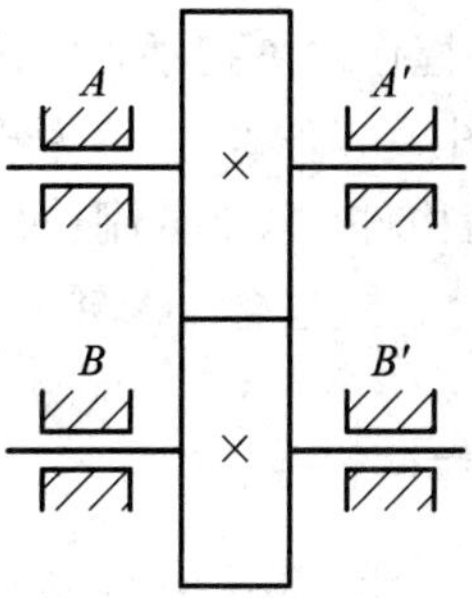

图 1-1-19　齿轮机构

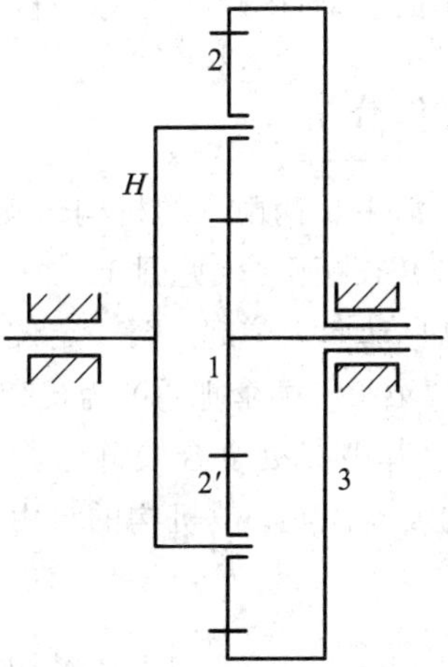

图 1-1-20　行星轮系机构

例 1-3　试计算图 1-1-21 所示巧克力包装机的托包机构的自由度，并判断其运动是否确定。

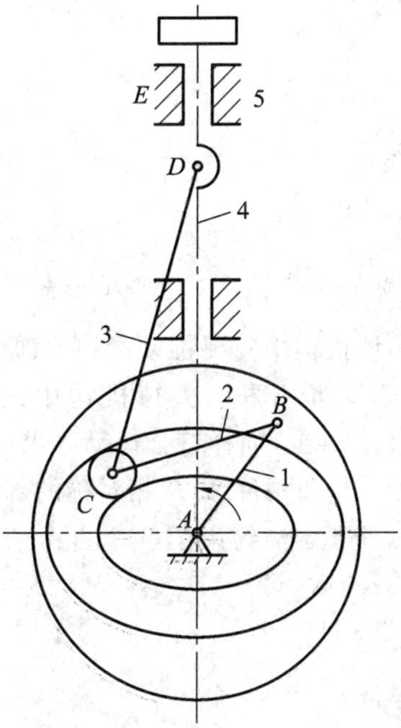

图 1-1-21　巧克力包装机的托包机构

解　主动件 1 做旋转运动，通过连杆凸轮组合机构传动使构件 4 慢速托起和快速退回。滚子绕自身轴线转动为局部自由度；构件 2、3 间有相对转动，构成一个转动副；构件

4 与机架 5 构成两个移动副，其一为虚约束。该机构的 $n=4$，$P_L=5$，$P_H=1$，故其自由度为

$$F=3n-2P_L-P_H=3\times4-2\times5-1=1$$

该机构的主动件数为 1，等于自由度，故其运动确定。

实例分析

画出生活中长柄雨伞的机构运动简图，并计算其自由度。

解 打开长柄雨伞(见图 1-1-22)时，一般是一只手握住雨伞把手，另一只手向上推动滑块（或自动向上弹起）至一定位置，即可打开雨伞。图 1-1-23 所示为长柄雨伞机构运动简图，构件 6(雨伞把手）为机架，该机构有 5 个活动构件，7 个低副（6 个转动副，1 个移动副)。其中 C 处复合铰链包含 2 个转动副，A 处复合铰链包含 2 个转动副、1 个移动副，该机构没有高副。故机构的自由度为

$$F=3n-2P_L-P_H=3\times5-2\times7-0=1$$

图 1-1-22 长柄雨伞实物图

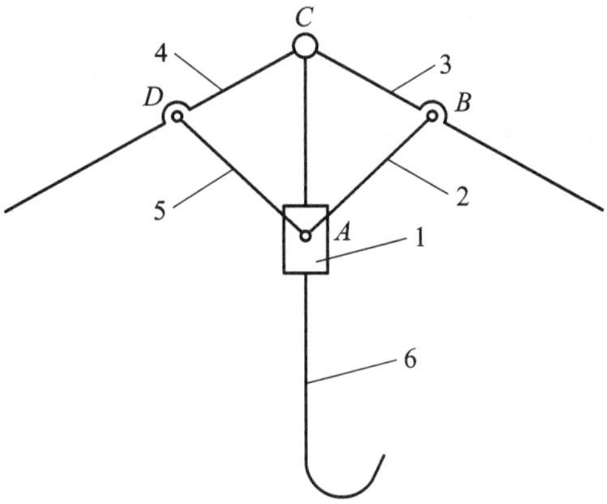

图 1-1-23 长柄雨伞机构运动简图

长柄雨伞自由度为 1，说明该机构中只要推动滑块 1(原动件）向上，则整个机构的运动便可以确定，即打开雨伞。进一步分析，去掉机构中的 4、5 构件，机构自由度为：$F=3n-2P_L-P_H=3\times3-2\times4-0=1$，同样符合运动要求。由此可看出雨伞机构的 4、5 构件不是虚约束，而是一个杆组，是和构件 2、3 相对称的部分。因增加了 4、5 两个构件，引入 6 个自由度，但同时引进 3 个低副，约束了 6 个自由度，正好抵消。故雨伞主体机构是由多组杆组构成的骨架。

任务小结

(1) 平面机构的自由度计算公式：$F=3n-2P_L-P_H$。

(2) 平面机构具有确定运动的条件：自由度必须大于零，且与原动件的数目相等。

(3) 计算机构自由度时的注意事项：复合铰链、局部自由度、虚约束。

项 目 练 习

一、选择题

1. 在平面内用低副连接的两个活动构件共有______个自由度。

A. 2　　B. 3　　C. 4　　D. 6

2. 平面机构中，如果引入一个低副，将带入______个约束，保留______个自由度。

A. 2，1　　B. 1，2　　C. 1，1　　D. 2，2

3. 平面机构中，如果引入一个高副，将带入______个约束，保留______个自由度。

A. 1，1　　B. 1，2　　C. 2，1　　D. 2，2

4. 当 k 个构件在一处组成转动副时，其转动副数目为______。

A. k　　B. $k-1$　　C. $k+1$　　D. 与 k 无关

5. 机构自由度计算公式 $F=3n-2P_L-P_H$ 中的 n 表示______。

A. 任意构件　　B. 活动构件　　C. 主动构件　　D. 从动构件

6. 自由度为 3 的机构在具有 3 个原动件时，运动是______。

A. 确定的　　B. 不确定　　C. 机构破坏　　D. 机构乱动

7. 当 F 大于 0 且等于原动件数目时，机构将______。

A. 具有确定运动　　B. 运动不确定　　C. 构件被破坏　　D. 无影响

8. 两个平面机构的自由度都为 1，用一个带有两个铰链的运动构件将它们串联成一个平面机构，则其自由度等于______。

A. 0　　B. 1　　C. 2　　D. 3

9. 计算机构自由度时，对于局部自由度应______。

A. 除去不计　　B. 考虑　　C. 部分考虑　　D. 转化成复合铰链

10. 计算机构自由度时，若计入虚约束，则机构自由度会______。

A. 增多　　B. 减少　　C. 不变　　D. 从动

11. 下面不属于虚约束特点的是______。

A. 对机构的运动没有影响　　B. 改善机构的受力情况

C. 增加构件的刚度　　D. 实际约束

二、判断题

1. 平面活动构件具有两个自由度，即平面内的转动和移动。(　　)

2. 平面低副机构中，每个转动副和移动副所引入的约束数目是相同的。(　　)

3. 一个平面机构引入一个转动副后，将限制两个自由度。(　　)

4. 平面机构引入一个高副后，将引入两个约束。(　　)

5. 一个齿轮副会限制一个自由度。(　　)

6. 平面内的活动构件具有三个自由度。(　　)

7. 一个机构若有 n 个构件，则活动构件数目为 $(n+1)$ 个。(　　)

8. 机构自由度为 0 时，说明各构件间没有相对运动，不具备运动性。(　　)

9. 当机构的自由度数大于 0 时，机构就具有确定的运动。(　　)

10. 复合铰链转动副的数目应是在该处交汇构件(包括固定件)的数目。(　　)

11. 两个以上构件在同一处组成的运动副即为复合铰链。(　　)

12. 有局部自由度的机构，应把滚子和从动件看作一个整体，消除局部自由度。(　　)

13. 虚约束不影响机构的运动，但能增加机构的刚性，因此在生产中常被广泛采用。(　　)

三、简答题

1. 简述计算平面机构自由度的注意事项。

2. 图 1-1-24 为五杆机构，求该机构的自由度，并判断其是否具有确定的相对运动。

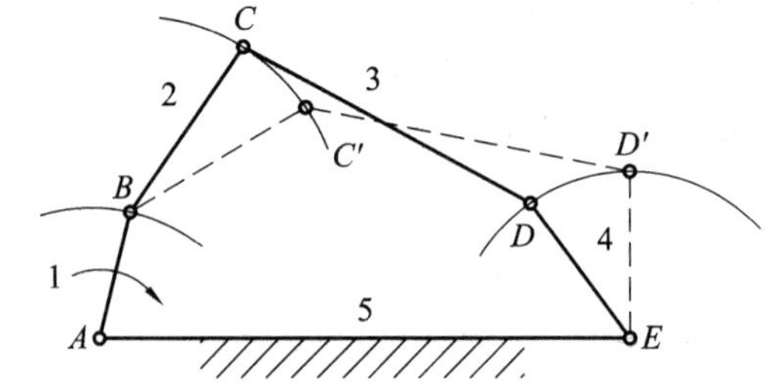

图 1-1-24　五杆机构

3. 计算图 1-1-25 所示机构的自由度。

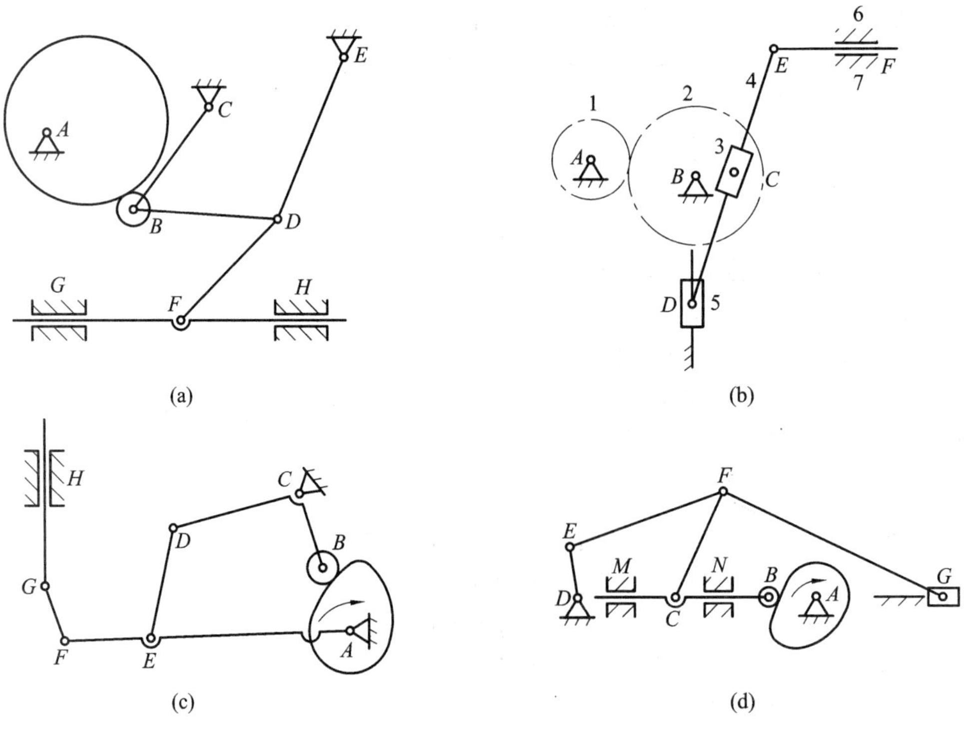

图 1-1-25　第 3 题图

项目二　平面连杆机构

任务一　铰链四杆机构

任务引入

日常生活中有哪些是平面连杆机构呢？什么是连杆机构？什么是平面连杆机构？什么是四杆机构？

平面连杆机构是面接触的运动副，一般为低副。构件之间压强较小，磨损较轻，便于润滑，故可用于承受较大的载荷。低副几何形状简单，加工方便，能实现较复杂的运动轨迹。因此，平面连杆机构在各种机器及仪器中得到广泛应用。但连杆的制造误差会引起误差累积，致使惯性力较大，不易实现精确的运动规律，因此连杆机构不适宜高速传动。

平面连杆机构中以四个构件组成的平面四杆机构(简称四杆机构)应用最为广泛，本任务主要介绍四杆机构的分类及设计方法。

四杆机构 1　　四杆机构 2　　四杆机构 3

任务实施

1. 铰链四杆机构的基本形式及其应用

运动副均采用转动副的四杆机构称为铰链四杆机构，如图 1-2-1 所示。图中固定不动的构件 4 称为机架；与机架相连的构件 1 和 3 称为连架杆，其中做整周转动的连架杆称为曲柄，只能在某一角度范围内来回摆动的连架杆称为摇杆；不与机架直接相连的构件 2 称为连杆，它做平面复合运动。

铰链四杆机构按两连架杆的运动形式不同可分为曲柄摇杆机构、双曲柄机构和双摇杆机构三种基本形式。

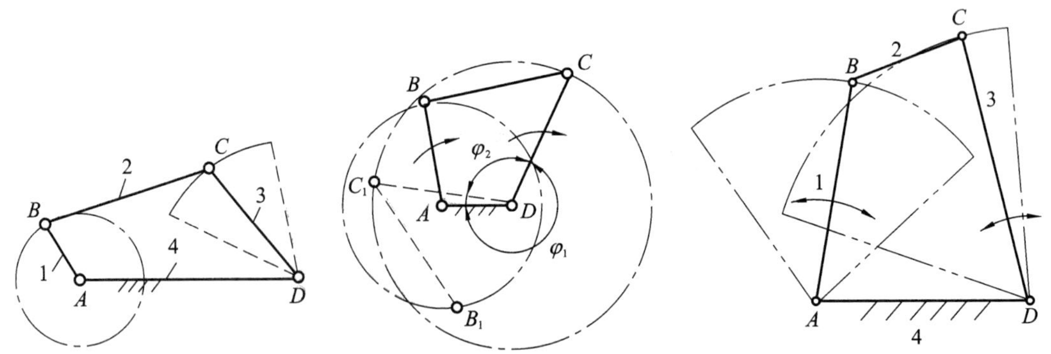

(a) 曲柄摇杆机构　　(b) 双曲柄机构　　(c) 双摇杆机构

图 1-2-1　铰链四杆机构

1）曲柄摇杆机构

在铰链四杆机构的两个连架杆中，若一个为曲柄，另一个为摇杆，则称为曲柄摇杆机构。若曲柄为主动件，则曲柄的连续转动将会转变为摇杆的往复摆动，如图 1-2-2 所示的雷达天线仰俯机构和图 1-2-3 所示的汽车前窗刮雨器机构；若摇杆为主动件，则摇杆的摆动将会转变为曲柄的整周回转运动，如图 1-2-4 所示的搅拌机机构。

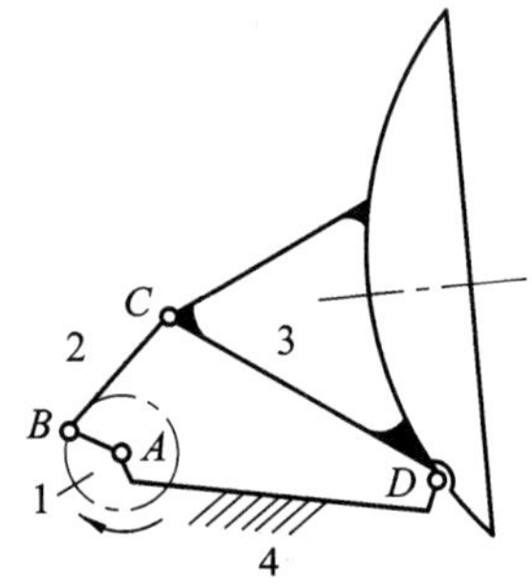

图 1-2-2　雷达天线仰俯机构

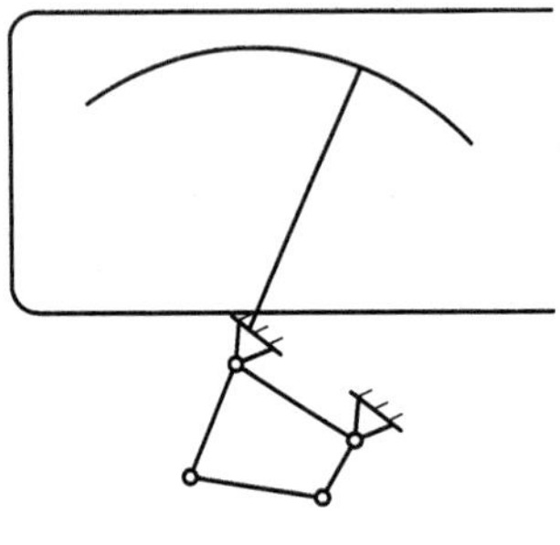

图 1-2-3　汽车前窗刮雨器机构

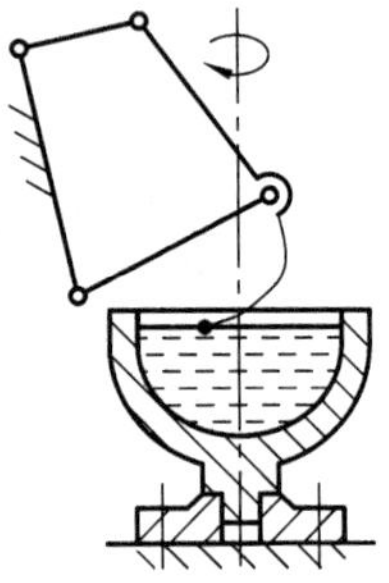

图 1-2-4　搅拌机机构

2）双曲柄机构

在铰链四杆机构中，两个连架杆均为曲柄时称为双曲柄机构。在双曲柄机构中，用得最多的是正平行四边形机构。在双曲柄机构中，相对的两个曲柄（对边）平行且长度相等，则称其为正平行四边形机构，其应用如图 1-2-5 所示的机车车轮的联动机构和图 1-2-6 所示的摄影机平台升降机构。在双曲柄机构中，相对的杆（对边）长度相等但不平行，两个曲柄转向不同，则称其为反平行四边形机构，图 1-2-7 所示为反平行四边形机构，其应用如图 1-2-8 所示的公交车车门启闭机构。

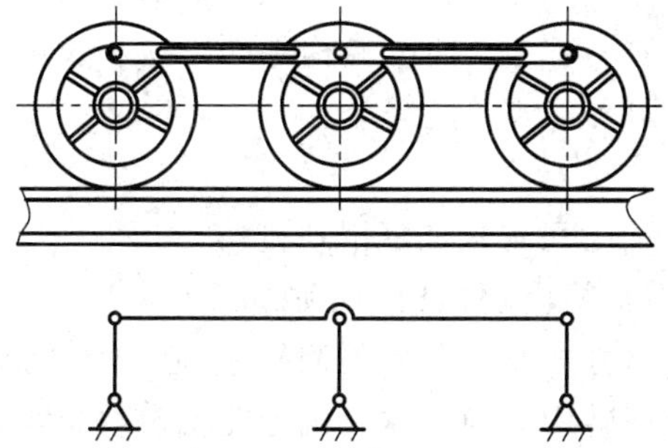

图 1-2-5　机车车轮的联动机构

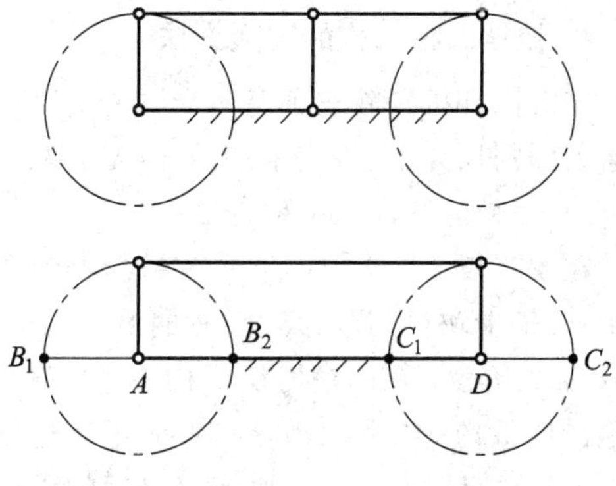

图 1-2-6　摄影机的平台升降机构

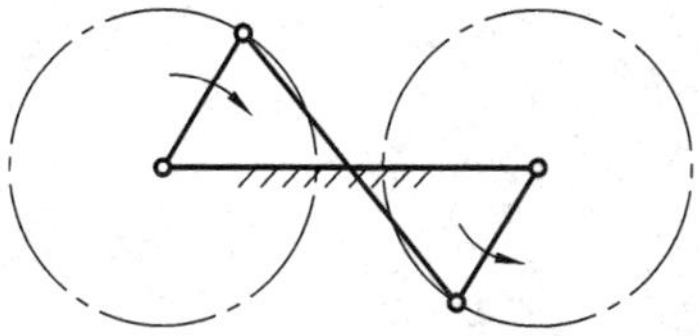

图 1-2-7　反平行四边形机构

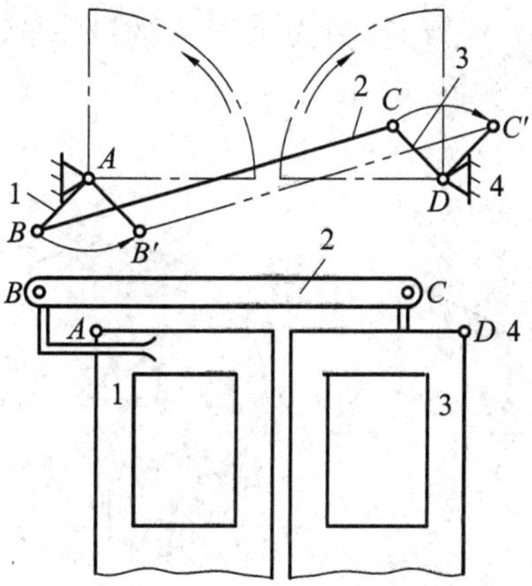

图 1-2-8　车门启闭机构

3）双摇杆机构

在铰链四杆机构中，若两个连架杆都是摇杆，则称其为双摇杆机构，其应用如图 1-2-9 所示的鹤式起重机的主体机构。两个摇杆长度相等的双摇杆机构称为等腰梯形机构，其应用如图 1-2-10 所示汽车前轮的转向机构。

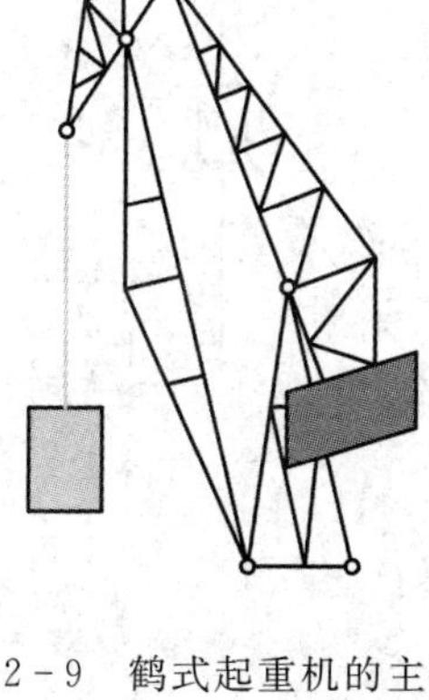

图 1-2-9　鹤式起重机的主体机构

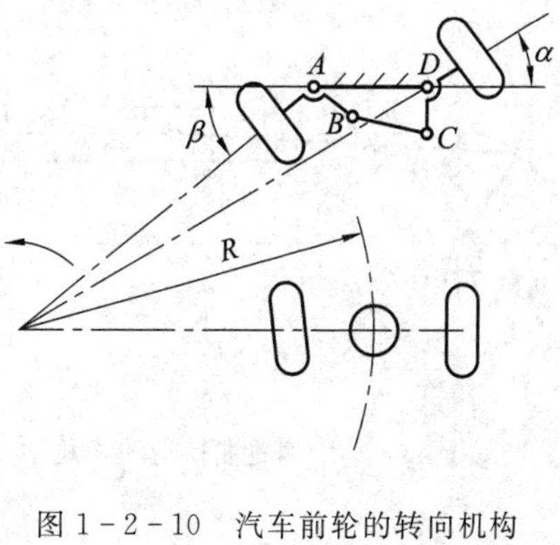

图 1-2-10　汽车前轮的转向机构

2. 铰链四杆机构的演变方法

铰链四杆机构除三种基本形式外，还有四种演变方法，即改变构件的形状和长度、改变运动副的尺寸、选取不同构件作为机架和运动副元素的逆换。

1) 改变构件的形状和长度

在铰链四杆机构中，将一个转动副转化为移动副，可形成曲柄滑块机构，如图 1－2－11 所示。曲柄滑块机构分为对心曲柄滑块机构和偏置曲柄滑块机构，分别如图 1－2－12 和图 1－2－13 所示。在曲柄滑块机构中，当滑块的导路方向通过曲柄的回转中心时，称为对心曲柄滑块机构；当滑块的导路方向不通过曲柄的回转中心时，称为偏置曲柄滑块机构，其中，曲柄的回转中心到滑块导路之间的距离，称为偏心距 e。

双滑块机构是两个移动副的机构，是由曲柄滑块机构演化而来的。根据两个移动副所处位置不同，可分为三种形式：两个移动副不相邻的正弦机构(见图 1－2－14)；两个移动副相邻、且均不与机架相关联的滑块联轴器(见图 1－2－15)；两个移动副都与机架相关联的椭圆仪机构(见图 1－2－16)。

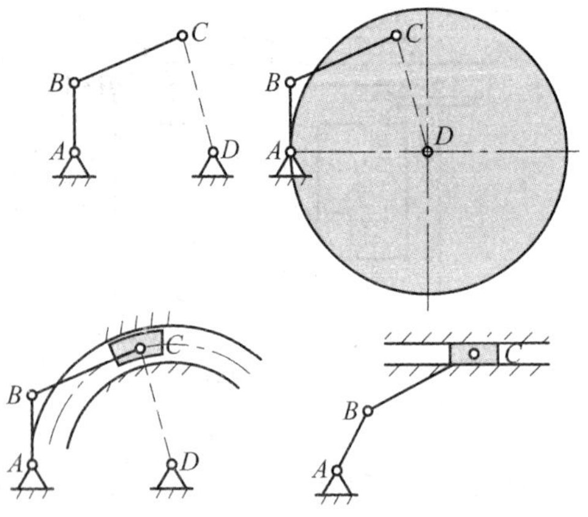

图 1－2－11　曲柄滑块机构

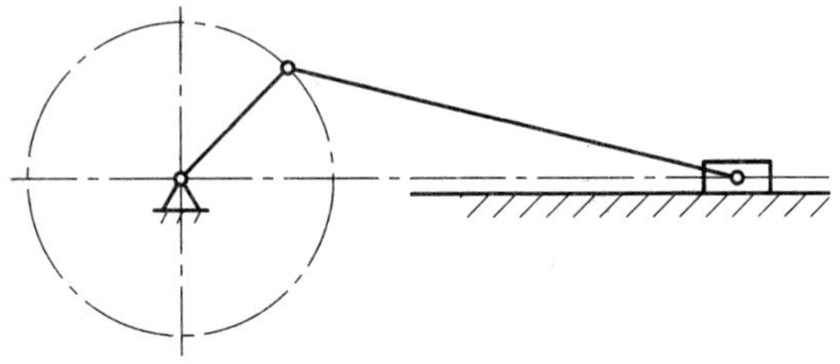
图 1－2－12　对心曲柄滑块机构

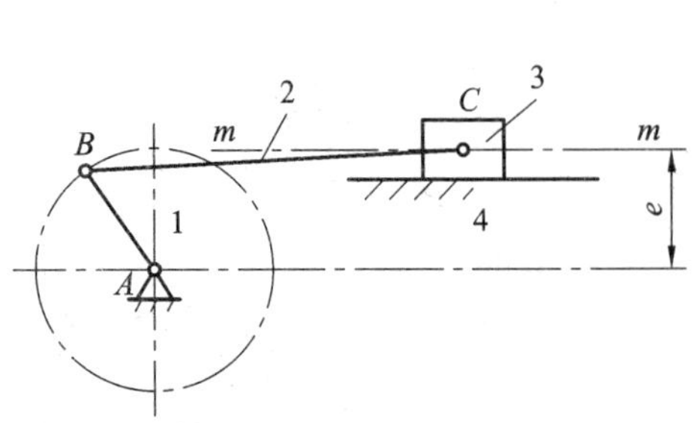

图 1－2－13　偏置曲柄滑块机构

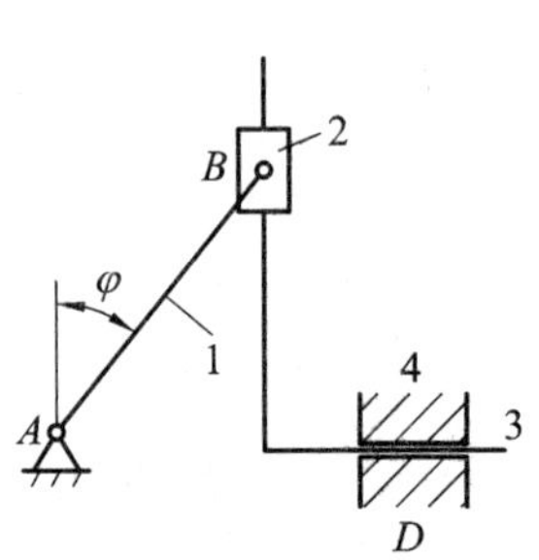

图 1－2－14　正弦机构

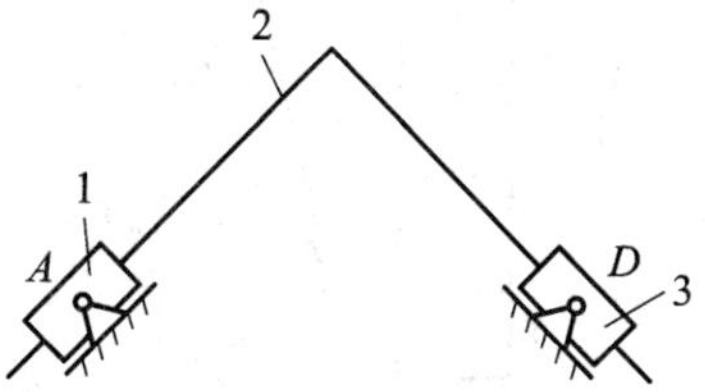

图 1-2-15　滑块联轴器

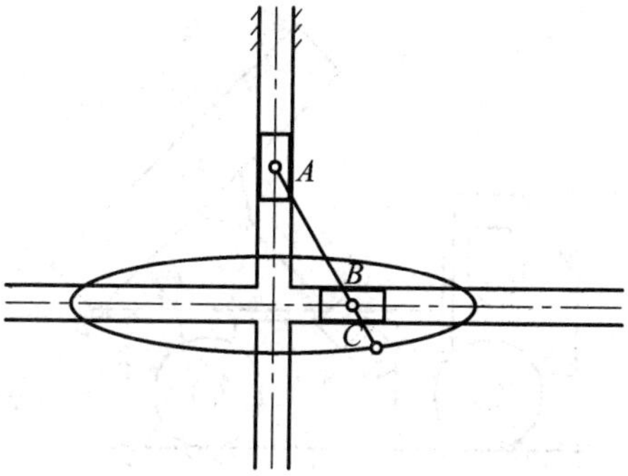

图 1-2-16　椭圆仪机构

2）改变运动副的尺寸

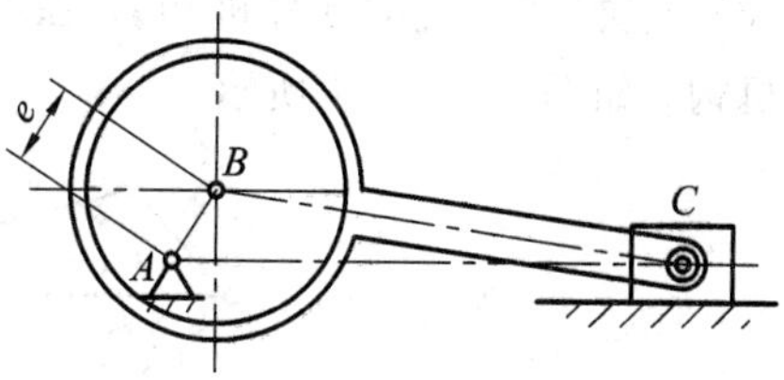

图 1-2-17　对心曲柄滑块机构

改变运动副的尺寸分为偏心轮机构和滑块内置式偏心轮机构。在图 1-2-17 的对心曲柄滑块机构中，若将转动副 B 的半径尺寸增大到大于曲柄 AB 的长度，则形成偏心圆盘，其回转中心至几何中心的偏心距即为曲柄的长度。偏心轮机构结构简单，偏心轮轴颈的强度和刚度较大，且易于安装整体式连杆，广泛应用于要求曲柄长度短、冲击力较大的机械中。

3）选取不同构件作为机架

选取运动链中不同构件作为机架，可以获得不同的机构演化方式，如曲柄滑块机构可以转化为导杆机构、曲柄摇块机构和定块机构。

(1) 导杆机构。在曲柄滑块机构中，当将曲柄改为机架时，就演化成导杆机构。在图 1-2-18 中，若改选构件 AB 为机架，此时构件 4 绕轴 A 转动，而构件 3 则沿构件 4 相对移动，构件 4 称为导杆，此机构称为导杆机构(回转导杆、摆动导杆机构)。

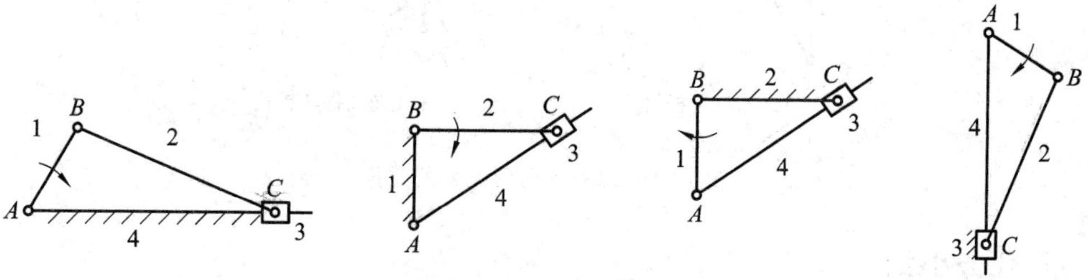

图 1-2-18　导杆机构

(2) 曲柄摇块机构。在曲柄滑块机构中，当将连杆改为机架时，就演化成摇块机构。若改选构件 BC 作为机架，构件 3 仅能绕 C 点摇摆，此机构为曲柄摇块机构，其应用如图 1-2-19 和图 1-2-20 所示。

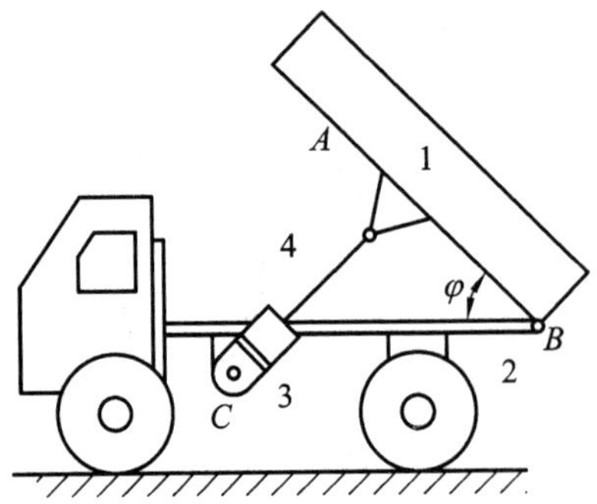

图 1-2-19　自卸卡车车厢的举升机构

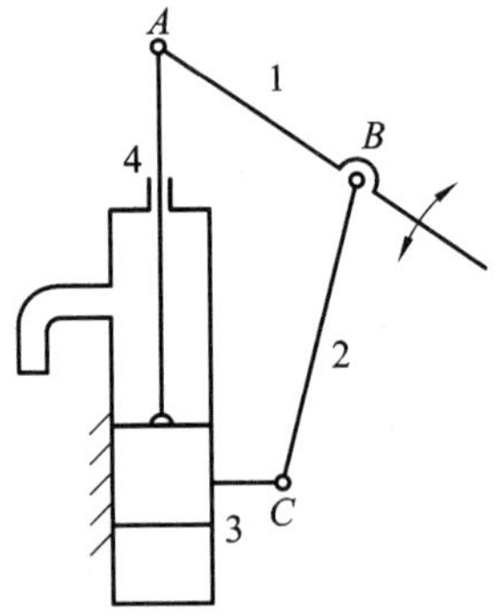

图 1-2-20　手摇抽水机机构

(3) 定块机构(直动导杆机构)。在曲柄滑块机构中，当将滑块改为机架时，就演化成定块机构，如图 1-2-21 所示。

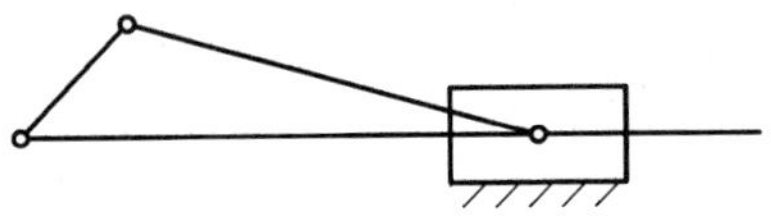

图 1-2-21　定块机构

4) 运动副元素的逆换

对构成移动副两元素的位置进行逆换，并不影响两个构件之间的相对运动，但却能演化成不同的机构，如图 1-2-22 所示。

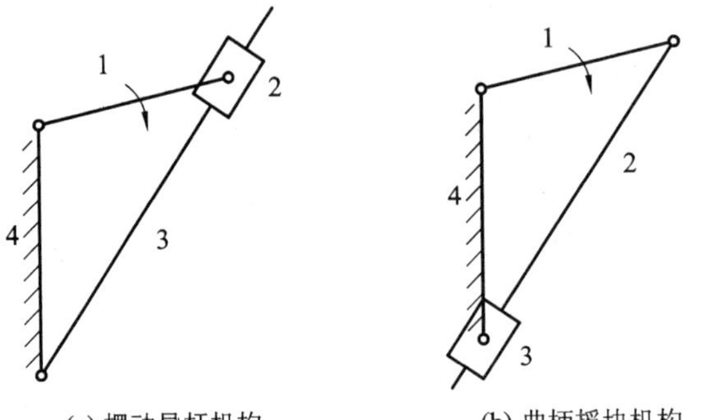

(a) 摆动导杆机构　　(b) 曲柄摇块机构

图 1-2-22　运动副元素的逆换

任务小结

(1) 铰链四杆机构的定义及种类(曲柄摇杆机构、双曲柄机构、双摇杆机构)。

(2) 铰链四杆机构的演化途径：改变构件的形状和长度、改变运动副的尺寸、选取不同构件作为机架和运动副元素的逆换。

任务二　平面四杆机构的基本特性

任务引入

三种铰链四杆机构的区别在于机构中是否存在曲柄能做 360°转动，以及存在几个曲柄。曲柄是否存在取决于机构各构件的相对长度和机架的选择，那么铰链四杆机构各杆长满足什么条件时才存在曲柄呢？

任务实施

1. 铰链四杆机构曲柄存在的条件

在铰链四杆机构中(见图 1-2-23)，设四个杆的长度分别为 a、b、c、d，如果 AB 为曲柄，则 AB 必须能够顺利通过与机架 AD 共线的两个位置 AB_1 和 AB_2，这时杆 CD 对应处于 C_1D 和 C_2D 两个位置。在△B_1DC_1 中，

$$a+d<b+c \qquad (1-2-1)$$

在△B_2DC_2 中，$b<(d-a)+c$，移项整理得

$$b+a<d+c \qquad (1-2-2)$$

$$c+a<d+b \qquad (1-2-3)$$

当运动过程中四杆机构出现共线情况时，上述不等式就变成了等式。将三个算式两两相加并化简，可得

$$a\leqslant b,\ a\leqslant c,\ a\leqslant d \qquad (1-2-4)$$

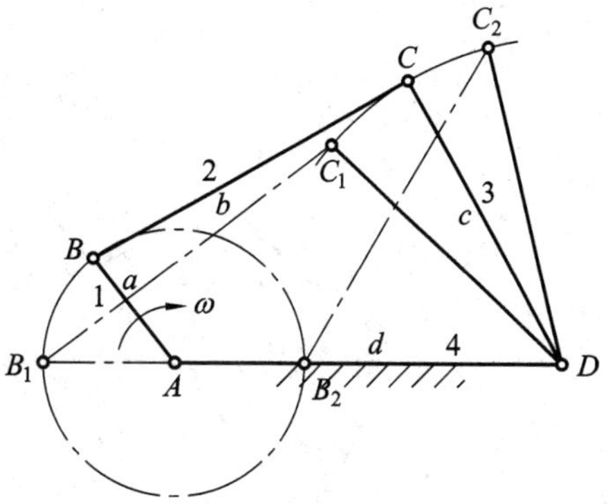

图 1-2-23　曲柄存在的条件

式(1-2-4)表明：曲柄为最短杆。且最短杆与最长杆(b、c、d 中必有一个为最长)长度之和小于等于其余两杆长度之和。

2. 曲柄存在与机架选择的关系

当选取不同杆作为机架时，可以得到不同类型的铰链四杆机构：

(1) 若取与最短杆 1 相邻杆 2 作为机架，则可得到曲柄摇杆机构。

(2) 若取最短杆 1 为机架，而杆 2 和杆 4 均可做整周转动而成为曲柄，则可得到双曲柄机构。

(3) 若取最短杆 1 相对的杆 3 为机架，而杆 2 和杆 4 均只能摆动，则可成为双摇杆机构(只能做小于 360°的往复摆动)。

3. 曲柄存在的条件

(1) 杆长条件：最短杆与最长杆长度之和小于等于其他两杆长度之和。

(2) 连架杆有一个为最短杆或机架为最短杆。

以上两个条件必须同时满足，否则机构中不存在曲柄。

4. 铰链四杆机构类型判断的理论依据

1）机构满足杆长条件

（1）当采用与最短杆的相邻杆作为机架时，为曲柄摇杆机构。

（2）当采用最短杆为机架时，为双曲柄机构。

（3）当采用与最短杆相对的杆为机架时，为双摇杆机构。

2）机构不满足杆长条件

若机构不满足杆长条件，则无论采用哪个杆作为机架均为双摇杆机构。

5. 急回特性

在图 1-2-24 所示的曲柄摇杆机构中，设曲柄 AB 为原动件，以等角速度 ω_1 逆时针转动，摇杆 CD 从动件做往复变速摆动。曲柄在转动一周的过程中两次与连杆 BC 共线，这时摇杆 CD 分别位于两极限位置 C_1D 和 C_2D。

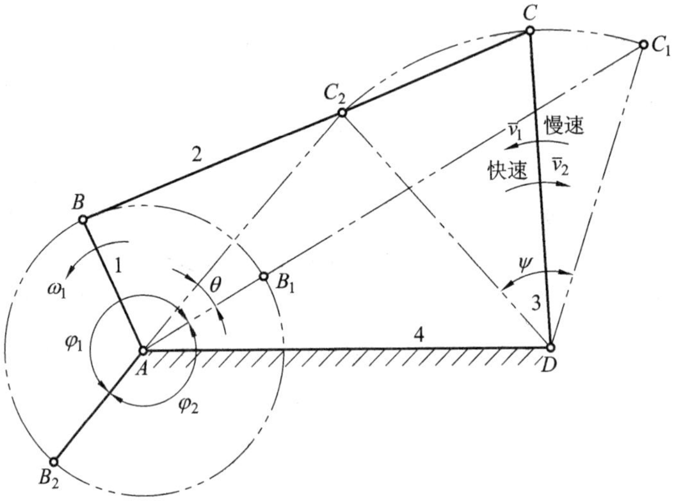

图 1-2-24 曲柄摇杆机构急回特性

摇杆在两极限位置间的夹角 φ 称为摇杆的摆角；对应的曲柄两位置所夹的锐角 θ 称为极位夹角，其摆角分别为 $\varphi_1=180^\circ+\theta$ 和 $\varphi_2=180^\circ-\theta$，当曲柄顺时针转过这两个角度时，因为 $\varphi_1>\varphi_2$，所以对应的时间 $t_1>t_2$，在 t_1时间内，摇杆上的点 C 从 C_1 摆到 C_2，其速度为 $\bar{v}_1$；同理，在 t_2 时间内，摇杆上的点 C 从 C_2 摆到 C_1，其速度为 $\bar{v}_2$，由于 $t_1>t_2$，因此 $\bar{v}_1<\bar{v}_2$。由此可知：当曲柄等速转动时，摇杆往复摆动的速度不同，这一性质称为连杆机构的急回特性。

在生产中，常利用这个性质来缩短生产时间，提高生产效率。从动摇杆的急回运动程度可用行程速比系数 K 来描述，即

$$K=\frac{\bar{v}_2}{\bar{v}_1}=\frac{\widehat{C_1C_2}/t_2}{\widehat{C_1C_2}/t_1}=\frac{t_1}{t_2}=\frac{\varphi_1}{\varphi_2}=\frac{180^\circ+\theta}{180^\circ-\theta}$$

或

$$\theta=180^\circ\frac{K-1}{K+1} \tag{1-2-5}$$

式(1-2-5)表明，曲柄摇杆机构的急回运动性质取决于极位夹角 θ。若 $\theta=0$，$K=1$，则该机构没有急回运动性质；若 $\theta>0$，$K>1$，则该机构具有急回运动性质，且 θ 角越大，K 值越大，急回运动性质也越显著，故有无急回，取决于 θ(只要 $\theta\neq0$，就有急回)。

急回特性主要应用于：

(1) 工作行程要求慢速前进，回程快速返回(牛头刨床、插床)的场合。

(2) 某些颚式破碎机，要求动颚板快进慢退，使碎石及时退出颚板，避免过粉碎。

(3) 一些设备在正、反行程中均在工作，则没有急回要求。

对于一些要求具有急回运动性质的机械，可根据 K 值计算出 θ 角，以便设计出各杆的尺寸。

6. 压力角和传动角

在图 1-2-25 所示的曲柄摇杆机构中，若忽略各杆的质量和运动副中的摩擦，原动曲柄 AB 通过连杆 BC 作用在从动摇杆 CD 上的力 F 沿 BC 方向。从动件所受压力 F 与受力点速度 v_c之间所夹锐角 α 称为压力角，它是反映机构传力性能好坏的重要标志。在实际应用中，为度量方便，常以压力角 α 的余角 γ(即连杆和从动摇杆之间所夹的锐角)来判断连杆机构的传力性能，γ 角称为传动角。因为 $\gamma=90°-\alpha$，所以 α 越小，γ 越大，机构的传力性能越好。当机构处于连杆与从动摇杆垂直状态，即 $\gamma=90°$时，对传动最有利。

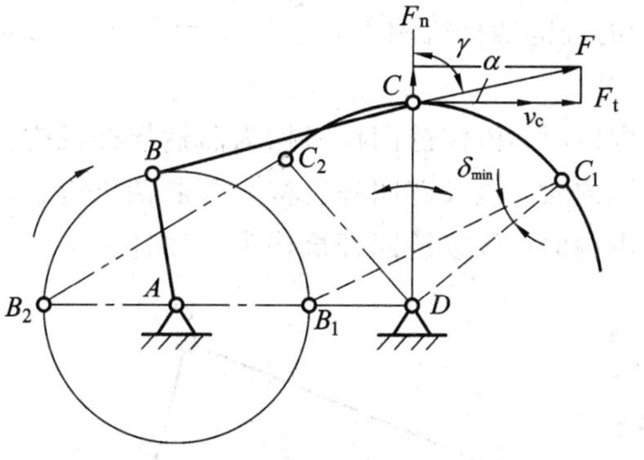

图 1-2-25　四杆机构的压力角和传动角

在机构运转过程中，传动角 γ 或压力角 α 是变化的，为了保证机构能正常工作，常取最小传动角 γ_{min}大于或等于许用传动角[γ]，[γ]的选取与传递功率、运转速度、制造精度和运动副中的摩擦等因素有关。对于一般传动[γ]=40°，高速和大功率传动[γ]=50°。曲柄摇杆机构的最小传动角 γ_{min} 出现在图 1-2-25 中的与机架共线的位置，即 AB_1 或 AB_2处。

7. 死点位置

在图 1-2-25 所示的曲柄摇杆机构中，当以摇杆 CD 为原动件、曲柄 AB 为从动件时，在摇杆处于极限位置 C_1D、C_2D 时，连杆 BC 与从动件曲柄 AB 两次共线。若忽略各杆的质量，则这时连杆传给曲柄的力，将通过铰链中心 A，此力对 A 点不产生力矩，因此不能使曲柄转动，将机构的这两个位置称为死点位置。

当机构处于死点位置时，具有以下特点：

(1) 传动角 $\gamma=0$，机构发生自锁，从动件会出现卡死现象。

(2) 如果受到某些突然外力的影响，从动件会产生运动方向不确定现象。

克服死点的措施：加装飞轮以增大惯性，使之闯过死点；几组机构错位安装；安装辅助连杆等。

在生产中，也可利用机构在死点位置的自锁特性，使机构具有安全保护作用。图 1－2－26 为钻床夹具的夹紧机构，当工件夹紧后，不论反力 F 有多大，都不会使构件 CD 转动而将工件松脱。

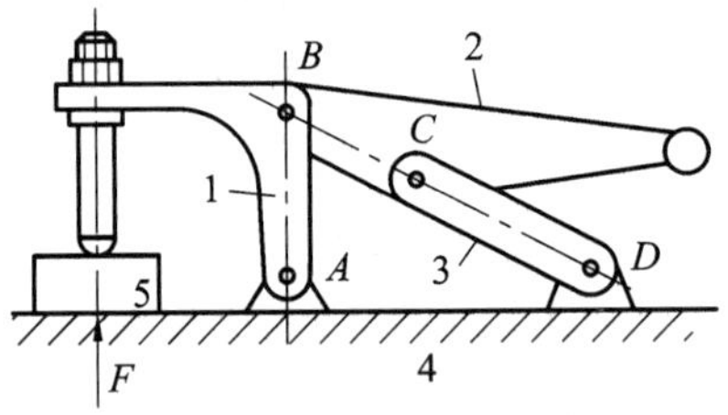

1—压杆；2—手柄；3—杆；4—机架；5—工件

图 1－2－26 钻床夹具的夹紧机构

实例分析

在图 1－2－27 所示的铰链四杆机构中，已知 $l_{BC}=50$ mm，$l_{CD}=35$ mm，$l_{AD}=30$ mm，l_{AB} 为变值。试讨论：

(1) l_{AB} 值在哪个范围内时，该铰链四杆机构为曲柄摇杆机构？

(2) l_{AB} 值在哪个范围内时，该铰链四杆机构为双曲柄机构？

(3) l_{AB} 值在哪个范围内时，该铰链四杆机构为双摇杆机构？

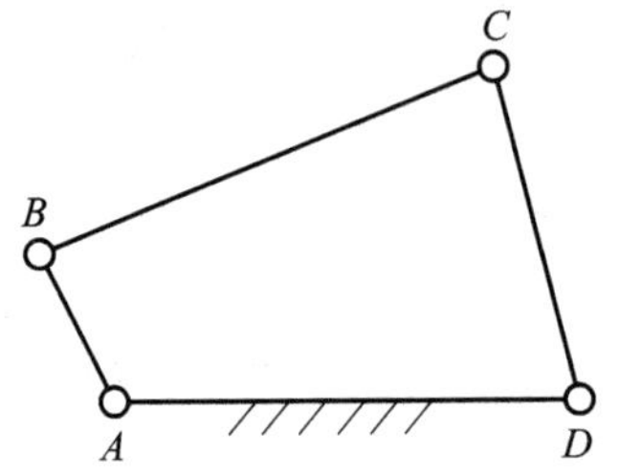

图 1－2－27 铰链四杆机构

解 (1) 该机构为曲柄摇杆机构的情况。

根据题意取 BC 最长、AB 最短，则有 $l_{BC}+l_{AB}\leqslant l_{CD}+l_{AD}$，即 $l_{AB}\leqslant l_{CD}+l_{AD}-l_{BC}=15$ mm，因此当 $0<l_{AB}\leqslant 15$ mm 时，该机构为曲柄摇杆机构。

(2) 该机构为双曲柄机构的情况。

① 假设 BC 最长，AD 最短，则有 $l_{BC}+l_{AD}\leqslant l_{CD}+l_{AB}$，即 $l_{AB}\geqslant l_{BC}+l_{AD}-l_{CD}=45$ mm，该条件下 l_{AB} 的取值范围为 $l_{AB}\geqslant 45$ mm。

② 假设 AB 最长、AD 最短，则有 $l_{AB}+l_{AD}\leqslant l_{CD}+l_{BC}$，即 $l_{AB}\leqslant l_{CD}+l_{BC}-l_{AD}=55$ mm，该条件下 l_{AB} 的取值范围为 $l_{AB}\leqslant 55$ mm。

因此，当 45 mm$\leqslant l_{AB}\leqslant$55 mm 时，该机构为双曲柄机构。

(3) 该机构为双摇杆机构的情况。

① 假设 BC 最长、AB 最短，则有 $l_{BC}+l_{AB}>l_{CD}+l_{AD}$，即 $l_{AB}>l_{CD}+l_{AD}-l_{BC}=15$ mm，该条件下 l_{AB} 的取值范围为 $l_{AB}>15$ mm。

② 假设 BC 最长、AD 最短，则有 $l_{BC}+l_{AD}>l_{CD}+l_{AB}$，即 $l_{AB}<l_{BC}+l_{AD}-l_{CD}=45$ mm，该条件下 l_{AB} 的取值范围为 $l_{AB}<45$ mm。

③ 假设 AB 最长、AD 最短，则有 $l_{AB}+l_{AD}>l_{CD}+l_{BC}$，即 $l_{AB}>l_{CD}+l_{BC}-l_{AD}=55$ mm，根据铰链四杆机构的几何特性，还应满足 $l_{AB\max}\leqslant l_{CD}+l_{BC}+l_{AD}=115$ mm，所以该条件下 l_{AB} 的取值范围为 55 mm$<l_{AB}\leqslant$115 mm。

因此，当 15 mm$<l_{AB}<$45 mm 及 55 mm$<l_{AB}\leqslant$115 mm 时，该机构为双摇杆机构。

由上面的计算可知：

当 $0<l_{AB}\leqslant$15 mm 时，该铰链四杆机构为曲柄摇杆机构；

当 15 mm$<l_{AB}<$45 mm 时，该铰链四杆机构为双摇杆机构；

当 45 mm$\leqslant l_{AB}\leqslant$55 mm 时，该铰链四杆机构为双曲柄机构；

当 55 mm$<l_{AB}\leqslant$115 mm 时，该铰链四杆机构为双摇杆机构。

任务小结

(1) 铰链四杆机构曲柄存在的条件。

(2) 平面四杆机构的基本特性：急回特性(行程速比系数)、压力角和传动角、死点位置。

任务三　以公交车门为例设计平面四杆机构

任务引入

平面四杆机构的设计主要是根据给定的工作要求，在满足几何条件、运动条件和动力条件的情况下，选择机构的类型和确定机构各构件的几何尺寸。平面四杆机构的设计方法有图解法、解析法和实验法等。图解法直观，解析法精确，实验法简便。在设计时，应根据已知条件和机构的具体情况选用设计方法。下面介绍平面四杆机构设计的图解法。

任务实施

1. 按给定的行程速比系数(K)设计四杆机构

首先根据已知条件选择具有急回特性的四杆机构，如曲柄摇杆机构、偏置曲柄滑块机构和摆动导杆机构等。给定行程速比系数 K 的数值，利用机构在极限位置处的几何关系及辅助条件(如最小传动角等)进行设计。

一般设计曲柄摇杆机构的已知条件为：摇杆长度 l_3，摆角 φ 和行程速比系数 K。

该机构设计的实质是确定铰链中心 A 点的位置，从而定出其他三杆的长度 l_1、l_2 和 l_4。其设计步骤如下：

(1) 根据给定的行程速比系数 K，由式(1-2-5)可求出极位夹角 θ。如图 1-2-28 所示，任选铰链中心 D 的位置，由摇杆长度 l_3、摆角 φ 作出摇杆的两个极限位置 C_1D 和 C_2D。

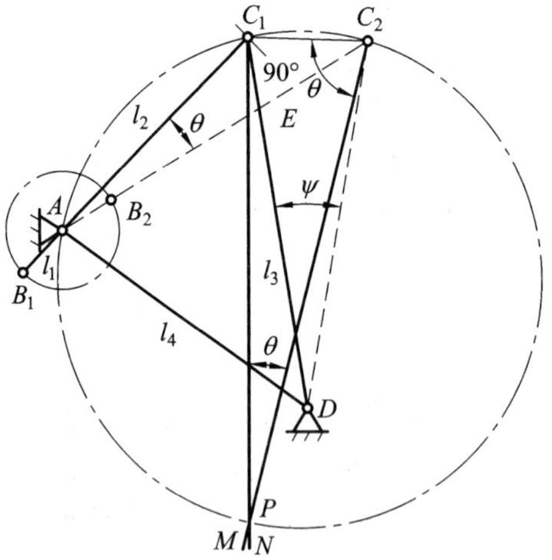

图 1-2-28 按 K 值设计曲柄摇杆机构

(2) 连接 C_1 和 C_2，并作 C_1M 线垂直于 C_1C_2。

(3) 作 $\angle C_1C_2N=90°-\theta$，使线 C_2N 与 C_1M 相交于 P 点。由三角形的内角之和等于 180°可知，$\angle C_1PC_2=\theta$。

(4) 作 $\triangle C_1PC_2$ 的外接圆，在圆上任选一点 A 作为曲柄与机架组成的固定铰链中心，并分别与 C_1、C_2 相连，得 $\angle C_1AC_2$。因同一圆弧的圆周角相等，故 $\angle C_1AC_2=\angle C_1PC_2=\theta$。

(5) 由机构在极限位置处曲柄和连杆共线的关系可知：$AC_1=l_2-l_1$，$AC_2=l_2+l_1$，从而得到曲柄长度 $l_1=(AC_1-AC_2)/2$。再以 A 为圆心，l_1 为半径作圆，交 C_1A 的延长线和 C_2A 于 B_1 和 B_2，从而得出 $B_1C_1=B_2C_2=l_2$ 及 $AD=l_4$。

由于 A 点是 $\triangle C_1PC_2$ 的外接圆上任选的一点，因此，若仅按行程速比系数 K 设计，可得无穷多解。A 点位置不同，机构传动角的大小也不同。为了获得良好的传动质量，可按照最小传动角或其他辅助条件确定 A 点的位置。

2. 按照给定连杆位置设计四杆机构

在图 1-2-29 所示的四杆机构中，已知连杆长度及连杆的三个给定位置 B_1C_1、B_2C_2、B_3C_3，要求设计平面四杆机构，其实质就是求铰链中心 A、D 点的位置。

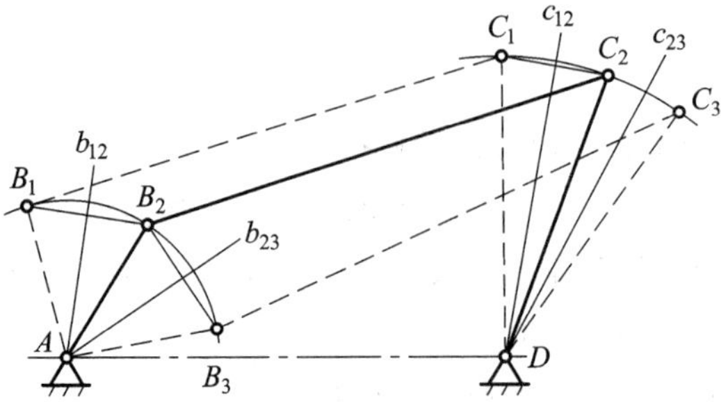

图 1-2-29 曲柄摇杆机构的设计

其设计步骤如下：

（1）绘制连杆三个位置 B_1C_1、B_2C_2、B_3C_3（或直接采用已提供的图，注意绘图比例）。

（2）由于连杆上的活动铰链分别绕固定铰链 A、D 转动，因此点 B_1、B_2、B_3 应位于以 A 为圆心、以连架杆 AB_2 为半径的圆周上。连接 B_1B_2、B_1B_3（或 B_2B_3），分别画出这两条线段的垂直平分线 b_{12}、b_{23}，所得交点即为固定铰链中心 A。

（3）同理，连接 C_1C_2、C_2C_3（或 C_1C_3），再分别作这两条线段的垂直平分线 C_{12}、C_{23}，所得交点即为固定铰链中心 D。

（4）连接 AB_2C_2D 得平面四杆机构，连架杆长度分别为 AB_2、C_2D，机架长度为 AD，设计结果是唯一的。

若该四杆机构仅给定连杆两个位置 B_1C_1、B_2C_2，则 A、D 可分别在 B_1B_2、C_1C_2 上的垂直平分线上任取，故有无穷多个解。这时需要给出其他条件（如机架长度及其位置、最小传动角、杆长范围等）才可确定各杆长度。

3. 应用实例

设计公交车车门的开合机构。

公交车车门是典型的四杆机构，可以采用偏置曲柄滑块机构、双摇杆机构和反向双曲柄机构。试设计一偏置曲柄滑块机构（见图 1-2-30），参数如下：$H=50$ mm，$e=20$ mm，$K=1.5$。

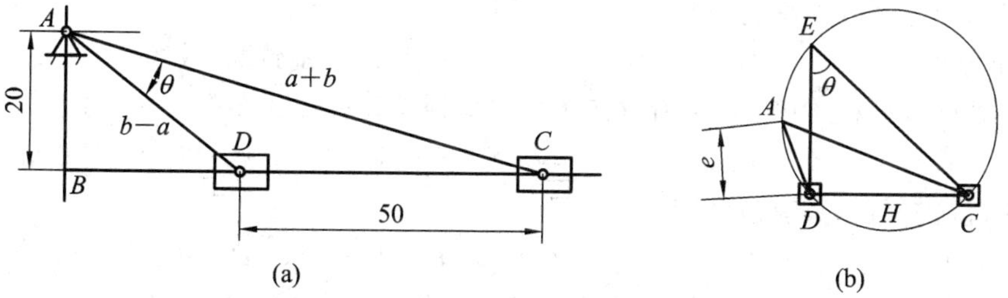

图 1-2-30　偏置曲柄滑块机构

公交车门通过滑块在 D、C 间运动控制其开关，如图 1-2-30(a)所示。

设计步骤如下：

（1）计算极位夹角 θ。

$$\theta = 180^\circ \frac{K-1}{K+1} = 180^\circ \times \frac{1.5-1}{1.5+1} = 36^\circ$$

（2）选择适当的比例尺 μ_1，作 $CD=H=50$ mm。作直线 CE，使 $\angle DCE=90^\circ-\theta$，过 D 作垂直于 DC 的射线交 CE 于 E。以 CE 为直径作圆，作偏心距线 $e=20$ mm，交圆弧于 A，A 即为所求，如图 1-2-30(b)所示。

任务小结

用图解法设计平面四杆机构。

项目练习

一、选择题

1. 在曲柄摇杆机构中，若曲柄为主动件，且做等速转动，则从动件摇杆一般做______。

A. 往复等速转动　　B. 往复变速转动

C. 往复匀速摆动　　D. 往复加速摆动

2. 要使铰链四杆机构存在一个曲柄，要求必须满足长度条件，且最短杆是______。

A. 连架杆　　B. 机架　　C. 连杆　　D. 曲柄

3. 下列机构中，不属于铰链四杆机构的是______。

A. 曲柄滑块机构　　B. 双曲柄机构

C. 曲柄摇杆机构　　D. 双摇杆机构

4. 在铰链四杆机构中，如果最短杆与最长杆的长度之和小于或等于其余两杆的长度之和，最短杆为机架，则这个机构是______。

A. 曲柄摇杆机构　　B. 双摇杆机构　　C. 双曲柄机构　　D. 曲柄滑块机构

5. 在铰链四杆机构中，如果最短杆与最长杆的长度之和大于其余两杆的长度之和，最短杆为机架，则这个机构是______。

A. 曲柄摇杆机构　　B. 双摇杆机构　　C. 双曲柄机构　　D. 曲柄滑块机构

6. 机构的急回特性程度通常采用______来衡量。

A. 压力角　　B. 传动角　　C. 行程速比系数　　D. 效率

7. 在平面四杆机构中，如果存在急回特性，则其行程速比系数______。

A. $K>1$　　B. $K=1$　　C. $K<1$　　D. 以上都不正确

8. 铰链四杆机构具有急回特性的条件是______。

A. $\theta>0°$　　B. $\theta=0°$　　C. $K=1$　　D. 以上都不正确

9. 偏置曲柄滑块机构以曲柄为主动件时，机构______急回特性。

A. 一定有　　B. 一定无　　C. 可能有

10. 对心曲柄滑块机构______急回特性。

A. 有　　B. 没有　　C. 可能有

11. 在平面连杆机构中，当传动角 γ 较大时，则______。

A. 机构的传力性能较好　　B. 可以满足机构的自锁要求

C. 机构的效率较低　　D. 机构的传力性能差

12. 在曲柄摇杆机构中，当______处于共线位置时，机构会出现最小传动角位置。

A. 曲柄与连杆　　B. 曲柄与机架

C. 摇杆与机架　　D. 以上都不正确

13. 在曲柄摇杆机构中，最小传动角出现在______的位置。

A. 曲柄与连杆共线　　B. 摇杆与连杆共线

C. 摇杆与曲柄共线　　D. 曲柄与机架共线

14. 在曲柄摇杆机构中，当以______为主动件时，机构会有死点位置出现。

A. 曲柄　　B. 摇杆　　C. 连杆　　D. 以上都不正确

15. 当平面连杆机构在死点位置时，其压力角与传动角分别为______。

A. 0°、0°　　B. 0°、90°　　C. 90°、0°　　D. 90°、90°

16. 以摇杆为主动件的曲柄摇杆机构，在______时，会出现死点位置。

A. 曲柄与连杆共线　　B. 摇杆与连杆共线

C. 摇杆与曲柄共线　　D. 曲柄与机架垂直

二、判断题

1. 铰链四杆机构是由平面低副组成的四杆机构。(　　)
2. 铰链四杆机构的两个连架杆只能一个成为曲柄，一个成为摇杆。(　　)
3. 铰链四杆机构根据各杆的长度即可判断其类型。(　　)
4. 曲柄滑块机构能将主动件的等速转动转变成从动件的往复直线运动。(　　)
5. 在曲柄长度不相等的双曲柄机构中，主动曲柄和从动曲柄都做等速转动。(　　)
6. 在铰链四杆机构中，只要以最短杆作为机架，就能得到双曲柄机构。(　　)
7. 在存在曲柄的铰链四杆机构中，机架一定是最短杆。(　　)
8. 在某铰链四杆机构中，机架最短，则该机构一定为双曲柄机构。(　　)
9. 在铰链四杆机构中，只要机架或连架杆为最短杆，则机构必然存在曲柄。(　　)
10. 在双摇杆机构中，其最短杆与最长杆的长度之和一定大于其余两杆长度之和。(　　)
11. 极位夹角越大，机构的急回特性越显著。(　　)
12. 对于曲柄滑块机构，滑块在做往复直线运动时，不会出现急回特性。(　　)
13. 对于曲柄滑块机构，只要以曲柄为主动件，一定具有急回特性。(　　)
14. 对于铰链四杆机构，当极位夹角 $\theta=1°$时，机构无急回特性。(　　)
15. 极位夹角和压力角均可反映一个机构的传力性能。(　　)
16. 压力角 α 愈大，传动角 γ 愈小，机构的传动性能愈好。(　　)
17. 对于铰链四杆机构，当连杆与从动件的夹角为锐角时，传动角等于这个夹角。(　　)
18. 平面四杆机构中是否存在死点位置，取决于从动件与连杆是否共线。(　　)
19. 实际上，曲柄摇杆机构的死点位置就是在摇杆的两个极限位置。(　　)

三、简答题

1. 平面四杆机构的基本形式有哪些？试联系实际各举一应用实例。
2. 判断图 1-2-31 中各平面四杆机构的类型。

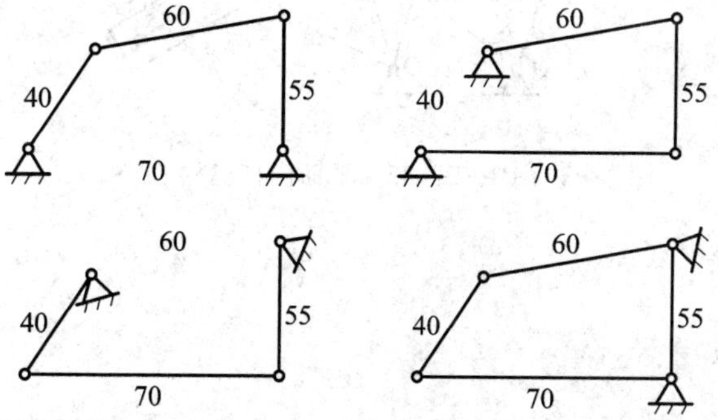

图 1-2-31　平面四杆机构

3. 压力角、传动角表示机构的什么特性？铰链四杆机构、曲柄滑块机构的最小传动角出现在机构的什么位置？机构的主动件改变时，最小传动角大小是否改变？试举例说明。

4. 已知铰链四杆机构各构件的长度分别为 a=240 mm，b=600 mm，c=400 mm，d=500 mm，当分别取 a、b、c、d 为机架时，将得到何种机构？

5. 以曲柄摇杆机构为例，说明什么是机构的急回特性？该机构是否一定具有急回特性？

6. 以曲柄摇杆机构为例，说明什么是机构的压力角和传动角？它们的大小对机构的传力性能有什么影响？

7. 以曲柄滑块机构为例，说明什么是机构的死点位置？并举例说明克服机构死点位置的方法。

8. 铰链四杆机构 $ABCD$ 中各杆的长度为：L_{AB} = 120 mm，I_{BC} = 300 mm，L_{CD} = 200 mm，L_{AD} = 250 mm。试问：

(1) 当取 AD 为机架时，是否有曲柄存在？

(2) 若各杆长度不变，能否选用不同的机架得到双摇杆或双曲柄机构，如何获得？

9. 偏置曲柄滑块机构，已知滑块行程 s=30 mm，偏心距 e=20 mm，行程速比系数 K=1.4，试设计此机构。

10. 如图 1-2-32 所示，按给定的连杆位置设计平面四杆机构，其中给定连杆的两个、三个位置，如果给定四个或五个位置呢？

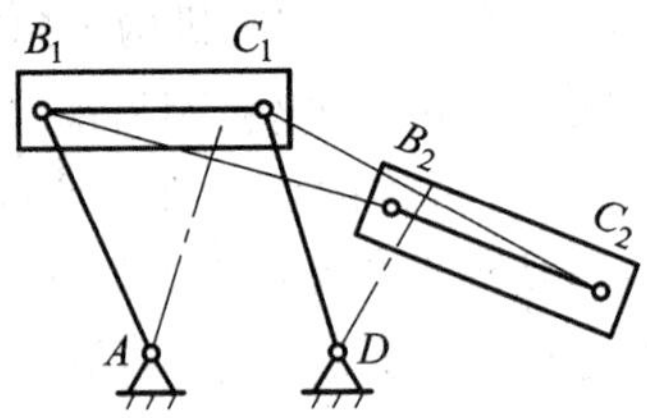

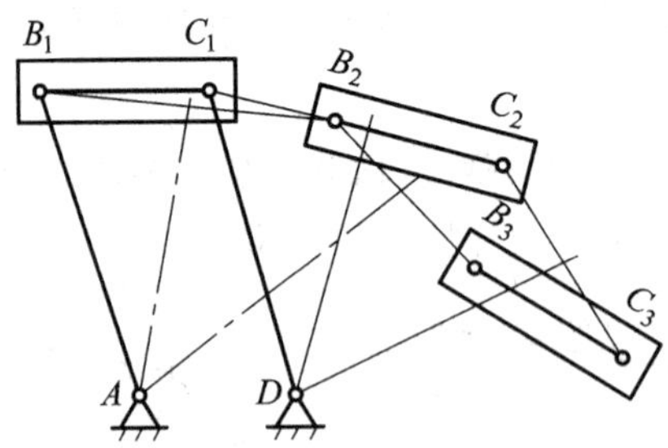

图 1-2-32 平面四杆机构

项目三　凸轮机构和间歇运动机构

任务一　凸 轮 机 构

任务导入

在一些机械中，要求从动件按预定的规律运动，特别是在自动化的机械设备中，常采用凸轮机构来实现。从动件的运动规律与凸轮的轮廓形状有着一定的关系。

凸轮机构是一种高副机构。凸轮是一种具有曲线轮廓或凹槽的构件，一般为主动件，做等速回转运动或往复直线运动。凸轮机构能将凸轮的等速转动或往复直线运动转换成从动件的往复直线运动或摆动。

凸轮打弯机工作原理

任务实施

1. 凸轮机构的应用及特点

1）凸轮机构的应用

凸轮机构广泛应用于各种自动控制装置中。图 1－3－1(a)所示为内燃机的配气机构。当主动件(凸轮 1)等角速转动时，它的轮廓驱使从动件(气阀 2)在固定的导路上做往复直线运动，进而使气阀实现开启或关闭气孔，以控制燃气准时进入汽缸或废气准时排出汽缸。图 1－3－1(b)所示为自动机床上控制刀架运动的凸轮机构。当主动件(凸轮 1)等角速转动时，凸轮上的凹槽驱使从动件(摆杆 2)摆动，进而驱使刀架运动，刀架的运动规律完全取决于凹槽的形状。

2）凸轮机构的特点

从上面的例子可以看到，凸轮机构是依靠凸轮轮廓直接与从动件接触，迫使从动件按所需的运动规律运动的，这种运动完全取决于凸轮的轮廓。所以，只需要设计出适当的凸轮轮廓曲线，即可使从动件实现预期的运动规律。凸轮机构的优点是结构简单、紧凑，设计方便。其缺点是凸轮轮廓与从动件之间为高副接触，易于磨损，故通常多用于传力不大的控制机构和调节机构。

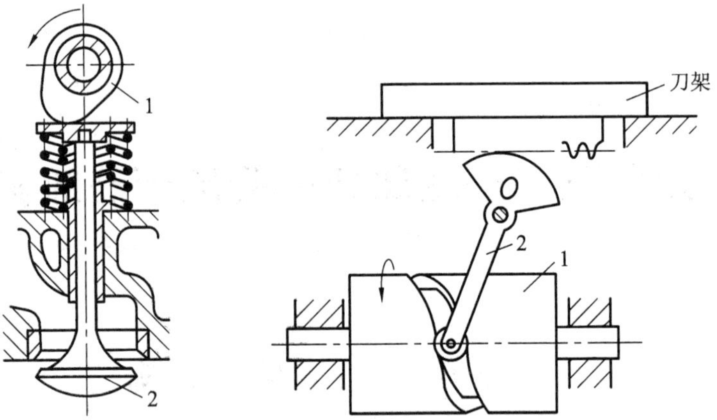

(a) 内燃机配气凸轮机构　　(b) 刀架进给凸轮机构

图 1－3－1　凸轮机构的应用

2. 凸轮机构的分类

凸轮机构由凸轮、从动件和机架三部分组成。其种类很多，通常可按下列方法进行分类：

1）按凸轮形状和运动方式分类

(1) 盘形回转凸轮：如图 1－3－1(a)所示。这种凸轮是一个绕固定轴线转动并且具有变化向径的盘形构件。它是凸轮的最基本形式，应用最为广泛。

(2) 平板移动凸轮：如图 1－3－2 所示。这种凸轮外形呈平板状，可看成是由回转中心趋于无穷远的盘形凸轮演化而成的，该凸轮做直线运动。扫描下面的二维码，观看移动凸轮构成的靠模切削机构的工作原理。

靠模切削机构

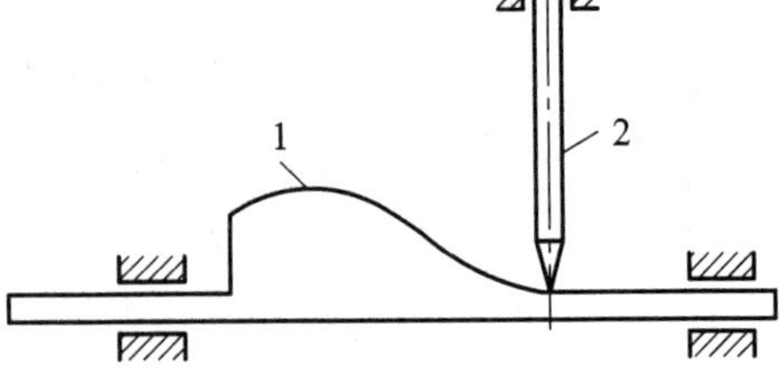

1—凸轮；2—从动件。

图 1－3－2　平板移动凸轮机构简图

(3) 圆柱回转凸轮：如图 1－3－1(b)所示。这种凸轮可看成是将移动凸轮卷成圆柱体演化而成的。扫描二维码，观看由圆柱凸轮机构制作的升降机构的工作原理。

圆柱凸轮机构

2）按从动件形状分类

(1) 尖顶从动件：如图 1－3－2 所示。这种从动件的特点是从动件结构简单，尖顶能与任意复杂的凸轮轮廓保持接触，以实现从动件的任意运动规律。但由于尖端容易磨损，且不便润滑，因此仅适用于低速和轻载场合。

(2) 滚子从动件：如图 1-3-1(b)所示。从动件通过滚子与凸轮轮廓接触，二者之间为滚动摩擦，磨损较小，所以可用来传递较大载荷，应用广泛。

(3) 平底从动件：如图 1-3-1(a)所示。凸轮对从动件的作用力始终垂直于从动件的底边，受力平稳，且凸轮与从动件平底的接触面易形成油膜，润滑良好，所以常用于高速场合。但平底从动件不能用于凸轮轮廓有凹槽的凸轮机构中。

扫描下面的二维码，观看不同形状的从动件运行时的情形。

尖顶从动件盘形凸轮机构　　滚子从动件盘形凸轮机构　　平底从动件盘形凸轮机构

3) 按从动件的运动形式分类

(1) 移动从动件：从动件沿固定路线往复移动，如图 1-3-1(a)和图 1-3-2 所示。

(2) 摆动从动件：从动件绕固定的转动中心摆动，如图 1-3-1(b)所示。

4) 按凸轮与从动件保持接触(锁合)的方式分类

(1) 力锁合：利用从动件的重力(见图 1-3-2)、弹簧的弹力(见图 1-3-1(a))等方式使从动件与凸轮保持接触。扫描二维码，观看力锁合凸轮机构运行视频。

力锁合凸轮机构

(2) 形锁合：利用凸轮或从动件特殊的几何形状使从动件与凸轮保持接触，如图 1-3-3 所示。

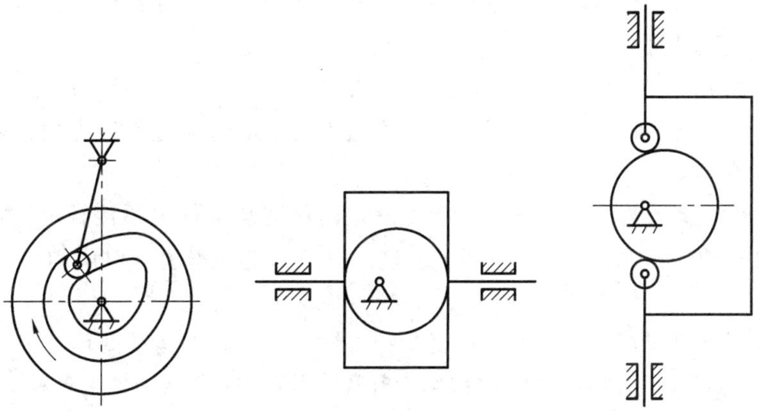

图 1-3-3　形锁合的凸轮机构

3. 凸轮机构的工作原理

图 1-3-4 所示为尖顶直动从动件盘形凸轮机构工作原理图。图中以凸轮轮廓的最小向径 r_b 为半径所作的圆，称为该凸轮的基圆。凸轮以等角速 ω_1 顺时针方向转动。图示位置为从动件上升的最低位置，此时从动件离凸轮转动中心最近，其尖顶与凸轮轮廓在 A 点接触。当凸轮转动时，从动件尖顶将依次与凸轮轮廓上的各点接触。

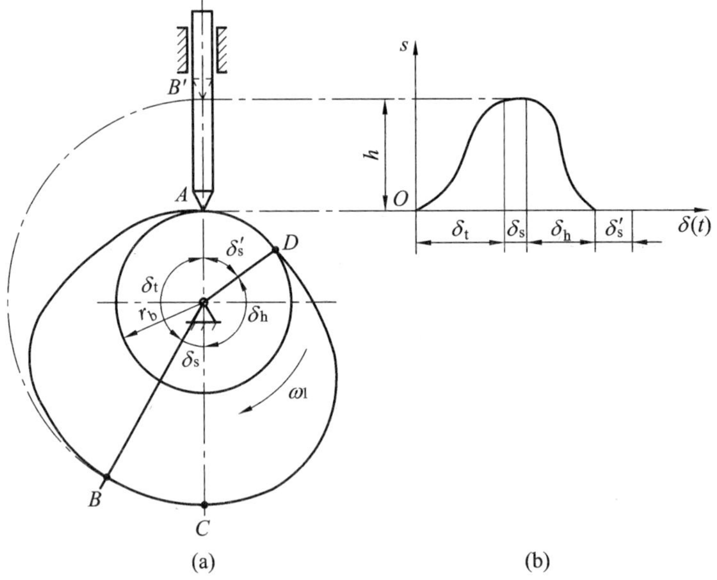

图 1-3-4　尖顶直动从动件盘形凸轮机构的工作原理

当凸轮轮廓 AB 段上的点依次与从动件尖顶接触时，由于凸轮的向径不断增大，因而从动件按一定的运动规律被推至距离凸轮转动中心最远的位置，这一过程称为推程，对应的凸轮转角 δ_t 称为推程运动角。

凸轮继续转动，当凸轮轮廓 BC 段上的点依次与从动件尖顶接触时，由于凸轮的向径不变，因而从动件在距离凸轮转动中心最远处静止不动，这一过程称为远休止，对应的凸轮转角 δ_s 称为远休止角。

凸轮继续转动，当凸轮轮廓 CD 段上的点依次与从动件尖顶接触时，由于凸轮的向径不断减小，因而从动件在重力的作用下下降到最低位置，这一过程称为回程，对应的凸轮转角 δ_h 称为回程运动角。

凸轮再继续转动，当凸轮轮廓 DA 段上的点依次与从动件尖顶接触时，由于凸轮的向径不变，因而从动件在最低位置静止不动，这一过程称为近休止，对应的凸轮转角 δ_s' 称为近休止角。

当凸轮再继续转动时，从动件将重复“升—停—降—停”的运动循环。

从动件在推程或回程中的最大位移称为升程，用 h 表示。从动件的位移 s 与凸轮转角 δ 之间的对应关系，可用从动件的位移线图表示，如图 1-3-4 所示，横坐标代表凸轮的转角 δ，纵坐标代表从动件的位移 s。

由上述分析可知，从动件的运动规律取决于凸轮的轮廓曲线形状。所以，在设计凸轮轮廓曲线时，应根据工作要求确定从动件的运动规律，然后按运动规律设计凸轮轮廓曲线，以便实现从动件的运动规律。

4. 从动件常用的运动规律

1）等速运动规律

从动件的运动速度为常数的运动规律称为等速运动规律。当凸轮以等角速转动时，从动件在推程和回程中的速度大小相等、方向相反。其推程的位移线图、速度线图和加速度线图如图 1-3-5 所示。

等速运动规律的位移线图在推程中是过原点的一条斜直线。

由其速度线图(见图 1-3-5(b))可知，从动件在推程开始和终止的瞬间，速度有突变，致使从动件在极短的时间内产生极大的惯性力，从而使凸轮机构受到极大的冲击。这种从动件在某瞬时速度有突变，其加速度及惯性力在理论上均趋于无穷大时所引起的冲击称为刚性冲击。

这种运动规律不宜单独使用，在运动开始和终止段应当用其他运动规律过渡，例如用圆弧运动规律过渡。

2）等加速等减速运动规律

等加速等减速运动规律是指让从动件的前半推程(或回程)做等加速运动，后半推程(或回程)做等减速运动，且两次的加速度大小相等、方向相反。其推程的运动线图如图 1-3-6 所示。

等加速等减速运动规律的位移线图为一曲线。可采用描点法绘制，具体作法如下：在前半推程上，将 $\delta_t/2$ 和 $h/2$ 按相同的份数等分(见图 1-3-6(a)中 3 等分)，过横坐标轴上的分点作垂线，并按从左至右的顺序标序号 1、2、3 等，过纵坐标轴上的分点向原点连斜线，并按从动件运动的方向标序号 1′、2′、3′等，然后依次取出 1 与 1′、2 与 2′、3 与 3′等的交点，再用光滑的曲线将这些点连接起来。后半推程做法与前半推程做法类似。

由其速度线图(见图 1-3-6(b))可知，等加速等减速运动规律中速度没有发生突变，所以不存在刚性冲击。但从其加速度线图(见图 1-3-6(c))可知，在等加速向等减速过渡

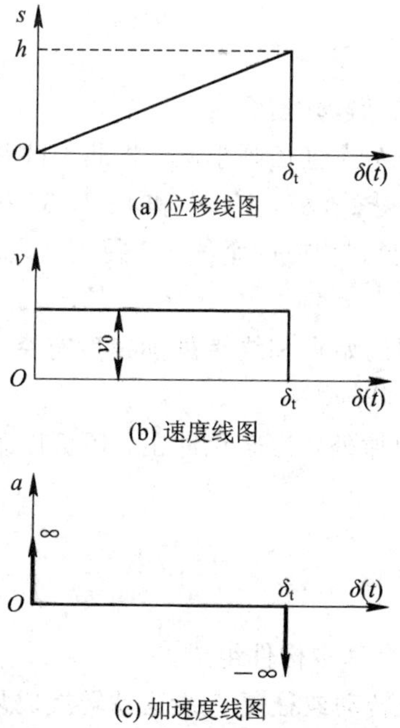

图 1-3-5　等速运动的运动线图

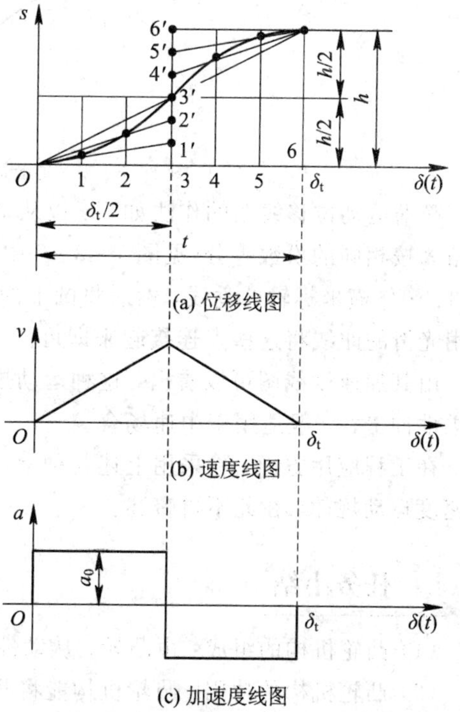

图 1-3-6　等加速等减速运动的运动线图

时存在加速度的突变。这种从动件在某瞬时加速度发生有限值的突变时所引起的冲击称为柔性冲击。因此，等加速等减速运动规律不宜用于高速，只能用于中低速场合。

3）简谐运动规律

点在圆周上做匀速运动时，它在这个圆的直径上的投影所构成的运动称为简谐运动。简谐运动规律的加速度按余弦规律变化，又称为余弦加速度运动规律，其推程的运动线图如图 1－3－7 所示。

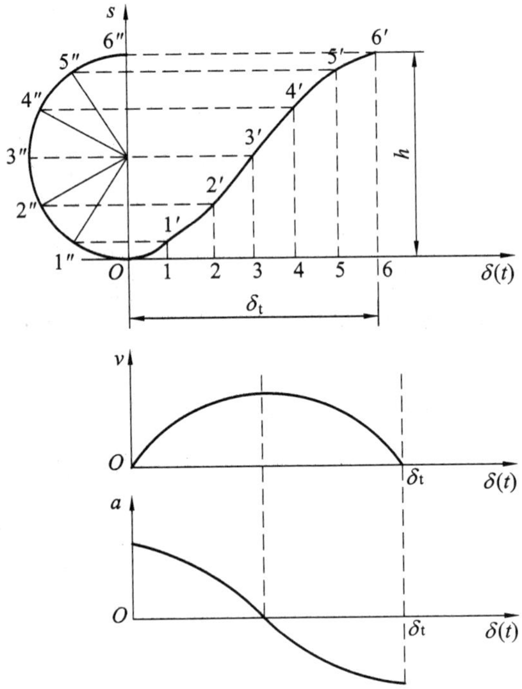

图 1－3－7　简谐运动规律推程的运动线图

简谐运动位移线图的作法如下：以从动件的升程 h 为直径画半圆，将此半圆和推程运动角 δ_t 按相同的份数等分（见图 1－3－7 中 6 等分），得 1″，2″，3″、…和 1、2、3、…，过 1、2、3、…作横坐标轴的垂线，然后将圆上的等分点投影到相应的垂线上，得 1′、2′、3′、…，再用光滑的曲线将这些点连接起来即可。

由其加速度线图可以看出，这种运动规律在行程的始点和终点处加速度有突变，仍存在柔性冲击，一般适用于中速场合。

在工程应用方面，除采用上述几种常见的运动规律外，为避免冲击，还可以采用正弦加速度运动规律，在此不再赘述。

任务小结

（1）凸轮机构的组成：由凸轮、从动件和机架三个基本构件组成。

（2）凸轮机构的功用：凸轮机构能将凸轮的等速转动或往复直线运动转换成从动件的往复直线运动或摆动。

（3）凸轮机构的分类：

① 按凸轮形状和运动方式分类：盘形回转凸轮、平板移动凸轮、圆柱回转凸轮。

② 按从动件形状分类：尖顶从动件、滚子从动件、平底从动件。

③ 按从动件运动形式分类：移动从动件、摆动从动件。

④ 按凸轮与从动件保持接触(锁合)的方式分类：力锁合、形锁合。

(4) 从动件的运动规律：等速运动规律、等加速等减速运动规律、简谐运动规律。

任务二　凸轮机构的设计方法

任务导入

在任务一中已经提到，只要设计出适当的凸轮轮廓曲线，就可以使从动件实现预期的运动规律。凸轮轮廓曲线的设计方法有图解法和解析法。图解法方法简单、绘图直观，但精度较低，适用于精度要求不高的凸轮机构；解析法精度高，但需要借助于计算机辅助设计，计算的工作量较大。这里只介绍图解法。

任务实施

图解法是根据已知的从动件运动规律画出凸轮的轮廓曲线。通常我们用凸轮的转角(或时间)作为横坐标，从动件的位移作为纵坐标，先画出从动件的位移线图，再进行凸轮轮廓的作图设计。

用图解法设计凸轮轮廓曲线简单明了，相对较容易掌握，但由于作图时难免会产生误差，因此只用于一般精度要求的凸轮设计。图解法的基本原理是“反转法”。

1. “反转法”原理

在工作中，凸轮旋转带动从动件做直线运动。现在为了作图方便，假想凸轮在图纸上不动，而将从动件的位置看成相反于凸轮的旋转方向，这种方法称为“反转法”。

以图 1-3-8 所示的移动对心尖顶从动件盘形凸轮机构为例，在凸轮机构正常工作时，凸轮是运动的，用图解法绘制凸轮轮廓曲线时，却需要凸轮相对于图纸保持静止。为此，通常采用“反转法”，即设想给整个凸轮机构加上一个公共角速度 $-\omega$(该角速度与凸轮

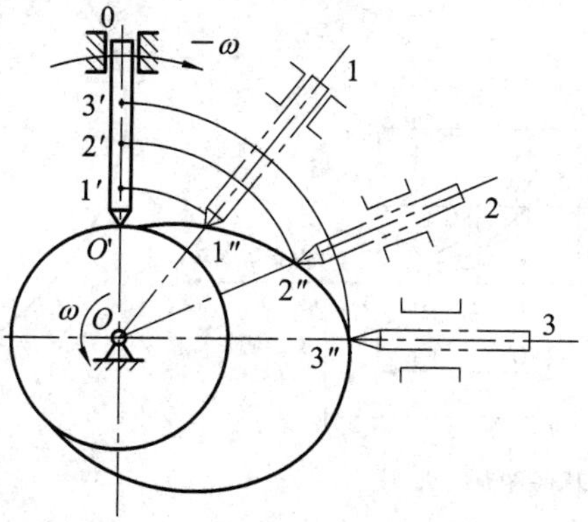

图 1-3-8　反转法原理

转速大小相等、方向相反)，各构件间的相对运动保持不变。这样一来，凸轮相对图纸静止，而从动件一方面随导路以角速度 $-\omega$ 绕 O 点转动，另一方面又在导路中做往复运动。由于从动件的尖顶始终与凸轮轮廓接触，所以反转后从动件尖顶的运动轨迹就是凸轮的轮廓曲线。

下面通过两种凸轮的设计来说明具体的设计过程。

2. 图解法绘制凸轮轮廓曲线

1) 移动对心尖顶从动件盘形凸轮轮廓曲线的绘制

已知一移动对心尖顶从动件盘形凸轮机构中，凸轮以等角速 ω 顺时针方向转动，凸轮基圆半径为 $r_b=30$ mm，从动件的运动规律如表 1-3-1 所示。试用图解法绘出凸轮轮廓曲线。

表 1-3-1 从动件的运动规律

凸轮转角	0°～90°	90°～150°	150°～330°	330°～360°
从动件运动	等速上升 30 mm	静止不动	等加速等减速下降至原点	静止不动

凸轮轮廓曲线的绘制步骤如下：

(1) 选取适当的长度比例(取 1∶2)和角度比例(取 6°/mm)，画出从动件的位移线图，如图 1-3-9(a)所示。

(2) 将位移线图上的推程运动角 δ_t 和回程运动角 δ_h 分段等分(取 30°/份)，并通过各分点作横坐标轴的垂线，与位移曲线相交，即得相应凸轮各转角处从动件的位移，如图 1-3-9(a)所示。

(3) 用步骤(1)中的长度比例画基圆，确定从动件的导路线，导路线与基圆的交点 B 处为凸轮转角的起点，该点也是从动件尖顶的起始位置，如图 1-3-9(b)所示。

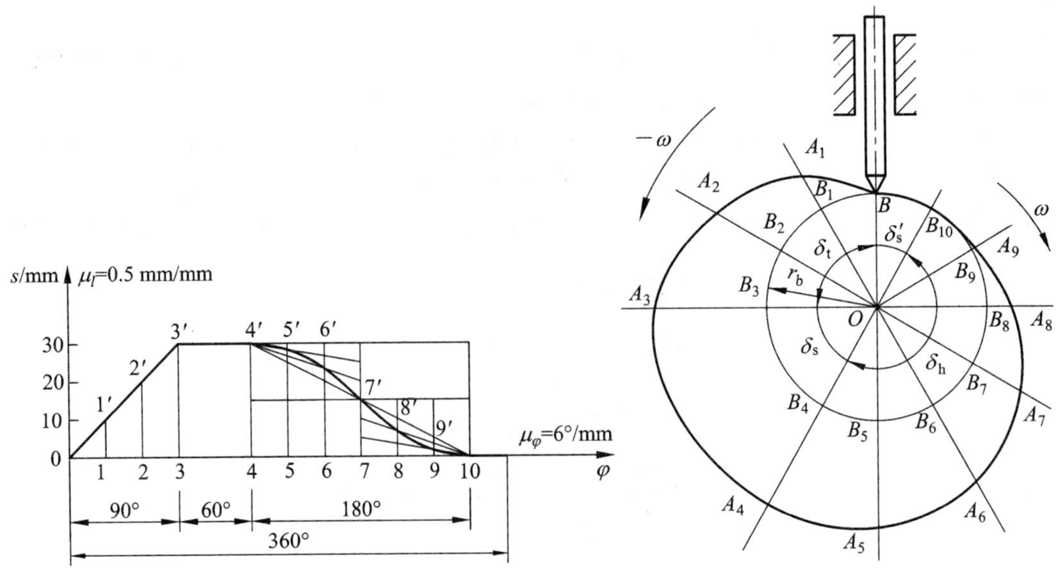

(a) 从动件位移线图　　(b) 凸轮轮廓曲线

图 1-3-9 移动对心尖顶从动件盘形凸轮轮廓曲线的绘制

(4) 自 OB 开始，按 $-\omega$(逆时针)方向依次取 δ_t、δ_s、δ_h、δ_s'，并将推程运动角 δ_t 和回程运动角 δ_h 分别分成与步骤(2)中对应的份数，得分点 B_1，B_2，B_3，…，连接 OB_1、OB_2、OB_3、…，并延长各径向线，它们便是反转后从动件导路线的对应位置。

(5) 在位移线图中量取各转角处对应的从动件的位移量，并在基圆对应的径向线上量取等量的长度，使 $B_1A_1=11'$，$B_2A_2=22'$，$B_3A_3=33'$，…，得从动件尖顶的位置 A_1、A_2、A_3、…，如图 1-3-9(b)所示。

(6) 将点 A_1、A_2、A_3、…用光滑的曲线连接起来，即得所求的凸轮轮廓曲线，如图 1-3-9(b)所示。

2) 移动对心滚子从动件盘形凸轮轮廓曲线的绘制

扫描二维码，观看滚子与凸轮轮廓曲线之间的关系。

由视频中可以看出，滚子的转动中心始终与凸轮轮廓保持着相等的距离，也就是说滚子中心始终与从动件保持相同的运动规律。滚子与凸轮轮廓接触点到滚子中心的距离始终等于滚子的半径 r_T。因此，画滚子从动件盘形凸轮轮廓曲线的方法如下：

移动对心滚子从动件盘形凸轮机构工作

(1) 将滚子中心视为尖顶从动件的尖顶，按给定的从动件运动规律，用绘制尖顶从动件盘形凸轮轮廓曲线的方法画出一个轮廓曲线。此滚子中心经过的轮廓曲线称为凸轮的理论轮廓曲线。

(2) 在已画出的理论轮廓曲线上选取一系列的点为圆心，以滚子的半径 r_T 为半径画若干个滚子圆，这些圆的内包络线即为所求的凸轮轮廓曲线，如图 1-3-10 所示。它是凸轮与滚子实际接触的轮廓曲线，称为凸轮的实际轮廓曲线。

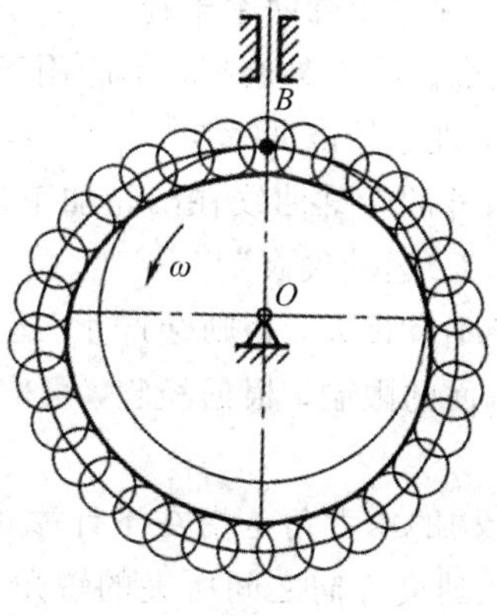

图 1-3-10　移动对心滚子从动件盘形凸轮轮廓曲线的绘制

3. 设计凸轮机构时应注意的问题

在设计凸轮机构时，不仅要保证从动件实现预期的运动规律，还要求传动时受力良好、结构紧凑。因此，在设计凸轮机构时应注意如下问题：

1) 滚子半径的选择

滚子与凸轮轮廓之间的摩擦是滚动摩擦，可以减少磨损，所以滚子从动件是凸轮机构中应用最广泛的一种从动件。从减小凸轮与从动件之间的接触应力来看，滚子半径愈大愈好，但是必须注意，滚子半径增大后，对凸轮实际轮廓曲线有很大影响。下面从图 1-3-11

分析凸轮轮廓曲线与滚子半径的关系。

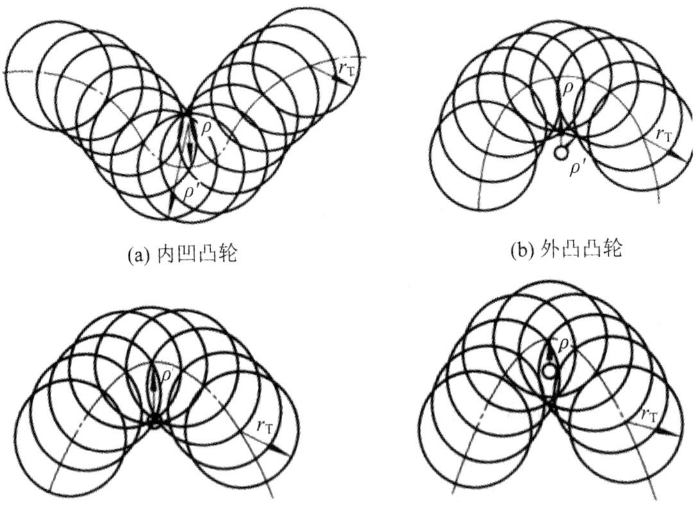

(a) 内凹凸轮　(b) 外凸凸轮

(c) $\rho'=0$　(d) $\rho'<0$

图 1-3-11　滚子半径的选择

(1) 凸轮理论轮廓曲线的内凹部分：如图 1-3-11(a)所示，实际轮廓曲率半径 ρ' 总是大于理论轮廓曲率半径 ρ，所以无论选择多大的滚子，都能作出实际轮廓曲线。

(2) 凸轮理论轮廓曲线的外凸部分：如图 1-3-11(b)所示，理论轮廓曲率半径 $\rho>r_T$，实际轮廓曲率半径 $\rho'>0$。无论选择多大的滚子，也能作出实际轮廓曲线。

(3) 如图 1-3-11(c)所示，理论轮廓曲率半径 $\rho=r_T$，实际轮廓曲率半径 $\rho'=0$。这时实际轮廓曲线变尖，这种凸轮轮廓曲线极易磨损，不能用于生产实际。

(4) 如图 1-3-11(d)所示，理论轮廓曲率半径 $\rho<r_T$，实际轮廓曲率半径 $\rho'<0$。这时的实际轮廓曲线已相交，交点以外的轮廓曲线在凸轮加工过程中将被刀具切掉，使这部分运动规律无法实现，这种现象称为“运动失真”。

由上述分析可知，滚子半径不宜过大，否则会产生“运动失真”；但滚子半径也不宜过小，其大小还受到结构和强度方面的限制。根据经验，可取滚子半径 $r_T=(0.1\sim0.5)r_b$。

2) 压力角及其许用值

(1) 压力角和自锁。凸轮机构的压力角是指在不计摩擦的情况下，高副接触点的法向力方向与从动件上力作用点的线速度方向之间所夹的锐角，用 α 表示。压力角大小是衡量凸轮机构工作性能优劣的重要参数之一。

图 1-3-12 所示为一移动对心尖顶从动件盘形凸轮机构在推程任一位置的受力情况。凸轮对从动件的法向力 F_n 与从动件上该力作用点的线速度方向 v_2 之间所夹的锐角 α 即为凸轮机构在该位置的压力角。若将力 F_n 分解为沿从动件运动方向的有用分力 F_y 和垂直于从动件运动方向的有害分力 F_x，则

$$F_y = F_n \cdot \cos\alpha \tag{1-3-1}$$

由式(1-3-1)可知，当驱动从动件的法向力 F_n 一定时，压力角 α 越大，有用分力 F_y 就越小，机构的传动性能就越差，传动效率就越低。当压力角 α 增大到一定程度时，无论凸轮对从动件的作用力多大，从动件都不能运动，这种现象称为自锁。所以从传动效率的

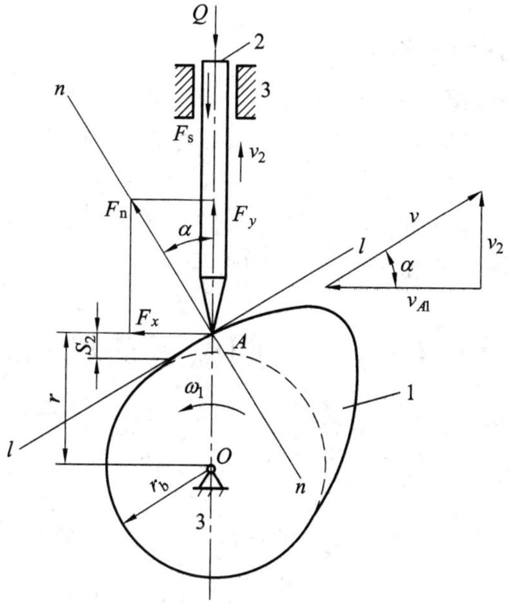

图 1-3-12　凸轮机构的压力角

观点来看，压力角越小越好。

(2) 压力角与机构尺寸的关系。由图 1-3-13 可知，压力角越大，则其基圆半径越小，相应机构尺寸也越小。所以，从机构尺寸紧凑的观点看，压力角大些较好。

(3) 压力角的许用值。综上所述，一般情况下，既要求凸轮机构有较高的传动效率，又要求其机构尺寸紧凑。因此，压力角不能过大，也不能太小，应有一许用值，用 $[\alpha]$ 表示。通常要求 $\alpha_{max} \leqslant [\alpha]$ 。一般工程中推荐的许用值：

推程：移动从动件 $[\alpha]=30°$；摆动从动件 $[\alpha]=45°$。

回程：$[\alpha]=70°\sim80°$。

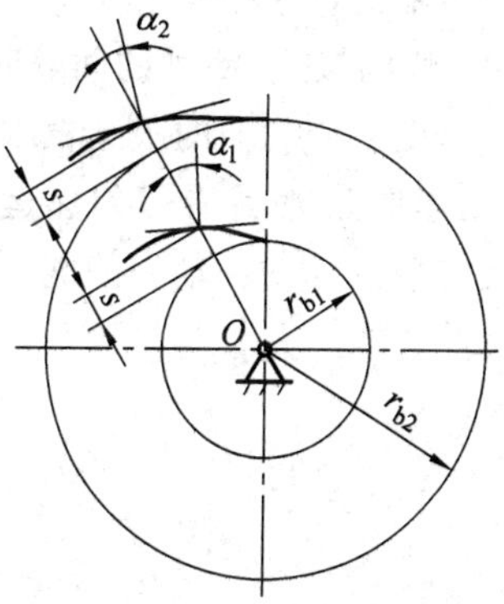

图 1-3-13　凸轮压力角与基圆半径的关系

3) 基圆半径的确定

由图 1-3-13 可知，凸轮基圆半径减小，压力角就增大，若超过许用压力角，机构传动效率降低，甚至发生自锁。

实际设计中，凸轮基圆半径常根据具体的结构条件选择。通常取凸轮的基圆直径等于或大于轴径的 1.6～2 倍。

任务小结

1. “反转法”原理

假想凸轮相对静止，则从动件一方面随导路以角速度 $-\omega$ 绕 O 点转动，另一方面又在导路中做往复运动。由于从动件的尖顶始终与凸轮轮廓接触，因此反转后从动件尖顶的运动轨迹就是凸轮的轮廓曲线。

2. 设计凸轮机构应注意的问题

(1) 滚子半径的选择。滚子半径不宜过大，否则会产生“运动失真”；但滚子半径也不宜过小，其大小受到结构和强度方面的限制。根据经验，可取滚子半径 $r_T=(0.1\sim0.5)r_b$。

(2) 保证压力角小于其许用值。

(3) 基圆半径的确定。实际设计中，凸轮基圆半径常根据具体的结构条件选择，通常取凸轮的基圆直径等于或大于轴径的 1.6～2 倍。

任务三　间歇运动机构

任务引入

大家知道电影放映机(film projector)的原理吗？扫描二维码，观看电影放映机的工作原理。

电影放映机由电动机供给动能，经齿轮、链轮、皮带、蜗杆蜗轮等传递给输片部分。如图 1-3-14 所示，输片部分将成卷的影片送到片窗照射以映出画面。标准电影移动速度是 24 格/秒，即每格画面在片窗的停留时间是 1/24 秒，而且在光源透射下每格画面将两次投射到银幕上，尽管摄片时速度为 24 格/秒，但放映时却相当于 48 格/秒。每格画面到达定位时，快门按 1/96 秒的间隔时间均匀地打开、关闭一次。由于人眼的视觉暂留作用，画面的迅速变换使我们的眼睛根本就分辨不出来。也正是因为我们的眼睛“上当”了，才能看到“活动影像”。胶片看似匀速运动，实际是一动一静交替运行。那么当电动机连续转动时，怎么实现胶片的一动一静呢？其核心部分就是间歇运动机构。

电影放映机

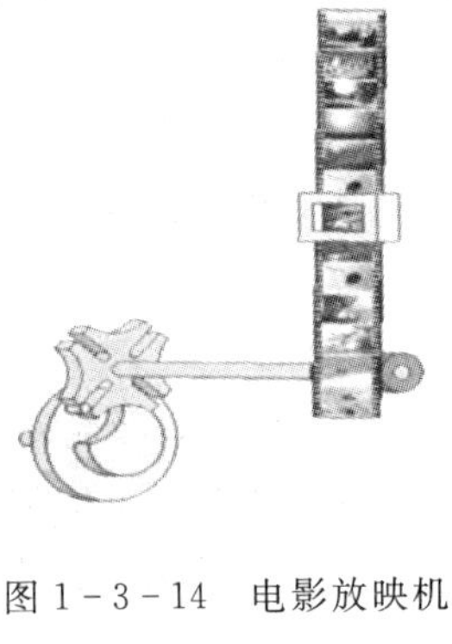

图 1-3-14　电影放映机

任务实施

我们常说，生活、工作需要有节奏，所谓的节奏就是有急有缓，有动有停，也就是有间歇性。这种间歇性是通过我们的神经系统进行调节的。在机械中，常需要某些构件有动有停，实现周期性的运动和停歇。能够将主动件的连续运动转换成从动件有规律的运动和停歇的机构，称为间歇运动机构。间歇运动机构在自动生产线的转位机构、步进机构、计数装置和许多复杂的轻工机械中有着广泛的应用。常用的间歇运动机构有：主动件往复摆动，从动件间歇转动，如棘轮机构；主动件连续转动，从动件间歇转动，如槽轮机构、不完全齿轮机构、万向联轴节、组合机构等。

1. 棘轮机构

1）棘轮机构的组成和工作原理

扫描二维码，观看棘轮机构工作原理的动画。

棘轮机构工作原理 1　　　　棘轮机构工作原理 2

外啮合棘轮机构主要由棘轮 2、棘爪(驱动棘爪 3、制动棘爪 5)、原动件摇杆 1 和机架组成。棘轮 2 固联在传动轴 4 上，其轮齿分布在轮的外缘，原动件摇杆 1 空套在传动轴 4 上。当原动件摇杆 1 逆时针方向摆动时，与它相联的驱动棘爪 3 便借助弹簧或自重的作用插入棘轮的齿槽内，使棘轮随着转过一定的角度，如图 1－3－15 所示。当原动件摇杆 1 顺时针方向摆动时，驱动棘爪 3 便在棘轮齿背上滑过。这时，簧片 6 迫使制动棘爪 5 插入棘轮的齿槽，阻止棘轮顺时针方向转动，故棘轮静止不动。当原动件连续地往复摆动时，棘轮做单向的间歇运动。

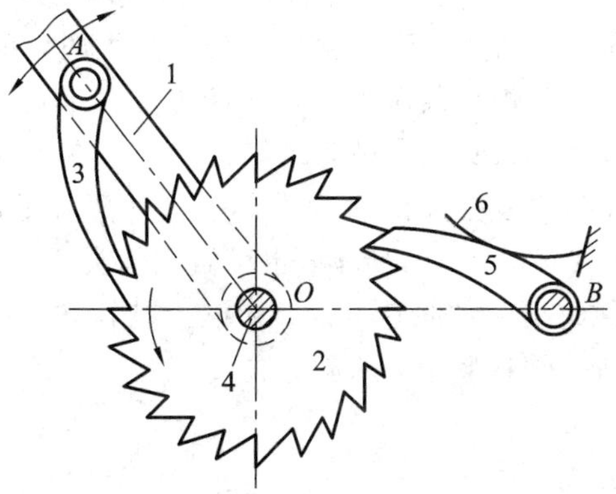

1—原动件摇杆；
2—棘轮；
3—驱动棘爪；
4—传动轴；
5—制动棘爪；
6—簧片。

图 1－3－15　外啮合棘轮机构

2）棘轮机构的类型和特点

棘轮机构的类型很多，可以按结构、啮合方式、运动形式来分类。

(1) 按结构分类：

① 齿式棘轮机构：如图 1－3－15 所示。齿式棘轮机构的结构简单、运动可靠；主从动关系可互换，动程可在较大范围内调节，动停时间比可通过选择合适的驱动机构来实现。其缺点是动程只能有级调节；有噪声、冲击、磨损，不宜用于高速场合。

② 摩擦式棘轮机构：如图 1－3－16 所示。摩擦式棘轮机构传动平稳、无噪音，传递扭矩较大，动程可无级调节。由于靠摩擦力传动，会出现打滑现象，一方面可起到过载保护，另一方面也使传动精度降低，适用于低速、轻载场合。

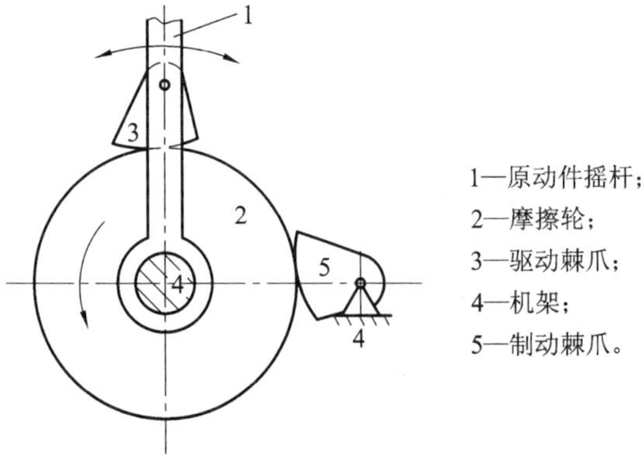

图 1-3-16　摩擦式棘轮机构

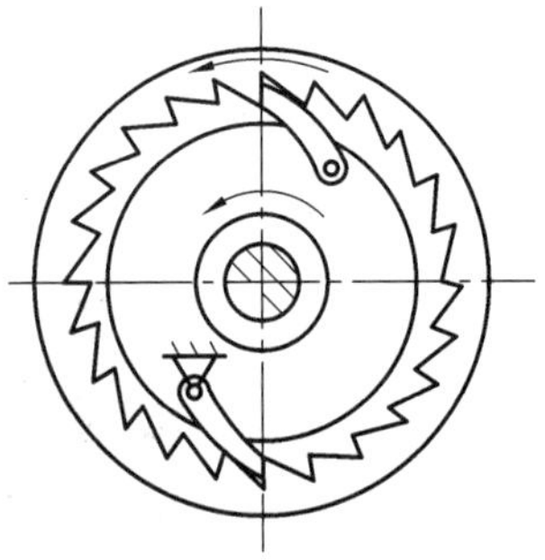

图 1-3-17　内啮合棘轮机构

（2）按啮合方式分类：

① 外啮合式：如图 1-3-15 所示。外啮合式棘轮机构的棘爪或楔块安装在棘轮的外部。该机构应用较广，其缺点是占用空间较大。

② 内啮合式：如图 1-3-17 所示。内啮合式棘轮机构的棘爪或楔块安装在棘轮的内部。其特点为结构紧凑，外形尺寸小。

（3）按运动形式分类：

① 单向间歇摆动：如图 1-3-15 所示，从动件只做单向间歇摆动。

② 单向间歇移动：如图 1-3-18 所示，当棘轮半径为无穷大时，棘轮就成为了棘齿条，当主动件往复摆动时，棘爪即推动棘齿条做单向间歇移动。

③ 双动式棘轮机构：如图 1-3-19 所示，双动式棘轮机构是在主动摇杆上安装两个主动棘爪 3，在主动摇杆向两个方向往复摆动的过程中分别带动两棘爪，依次推动棘轮 2 转动。棘爪可以制成直边式，如图 1-3-19(a)所示；也可做成钩头式，如图 1-3-19(b)所示。单动式棘轮机构是当主动件向某一方向运动时，才能使棘轮转动的棘轮机构。双动式棘轮机构与单动式棘轮机构相比，结构紧凑，承载力较大。

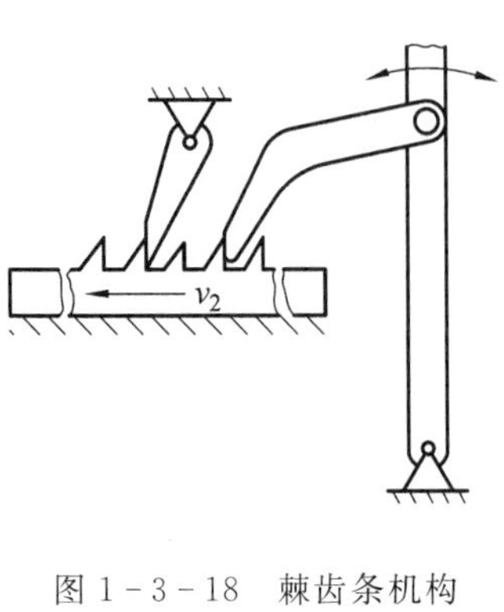

图 1-3-18　棘齿条机构

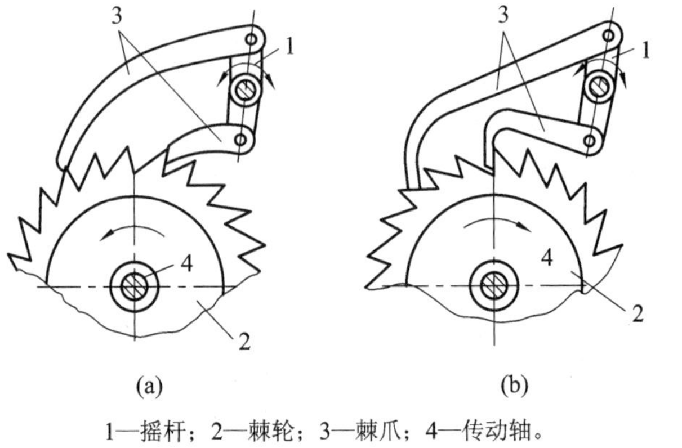

图 1-3-19　双动式棘轮机构

④ 双向式棘轮机构：如图 1-3-20 所示，双向式棘轮机构可以实现棘轮两方向间歇运动。其工作原理是变换棘爪相对棘轮的位置，即可实现棘轮的变向。在图 1-3-20(a)中，当棘爪处于实线位置时，可使棘轮 2 沿逆时针方向做间歇运动；当棘爪处于虚线位置时，可使棘轮 2 沿顺时针方向做间歇运动。图 1-3-20(b)为另一种双向式棘轮机构，当棘爪处于图示位置时，可使棘轮 2 沿逆时针方向做间歇运动；当将棘爪提起，并绕本身轴线转 180°后再插入齿槽时，可使棘轮 2 沿顺时针方向做间歇运动；若将棘爪提起并绕本身轴线转 90°后放下，架在壳体顶部的平台上，使棘轮与棘爪脱开，则当棘爪往复摆动时，棘轮静止不动。这种棘轮机构常应用在牛头刨床工作台的进给装置中。

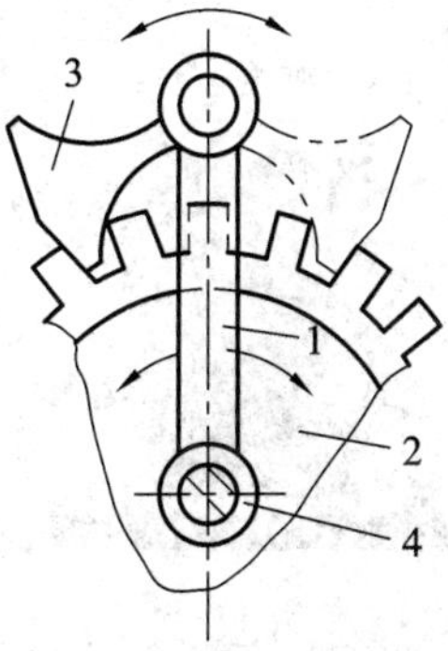

1—摇杆；
2—棘轮；
3—棘爪；
4—传动轴。

(a) 矩形齿棘爪的双向式棘轮机构

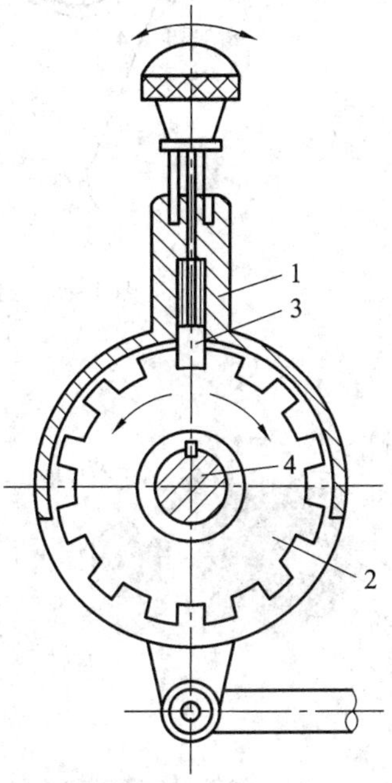

(b) 回转棘爪的双向式棘轮机构

图 1-3-20　双向式棘轮机构

3）棘轮机构的功能

棘轮机构种类繁多，运动形式多样，在工程实际中得到了广泛的应用。其主要功能如下：

(1) 间歇送进：如图 1-3-21 所示，在牛头刨床中通过棘轮机构可实现工作台横向间歇送进功能。为了实现工作台的双向间歇送进，由齿轮机构、曲柄摇杆机构和双向式棘轮机构组成了工作台换向进给机构。

(2) 制动：如图 1-3-22 所示，卷扬机制动机构中卷筒、棘轮和大皮带轮(被遮住)为一体，杆 1 和杆 2 调整好角度后紧固为一体，杆 2 端部与皮带导板铰接。当皮带突然断裂时，皮带导板失去支撑而下摆，使杆 1 端齿与棘轮啮合，阻止卷筒逆转，起到制动作用。

(3) 转位、分度：如图 1-3-23 所示，手枪盘分度机构中滑块沿导轨向上运动时，棘爪 1 使棘轮转过一个齿距，并使与棘轮固结的手枪盘转过一个角度，此时挡销上升使棘爪 2 在弹簧的作用下进入盘的槽中，使手枪盘静止并防止反向转动。当滑块向下运动时，棘爪 1 从棘轮的齿背上滑过，在弹簧力的作用下进入下一个齿槽，同时挡销使棘爪克服弹簧力绕轴逆时针转动，手枪盘解脱制动状态。

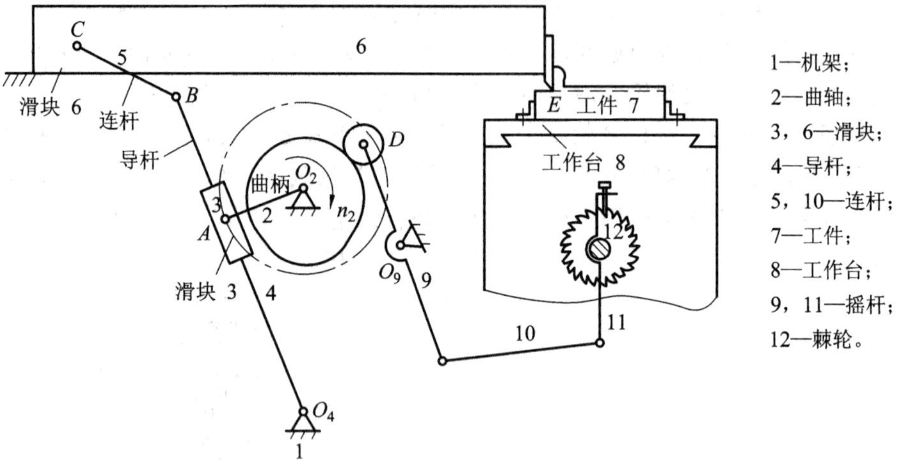

图 1-3-21　牛头刨床间歇送进功能

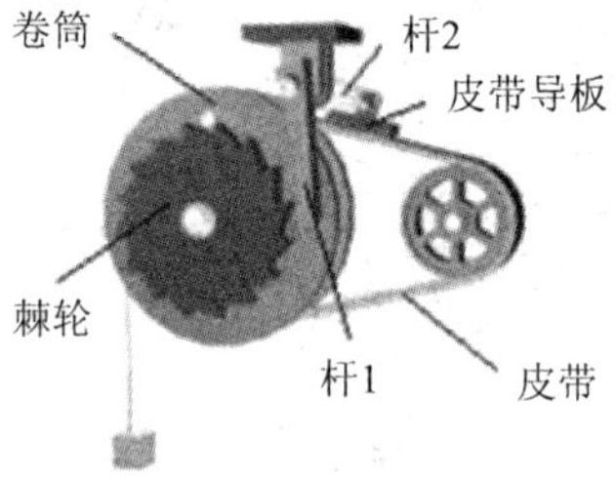

图 1-3-22　卷扬机中制动机构

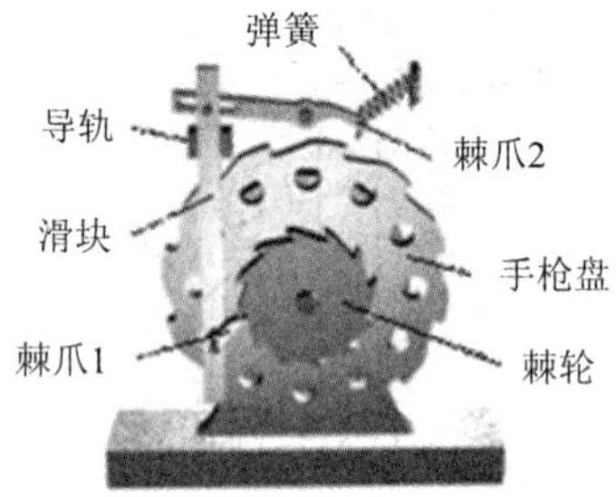

图 1-3-23　手枪盘分度机构

(4) 超越离合：棘轮机构除了常用于实现间歇运动外，还能实现超越运动。如图 1-3-24 所示为自行车后轮轴上的棘轮机构。当脚蹬踏板时，经链轮 1 和链条 2 带动内圈具有棘齿的链轮 3 顺时针转动，再通过棘爪 4 的作用，使后轮轴 5 顺时针转动，从而驱使自行车前

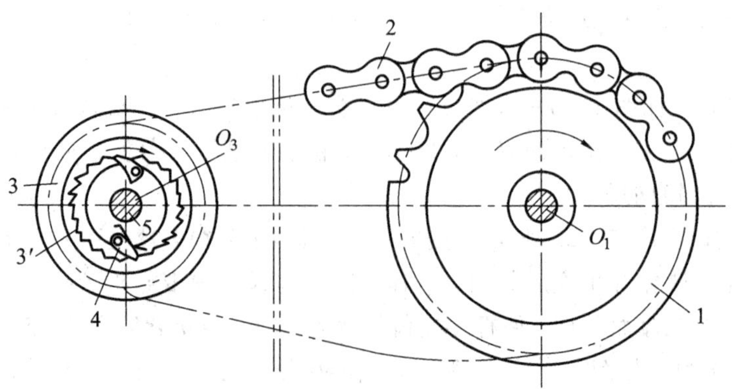

图 1-3-24　自行车后轮轴上的棘轮机构

进。在自行车前进时，如果令踏板不动，后轮轴 5 便会超越链轮 3 而转动，让棘爪 4 在棘轮齿背上滑过，从而实现不蹬踏板的自由滑行。

如图 1-3-25 所示，在钻床中以摩擦式棘轮机构作为传动中的超越离合器，实现自动进给和快速进给功能。由主动蜗杆带动蜗轮，通过外环使从动轮和轴与之同向同速转动，实现自动进给；当快速转动手柄时，直接通过轮使轴做超越运动，实现快速进给。

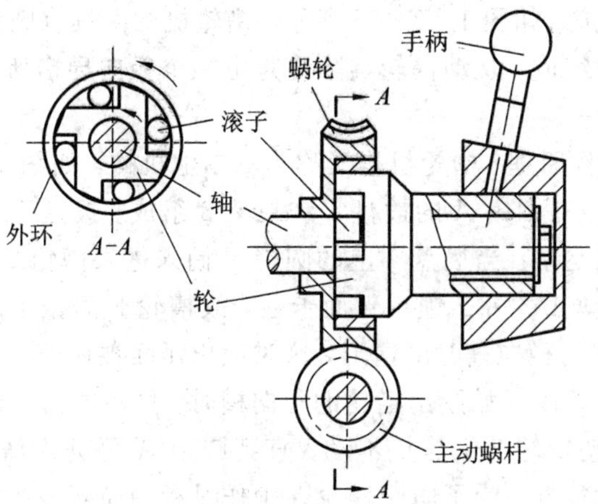

图 1-3-25　摩擦式棘轮机构

4) 棘轮机构动程和动停时间比的调节方法

(1) 改变摇杆摆角大小：调节滑块位置可改变曲柄长度，调节螺母可改变连杆的长度，从而改变摇杆的摆角，棘爪的运动也随之改变，从而改变动停时间比，如图 1-3-26 所示。

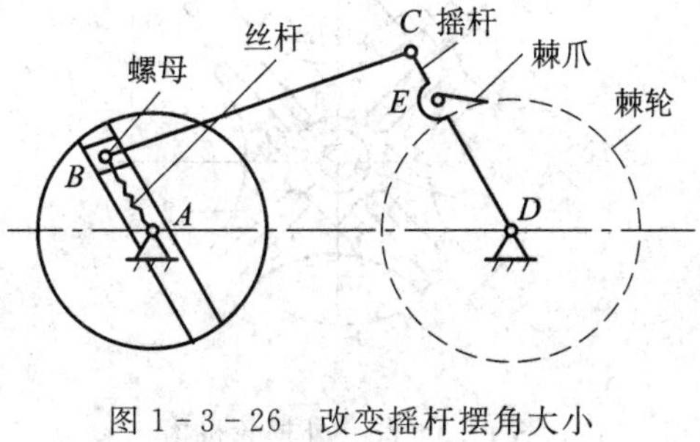

图 1-3-26　改变摇杆摆角大小

(2) 改变棘轮遮板位置：如图 1-3-27 所示，在棘轮上装一遮板，利用改变遮板的位置，使棘爪行程的一部分在遮板上滑过而不与棘轮的齿接触，而当棘爪插入棘轮齿槽后才推动棘轮转动，从而在不改变摇杆摆角大小的情况下改变棘轮的转角。

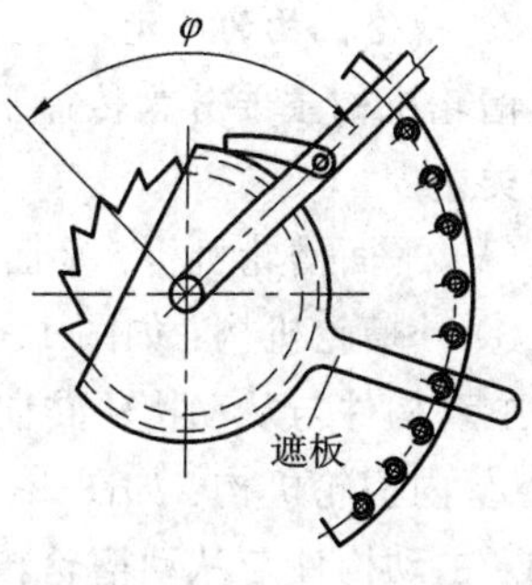

图 1-3-27　改变棘轮遮板位置

2. 槽轮机构

1) 槽轮机构的组成和工作原理

扫描下面的二维码，观看槽轮机构。

槽轮机构 1　　槽轮机构 2　　槽轮机构 3

（1）槽轮机构的组成。如图 1－3－28 所示，槽轮机构由具有圆柱销的主动销轮和具有直槽的从动槽轮及机架组成。从动槽轮实际上是由多个径向导槽所组成的构件，各个导槽依次间歇地工作。

（2）槽轮机构的工作原理。槽轮机构又称为马尔他机构，如图 1－3－28 所示，它是由具有径向槽的槽轮 2、带有圆销 A 的拨盘 1 和机架 3 组成。拨盘 1 做匀速转动时，驱使槽轮 2 做时转时停的间歇运动。当拨盘 1 上的圆销 A 尚未进入槽轮 2 的径向槽时，由于槽轮 2 的内凹锁止弧面被拨盘 1 的外凸锁止弧面卡住，故槽轮 2 静止不动。图中所示位置是当圆销 A 开始进入槽轮 2 的径向槽时的情形，这时锁止弧面被松开，因此槽轮 2 受圆销 A 驱使沿逆时针转动。当圆销 A 开始脱出槽轮的径向槽时，槽轮的另一内凹锁止弧面又被拨盘 1 的外凸圆弧卡住，致使槽轮 2 又静止不动，直到圆销 A 再进入槽轮 2 的另一径向槽时，两者又重复上述的运动循环。为了防止槽轮在工作过程中位置发生偏移，除采用上述锁住弧措施之外，也可以采用其他专门的定位装置。

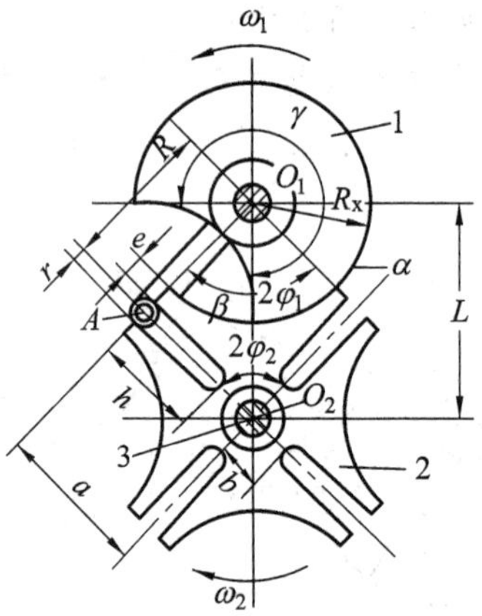

图 1－3－28　外槽轮机构

2）槽轮机构的类型

槽轮机构主要分为传递平行轴运动的平面槽轮机构和传递相交轴运动的空间槽轮机构两大类。

（1）平面槽轮机构：平面槽轮机构又分为外槽轮机构和内槽轮机构。

① 外槽轮机构：如图 1－3－28 所示，外槽轮机构中的槽轮径向槽的开口是自圆心向外，主动构件与从动槽轮转向相反。

② 内槽轮机构：如图 1－3－29 所示，内槽轮机构中的槽轮上径向槽的开口是向着圆心的，主动构件与从动槽轮转向相同。

上述两种槽轮机构都用于传递平行轴运动。与外槽轮机构相比，内槽轮机构传动较平稳、停歇时间较短、所占空间小，但槽轮尺寸较大。

(2) 空间槽轮机构：如图 1-3-30 所示，球面槽轮机构是一种典型的空间槽轮机构，用于传递两垂直相交轴的间歇运动。其从动槽轮是半球形，主动构件的轴线与销的轴线都通过球心。当主动构件连续转动时，球面槽轮得到间歇运动。空间槽轮机构结构比较复杂，设计和制造难度较大。

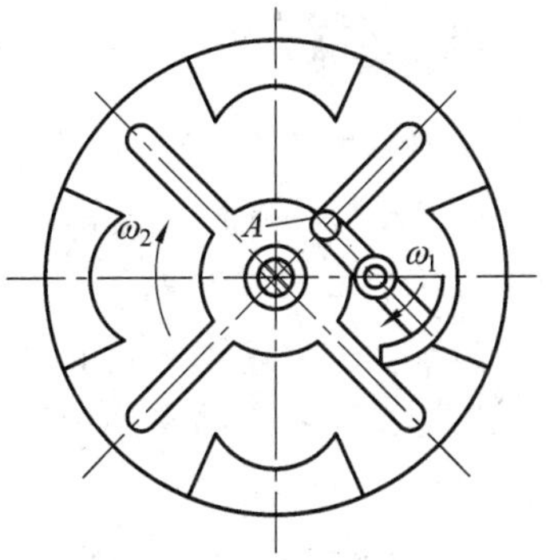

图 1-3-29　内槽轮机构

图 1-3-30　空间槽轮机构

3) 槽轮机构的特点和应用

(1) 槽轮机构的特点：槽轮机构能准确控制转角、工作可靠、机械效率高；与棘轮机构相比，其工作平稳性较好，但槽轮机构的销轮和槽轮的主从动关系不能互换、启停有冲击；动程不可调节、转角不可太小，且由于槽轮每次转过的角度与槽轮的槽数有关，如欲改变转角，需要改变槽轮槽数，重新设计槽轮机构；槽轮机构的结构比棘轮机构复杂，加工精度要求较高，因此制造成本上升。

(2) 槽轮机构的应用：槽轮机构机械效率较高，并且运动平稳，因此在自动机床转位机构、电影放映机卷片机构等自动机械中得到了广泛的应用。图 1-3-31 所示为车床刀架转位机构，如图 1-3-32 所示为电影放映机卷片机构，当槽轮间歇运动时，胶片上的画面依次在方框中停留，通过视觉暂留而获得连续的场景。

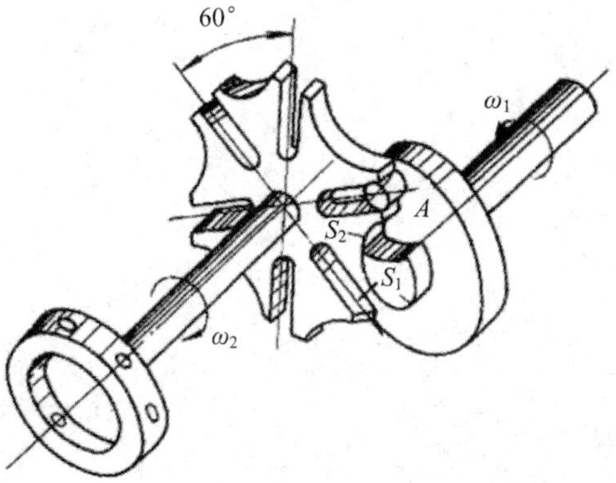

图 1-3-31　车床刀架转位机构

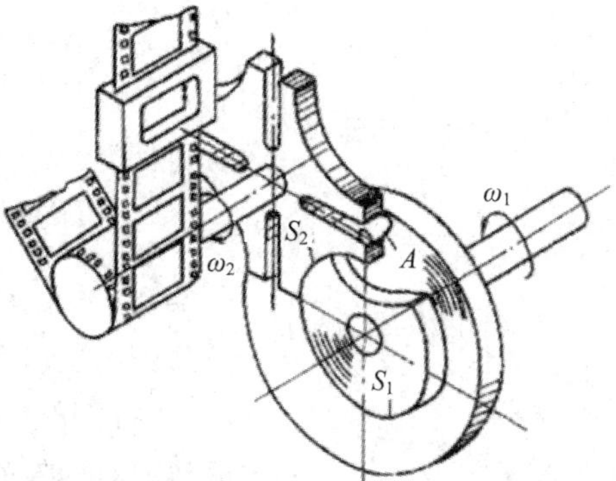

图 1-3-32　电影放映机卷片机构

3. 不完全齿轮机构

扫描下面的二维码，观看不完全齿轮机构视频。

不完全齿轮机构(内啮合)　　不完全齿轮机构(外啮合)

不完全齿轮机构主动轮上的齿数是不完整的。不完全齿轮机构是由普通渐开线齿轮机构演化而成的一种间歇运动机构，其基本结构形式分为外啮合和内啮合两种。根据不完全齿轮机构的结构特点，当主动轮的有齿部分与从动轮轮齿啮合时，推动从动轮转动；当主动轮的有齿部分与从动轮脱离啮合时，从动轮停歇不动。因此，当主动轮连续转动时，从动轮可获得时动时停的间歇运动。

不完全齿轮机构结构简单、工作可靠，但其加工工艺较复杂。由于从动轮在运动全过程中并非完全等速，每次转动开始和终止时，角速度有突变，存在刚性冲击，因此不完全齿轮机构一般用于低速、轻载的工作场合，如在自动机床和半自动机床中用于工作台的间歇转位机构、间歇进给机构及计数机构等。

任务小结

(1) 能够将主动件的连续运动转换成从动件有规律的运动和停歇的机构，称为间歇运动机构。

(2) 常用的间歇运动机构有棘轮机构、槽轮机构、不完全齿轮机构等。

(3) 间歇运动机构在自动生产线的转位机构、步进机构、计数装置和许多复杂的轻工机械中有着广泛的应用。

模块知识小结

1. 运动副及其分类
   - 运动副概念
   - 运动副分类
     - 低副
       - 转动副
       - 移动副
     - 高副
       - 凸轮副
       - 齿轮副
2. 平面机构运动简图
   - 构件及运动副的表示方法
   - 平面机构运动简图的绘制步骤
3. 平面机构的自由度
   - 构件的自由度
   - 运动副对构件的约束
   - 自由度的计算公式
   - 自由度计算的注意事项
   - 平面机构具有确定运动的条件

4. 平面四杆机构
- 铰链四杆机构
  - 曲柄摇杆机构
  - 双曲柄机构
  - 双摇杆机构
- 铰链四杆机构的演变
  - 偏心轮机构
  - 曲柄滑块机构
  - 导杆机构
  - 曲柄摇块机构
  - 定块机构

5. 铰链四杆机构类型的判别
- 满足杆长条件
  - 最短杆为连架杆——曲柄摇杆机构
  - 最短杆为机架——双曲柄机构
  - 最短杆为连杆——双摇杆机构
- 不满足杆长条件——双摇杆机构

6. 平面四杆机构的基本特性
- 急回特性(行程速比系数)
- 压力角和传动角
- 死点位置

项 目 练 习

一、选择题

1. 凸轮机构中，从动件做等加速等减速运动时，将产生______。

A. 刚性冲击　　B. 没有冲击

C. 既有刚性冲击又有柔性冲击　　D. 柔性冲击

2. 凸轮机构中，______决定了从动杆的运动规律。

A. 凸轮的转速　　B. 从动件的形状

C. 凸轮的形状　　D. 凸轮轮廓曲线

3. 凸轮机构中，凸轮与从动件之间的可动连接是______。

A. 低副　　B. 转动副　　C. 移动副　　D. 高副

4. 与连杆机构相比，凸轮机构的最大缺点是______。

A. 惯性力难以平衡　　B. 点、线接触，易磨损

C. 设计较为复杂　　D. 不能实现间歇运动

5. 与平面连杆机构相比，凸轮机构的突出优点是______。

A. 能实现给定的从动件运动规律　　B. 能实现间歇运动

C. 能实现多种运动形式的变换　　D. 传力性能好

6. 若要盘形凸轮机构的从动件在某段时间内停止不动，对应的凸轮轮廓应该是______。

A. 一段直线　　B. 一段圆弧

C. 一段抛物线　　D. 一段以凸轮转动中心为圆心的圆弧

7. 按等速运动规律工作的凸轮机构会产生______。

A. 柔性冲击　　B. 刚性冲击　　C. 中性冲击　　D. 刚性冲击或柔性冲击

8. 对于较复杂的凸轮轮廓曲线，能准确地获得所需的运动规律的从动件是______。

A. 尖顶从动件　　B. 滚子从动件　　C. 平底从动件　　D. 曲面从动件

二、判断题

1. 凸轮机构中，一般凸轮是主动件。(　　)

2. 凸轮机构是高副机构。(　　)

3. 凸轮轮廓曲线的形状决定了从动件的运动规律。(　　)

4. 凸轮从动件做等速运动时，会产生刚性冲击。(　　)

5. 凸轮机构中，从动件按等加速等减速规律运动是指从动件在推程中按等加速运动，在回程中按等减速运动。(　　)

6. 凸轮从动件做等加速等减速运动时，会产生柔性冲击。(　　)

7. 凸轮转速的高低会影响从动杆的运动规律。(　　)

三、简答题

1. 凸轮机构有哪些基本特点？组成凸轮机构的基本构件有哪些？

2. 凸轮机构中从动件有哪几种形状？各有何特点？

3. 凸轮机构中从动件常用的运动规律有哪些？各有什么特点？

4. 什么是刚性冲击？什么是柔性冲击？二者有何区别？

5. 什么是凸轮机构的压力角？压力角的大小对凸轮机构有何影响？

6. 在其他条件相同的情况下，改变基圆半径的大小对凸轮机构的压力角有何影响？

7. 设计一移动对心尖顶从动件盘形凸轮机构。已知凸轮以等角速 ω 顺时针方向转动，凸轮基圆半径 $r_b=20$ mm，从动件的运动规律如表 1-3-2 所示。试用图解法绘出盘形凸轮轮廓曲线。

表 1-3-2　从动件的运动规律

凸轮转角	0°～150°	150°～180°	180°～300°	300°～360°
从动件运动	等速上升 15 mm	静止不动	等加速等减速下降至原点	静止不动

8. 试用图解法绘制一移动对心滚子从动件盘形凸轮轮廓曲线。已知凸轮顺时针等角速 ω 转动，凸轮基圆半径 $r_b=30$ mm，滚子半径 $r_T=10$ mm，从动件的运动规律如表 1-3-3 所示。

表 1-3-3　从动件的运动规律

凸轮转角	0°～180°	180°～210°	210°～300°	300°～360°
从动件运动	等速上升 20 mm	静止不动	等加速等减速下降至原点	静止不动

9. 扫二维码观看下列机构。这两个机构都能实现从动件间歇运动，试分析它们各有什么特点。

课后测评 1　　课后测评 2

10. 日常生活中见到过间歇运动机构吗？能列举一些吗？

模块二　机械传动形式

在机械加工中，传递动力和运动会利用机械传动的形式，机械传动在机械工程中应用非常广泛。机械传动的形式有多种，比较常见的有带传动、齿轮传动、链传动、螺纹传动等。扫描下面二维码，从视频中能看出哪几种传动形式？

机械传动视频

项目一　带传动和链传动

任务一　带传动的类型及其应用

任务引入

在机械传动中，当主动轴与从动轴相距较远时，常采用带传动进行动力和运动的传递。带传动装置结构简单、成本低廉、传动中心距大，广泛地应用于机械加工设备和带式运输机等设备的动力与运动传递中。从带传动视频中可以看到，当发动机工作时，发动机曲轴通过带传动带动轮轴转动，实现动力和运动传递。在保证带具有足够承载能力的情况下，如何进行带传动类型的选择以及带传动的结构、带传动的安装与维护等知识将是本任务学习的内容。

带传动视频

任务实施

1. 带传动的组成

如图 2-1-1 所示，带传动通常由主动轮 1、从动轮 2、传动带 3 及机架组成。工作时靠带与带轮之间接触面产生的摩擦力来传递运动和动力，属于利用中间挠性件的摩擦运动。

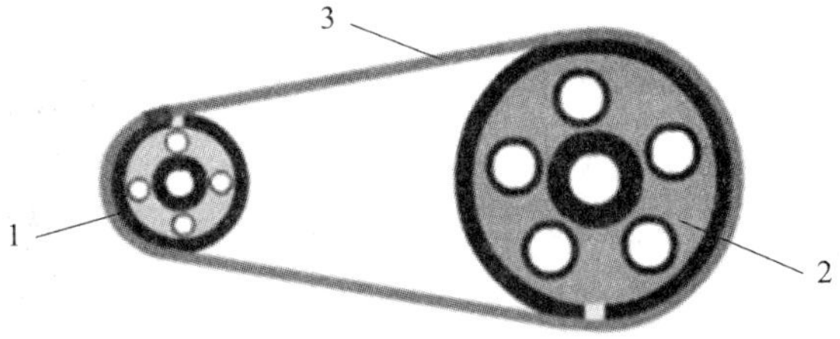

1—主动轮；2—从动轮；3—传动带。

图 2-1-1　带传动的组成

2. 带传动的特点

带传动是通过中间挠性件（带）靠摩擦来传动的，它具有下列特点：

（1）传动带具有良好的弹性，能缓冲和吸振，传动平稳，噪声小。

（2）过载时，带和带轮面间会发生打滑现象，可防止其他零件损坏。

（3）带传动结构简单，制造、安装和维护均较方便。

（4）可用于中心距较大的两轴间的传动。

（5）带传动不能保证准确的传动比，对轴和轴承的压力较大，传动的效率较低，带的寿命较短，传动的外廓尺寸较大。

带传动适用于要求传动平稳、不要求传动比准确、中小功率的远距离传动。一般带传

动的传递功率 $P<50$ kW，带速 $v=5\sim25$ m/s，高速带的带速可达 60 m/s，传动比 $i<7$。

3. 带传动的类型

带传动是利用张紧在带轮上的传动带与带轮间的摩擦力或啮合来传递运动和动力的。根据工作原理不同，带传动分为摩擦带传动和啮合带传动两大类。

1）摩擦带传动

摩擦带传动是利用传动带与带轮之间的摩擦力传递运动和动力的。在摩擦带传动中，根据传动带截面形状的不同，可分为平带传动、V 带传动、多楔带传动和圆带传动。

（1）平带传动。平带的横截面为扁平矩形（见图 2-1-2），其工作面是与带轮面相接触的内表面。平带传动结构简单、加工方便，适用于中心距较大的场合。

图 2-1-2　平带传动

平带在机器人中的应用

（2）V 带传动。V 带的横截面为等腰梯形（见图 2-1-3），其工作面是带与轮槽相接触的两侧面，在相同的带张紧程度下，V 带传动的摩擦力要比平带传动约大 70%，因而其承载能力比平带传动高。目前，大多数 V 带已标准化，是实际应用最广泛的带传动。

图 2-1-3　V 带传动

（3）多楔带传动。多楔带的横截面为多楔形（见图 2-1-4），它是以平带为基体、内表面具有若干等距纵向 V 形楔的环形传动带，其工作面为楔的侧面，具有平带的柔软、V 带摩擦力大的特点。多楔带传动常用于传递功率大、结构要求紧凑的场合。

（4）圆带传动。圆带的横截面为圆形，圆带有圆皮带、圆绳带、圆锦纶带等，主要用于

图 2-1-4　多楔带传动

$v<15$ m/s、$i=0.5\sim3$ 的小功率传动，如仪器和家用电器设备中。

2）啮合带传动

啮合带传动(见图 2-1-5)又称同步带传动，它是靠带上的齿与带轮上的齿槽相啮合来传递运动和动力的。在同步带传动工作时，带与带轮之间不会产生相对滑动，能够获得准确的传动比。它常用于数控机床、纺织机械中。

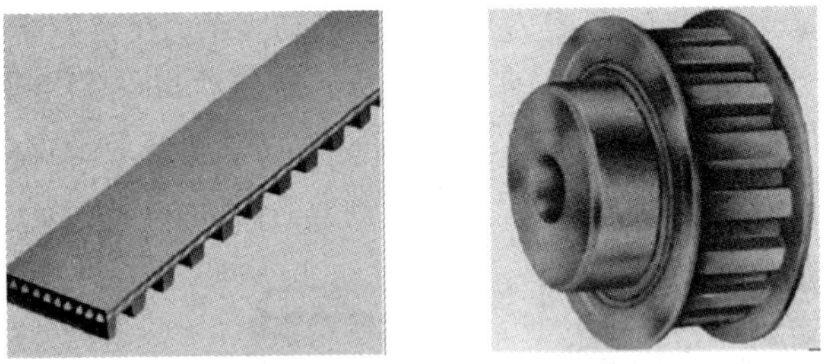
(a) 同步齿形带　(b) 带轮

啮合带在机器人中的应用

图 2-1-5　啮合带传动

任务小结

（1）带传动的组成：通常由主动轮、从动轮、传动带及机架组成。

（2）带传动的类型：带传动分为摩擦带传动和啮合带传动两大类。机械上常用的带有平带、V 带、多楔带和圆带。

（3）带传动的特点。

知识拓展

1911 年查理·盖茨发明了世界上第一条三角带，1917 年约翰·盖茨发明了世界上第一条以布料强化的 V 形橡胶皮带，从而使得盖茨公司成为世界上最大的三角带制造企业。

1996 年盖茨橡胶公司成为 TOMKINS PLC 全资附属公司，使其成为世界上最大的非轮胎橡胶件生产企业。

三角带在农业机械中应用广泛。标准化的三角带断面呈梯形，整圈无接头，分为 O 型、A 型、B 型、C 型、D 型、E 型、F 型七种型号，从 O 型到 F 型胶带剖面面积逐渐增大。

选择胶带型号是根据所传递的功率来决定的，这里面有不少学问。选取的型号应与选用的三角胶带相适应，否则三角带在皮带轮槽内会出现不正常的情况。

正确安装三角带前，如果两轴中心距是可调整的结构，应先将中心距缩短，胶带装好后再按要求调整好中心距；如果两轴中心距是不可调整的，则可将一根三角带先套入轮槽中去，然后转动另一个皮带轮，将三角胶带装上，再用同样方法将一组三角胶带都装上。安装时禁止用工具硬撬、硬拽三角带，以防三角带伸长或出现过松、过紧现象。安装皮带轮时，两只上带轮的中心必须对齐，否则会造成三角带单边工作，致使三角带磨损严重，降低其使用寿命。

任务二 带传动的受力分析

任务引入

视频中给大家演示了整个带传动的装配过程，从视频中大家可以了解到带传动的结构和特点，以及相关工作参数、如何调节皮带的张紧力等。日常生活中用到的搅拌机和轻巧型带式输送机都是利用带传动来进行工作的，我们不仅要认识不同的传动带，还要学会如何去选择和设计传动带来满足工程要求。那么在设计之前需要了解些什么呢?

带传动装配视频

任务实施

1. V带和V带轮

V带传动由一条或数条V带和V带带轮(见图2-1-6(a))组成的摩擦传动。

V带由顶胶、抗拉体、底胶和包布四部分组成，如图2-1-6(b)所示。抗拉体有帘布芯和绳芯两种结构。帘布芯结构抗拉强度较高，制造方便，应用较广。绳芯结构柔性较好，抗弯强度高，适用于载荷不大、带轮直径较小、速度较高的场合。

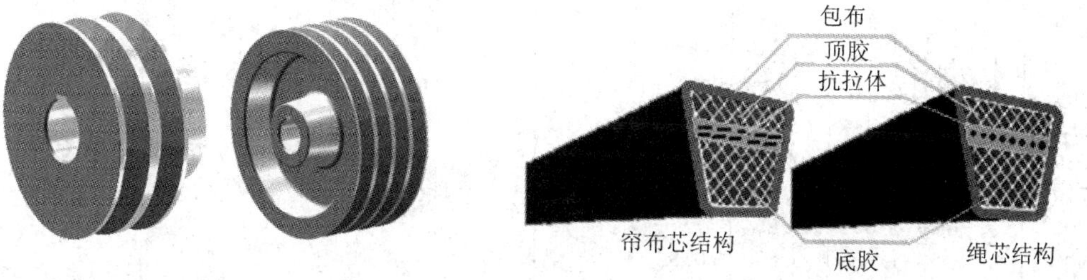

(a) V带带轮　　(b) V带

图2-1-6 V带传动

V带有普通V带、窄V带、宽V带、汽车V带、大楔角V带等。其中以普通V带和窄V带应用较广。

2. V带传动的主要参数

1) 普通V带的横截面尺寸

V带制成无接头的环形。在弯曲时，带中长度和宽度均不变的一层称为中间层，其宽度 b_p 称为节宽。V带截面高度 h 和节宽 b_p 的比值 h/b_p 称为相对高度。楔角为40°、相对高度约为0.7的V带称为普通V带，已标准化。按截面尺寸由小到大普通V带分为Y、Z、A、B、C、D、E七种型号，其截面尺寸如表2-1-1所示。其中，Y型尺寸最小，只用于传递运动。

表 2-1-1 V带(基准宽度制)的截面尺寸(摘自 GB/T 11544—2012) mm

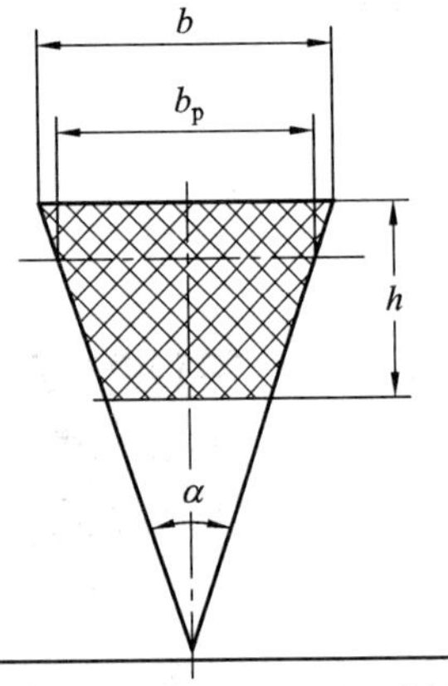

带型		节宽	顶宽	高度	每米质量 q/	楔角 α
普通 V 带	窄 V 带	b_p	b	h	(kg/m)	
Y	—	5.3	6	4	0.03	40°
Z	SPZ	8.5	10	6　8	0.06　0.07	
A	SPA	11.0	13	8　10	0.11　0.12	
B	SPB	14.0	17	11　14	0.19　0.20	
C	SPC	19.0	22	14　18	0.33　0.37	
D	—	27.0	32	19	0.66	
E	—	32.0	38	23	1.02	

表 2-1-2 V带(基准宽度制)的基准长度系列及长度修正系数 K_L

(摘自 GB/T 13575.1—2008) mm

基准长度 L_d	K_L										
	普通 V 带							窄 V 带			
	Y	Z	A	B	C	D	E	SPZ	SPA	SPB	SPC
200	0.81										
224	0.82										
250	0.84										
280	0.87										
315	0.89										
355	0.92										
400	0.96	0.87									
450	1.00	0.89									
500	1.02	0.91									
560		0.94									
630		0.96	0.81					0.82			
710		0.99	0.83					0.84			
800		1.00	0.85					0.86	0.81		
900		1.03	0.87	0.82				0.88	0.83		
1000		1.06	0.89	0.84				0.90	0.85		
1120		1.08	0.91	0.86				0.93	0.87		
1250		1.11	0.93	0.88				0.94	0.89	0.82	
1400		1.14	0.96	0.90				0.96	0.91	0.84	
1600		1.16	0.99	0.92	0.83			1.00	0.93	0.86	
1800		1.18	1.01	0.95	0.86			1.01	0.95	0.88	
2000			1.03	0.98	0.88			1.02	0.96	0.90	0.81
2240			1.06	1.00	0.91			1.05	0.98	0.92	0.83
2500			1.09	1.03	0.93			1.07	1.00	0.94	0.86
2800			1.11	1.05	0.95	0.83		1.09	1.02	0.96	0.88
3150			1.13	1.07	0.97	0.86		1.11	1.04	0.98	0.90
3550			1.17	1.09	0.99	0.89		1.13	1.06	1.00	0.92
4000			1.19	1.13	1.02	0.91			1.08	1.02	0.94
4500				1.15	1.04	0.93	0.90		1.09	1.04	0.96
5000				1.18	1.07	0.96	0.92			1.06	0.98
5600					1.09	0.98	0.95			1.08	1.00
6300					1.12	1.00	0.97			1.10	1.02

V 带装在带轮上，和 b_p 相对应的带轮直径称为基准直径 d_d(见表 2-1-3)。V 带在规定的张紧力下，位于带轮基准直径上的周线长度称为基准长度 L_d，它是 V 带的公称长度，用于带传动的几何计算和带的标记。普通 V 带的基准长度如表 2-1-2 所示。

普通 V 带的标记为：截型　基准长度　标准编号

标记示例：B 型带，基度长度为 1000 mm，标记为：B1000 GB/T 11544—2012

2) V 带轮的轮槽结构及其截面尺寸

带轮常用材料为铸铁，当带速 $v<25$ m/s 时，可采用 HT150；当 $v=25\sim30$ m/s 时，可采用 HT200。速度更高时可采用铸钢，铝合金带轮和塑料带轮常用于小功率传动。

带轮由轮缘、轮毂和轮辐(或腹板)三部分组成。轮缘上制有槽，槽的结构尺寸和数目应与所用 V 带的型号、根数相对应。轮槽截面尺寸如表 2-1-3 所示。表中轮槽角 φ 规定为 32°、34°、36°和 38°，而 V 带楔角 α 为 40°，这是考虑到带在带轮上弯曲时，截面形状的变化使角减小，从而使带和带轮槽面接触良好。

表 2-1-3　V 带轮(基准宽度制)的轮槽尺寸(摘自 GB/T13575.1—2008)　mm

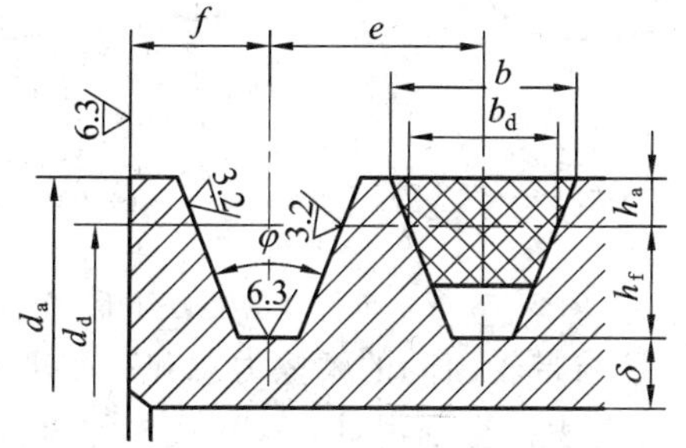

项目	符号	槽型						
		Y	Z SPZ	A SPA	B SPB	C SPC	D	E
基准宽度	b_d	5.3	8.5	11.0	14.0	19.0	27.0	32.0
基准线上槽深	h_{amin}	1.6	2.0	2.75	3.5	4.8	8.1	9.6
基准线下槽深	h_{fmin}	4.7	7.0 9.0	8.7 11.0	10.8 14.0	14.3 19.0	19.9	23.4
槽间距	e	8±0.3	12±0.3	15±0.3	19±0.4	25.5±0.5	37±0.6	44.5±0.7
槽边距	f_{min}	6	7	9	11.5	16	23	28
最小轮缘厚	δ_{min}	5	5.5	6	7.5	10	12	15
带轮宽	B	$B=(z-1)e+2f$　(z 为轮槽数)						
外径	d_a	$d_a=d_d+2h_a$						
轮槽角 φ 32°	相应的基准直径 d_d	≤60	—	—	—	—	—	—
轮槽角 φ 34°	相应的基准直径 d_d	—	≤80	≤118	≤190	≤315	—	—
轮槽角 φ 36°	相应的基准直径 d_d	>60	—	—	—	—	≤475	≤600
轮槽角 φ 38°	相应的基准直径 d_d	—	>80	>118	>190	>315	>475	>600
轮槽角 φ 偏差		±30′						

3. 带传动的工作性能分析

1) 带传动中带的受力分析

为保证传动带的正常工作，传动带必须以一定的张紧力套在带轮上。当传动带静止时，带两边承受相等的拉力，称为初拉力 F_0，如图 2-1-7(a)所示。当传动带传动时，由于带与带轮接触面之间摩擦力的作用，带两边的拉力不再相等，如图 2-1-7(b)所示。一边被拉紧，拉力由 F_0增大到 F_1，称为紧边；一边被放松，拉力由 F_0减少到 F_2，称为松边。紧边、松边的拉力之差 F 等于接触面间摩擦力的总和，称为带传递的圆周力，也称带传动的有效拉力，即

$$F = F_1 - F_2 \tag{2-1-1}$$

$$P = \frac{Fv}{1000} \tag{2-1-2}$$

式中：P 为传递的功率(kW)；v 为带速(m/s)；F 为圆周力(N)。

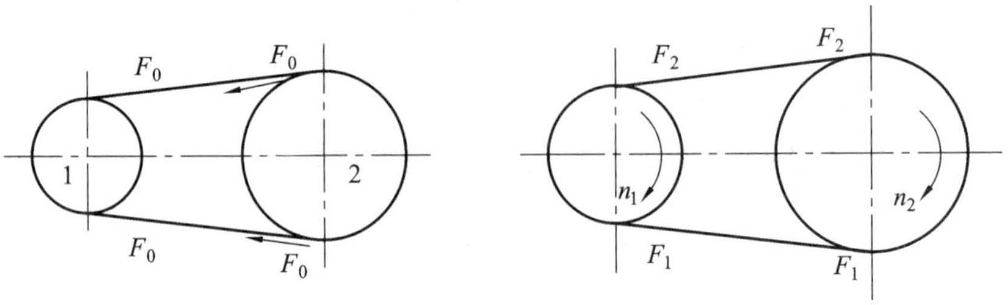

(a) 不工作的受力情况　　(b) 工作时的受力情况

图 2-1-7　带传动的受力分析

在一定的初拉力 F_0下，带与带轮面间的摩擦力总和有一极限值，当传递的圆周力超过极限摩擦力总和时，带将沿带轮表面全面滑动，这种现象称为打滑。打滑会使带磨损加剧，从动轮转速急剧降低，甚至停止转动，失去正常工作能力。

当 V 带即将打滑时，紧边拉力 F_1和松边拉力 F_2之间的关系可用柔韧体摩擦的欧拉公式表示，即

$$\frac{F_1}{F_2} = e^{f_v \alpha} \tag{2-1-3}$$

式中：e 为自然对数的底，e≈2.718；f_v 为当量摩擦力系数，$f_v = f\sin(\varphi/2)$(式中 f 为带与轮面间的摩擦系数，φ 为 V 带轮轮槽角)；α 为包角，单位为 rad。

若近似认为环形带的总长度不变，则紧边拉力的增加量 $F_1 - F_0$应等于松边拉力的减少量 $F_0 - F_2$，即

$$F_1 - F_0 = F_0 - F_2$$

$$F_0 = \frac{F_1 + F_2}{2} \tag{2-1-4}$$

由式(2-1-1)、(2-1-3)和(2-1-4)可得 V 带传动在不打滑条件下所能传递的最大圆周力为

$$F = 2F_0 \frac{e^{f_v \alpha} - 1}{e^{f_v \alpha} + 1} \tag{2-1-5}$$

由式(2-1-5)可以看出，带传动的最大有效圆周力不仅与摩擦系数 f_v 和包角 α 有关，而且还和初拉力 F_0有关。

2) 带传动中带的应力分析

带工作时所受的应力有工作拉应力、离心拉应力和弯曲应力。

（1）工作拉应力：

$$紧边拉应力 \qquad \sigma_1 = \frac{F_1}{A}$$

$$松边拉应力 \qquad \sigma_2 = \frac{F_2}{A}$$

式中：A 为带的横截面积(mm^2)；σ_1、σ_2分别为紧边和松边上的拉应力(MPa)；F_1、F_2分别为紧边和松边上的拉力(N)。

带在绕过主动轮时，拉应力由 σ_1 逐渐降为 σ_2；带在绕过从动轮时，则由 σ_2 又增加至 σ_1。

（2）离心拉应力：带沿圆周运动时，由于离心力作用，引起带的截面上的离心拉应力 σ_c为

$$\sigma_c = \frac{qv^2}{A}$$

式中：q 为传动带单位长度的质量(kg/m)，各种型号 V 带的 q 值可查表得到；v 为传动带的速度(m/s)。

（3）弯曲应力：带绕过带轮时发生弯曲，从而引起弯曲应力，由材料力学公式得 V 带弯曲应力为

$$\sigma_{b1} \approx E\frac{h}{d_d}$$

式中：E 为带的弹性模量(MPa)；h 为带的高度(mm)；d_d 为带轮基准直径(mm)。

由上式可见，当 d_d 越小，h 越大时，带的弯曲应力就越大。带在大、小两轮上的弯曲应力不等。

带在工作时的应力分布如图 2-1-8 所示。各截面的应力大小由该处引出的带的法线长短表示。最大应力发生在紧边和小轮接触处，其值为

$$\sigma_{max} = \sigma_1 + \sigma_c + \sigma_{b1}$$

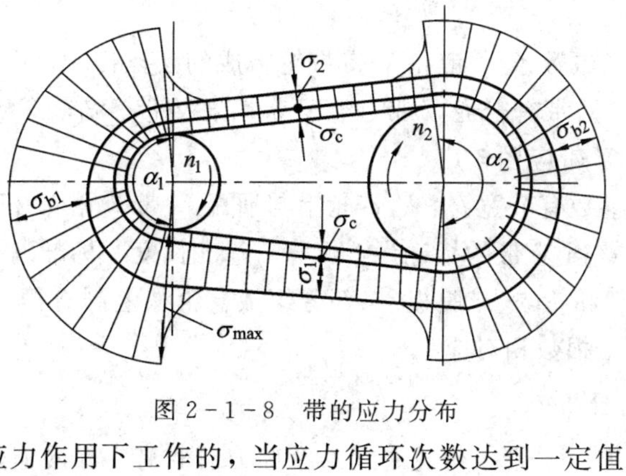

图 2-1-8　带的应力分布

可见，带是在变应力作用下工作的，当应力循环次数达到一定值时，将使带产生疲劳破坏。为保证带具有足够的疲劳寿命，应满足：

$$\sigma_{max} = \sigma_1 + \sigma_c + \sigma_{b1} \leqslant [\sigma]$$

式中：$[\sigma]$为带的许用应力。

4. 带传动的弹性滑动和传动比

传动带是弹性体，受拉力后产生弹性伸长，并随拉力大小的变化而改变。带由紧边绕

过主动轮进入松边时，由于拉力的减少，其弹性伸长量也相应减少，带相对于轮向后缩了一段，因而带和带轮面间局部出现相对滑动，并使带的速度落后于主动轮的圆周速度。这种由于带的弹性变形而引起带与带轮面间的局部相对滑动称为弹性滑动。随着紧、松边拉力差的增大，当带的弹性滑动区域扩展至带与带轮的整个接触面时，即发生打滑。弹性滑动也存在于带与从动轮面间，但情况相反，带由松边进入紧边，拉力增加，带逐渐伸长，使带的速度超前于从动轮的圆周速度。

弹性滑动是不可避免的，因为传动带工作时要传递圆周力，带的两边拉力必然不等，产生的弹性变形量也不同，所以必然会发生弹性滑动。而打滑是由于过载引起的，是可以避免的。

带的弹性滑动使从动轮的圆周速度 v_2 低于主动轮的圆周速度 v_1，其相对降低率用滑动率 ε 表示，即

$$\varepsilon = \frac{v_1 - v_2}{v_1} = \frac{\pi d_{d1} n_1 - \pi d_{d2} n_2}{\pi d_{d1} n_1}$$

由此可得带传动的传动比为

$$i = \frac{n_1}{n_2} = \frac{d_{d2}}{d_{d1}(1-\varepsilon)}$$

或

$$n_2 = \frac{n_1 d_{d1}(1-\varepsilon)}{d_{d2}}$$

式中：n_1、n_2 分别为主、从动轮的转速(rad/min)；d_{d1}、d_{d2} 分别为主、从动轮的直径。

一般传动计算中，因带传动的滑动率 ε=0.01～0.02，其值较小，可不予考虑。

任务小结

1. V带传动

V带传动是由一条或数条V带和V带带轮组成的摩擦传动。V带有顶胶、抗拉体、底胶和包布四部分组成。V带有普通V带、窄V带、宽V带、汽车V带、大楔角V带等。其中，以普通V带和窄V带应用较广。

V带传动的主要参数有节宽 b_p、V带轮上与所配V带节宽 b_p 相对应的带轮直径 d_d 以及带的基准长度 L_d。普通V带的标记为：截型　基准长度　标准编号。

带轮由轮缘、轮毂和轮辐(或腹板)三部分组成。轮缘上制有槽，槽的结构尺寸和数目应与所用V带的型号、根数相对应。

2. 带传动的受力分析

在一定的初拉力 F_0 下，带与带轮之间的摩擦力总和有一极限值，当传递的圆周力超过极限摩擦力总和时，带将沿带轮表面全面滑动，这种现象称为打滑。

带传动的最大有效圆周力不仅与摩擦系数 f_v 和包角 α 有关，而且还和初拉力 F_0 有关。

3. 带传动的应力分析

工作时，带横截面上的应力由三部分组成：

(1) 由紧边和松边拉力产生的工作拉应力；

(2) 由离心力产生的离心拉应力；

(3) 由弯曲产生的弯曲应力。

4. 带传动的弹性滑动和传动比

由于带的弹性变形而引起的带与带轮间的滑动——弹性滑动，这是带传动正常工作时不可避免的现象。

带传动的传动比为

$$i=\frac{n_1}{n_2}=\frac{d_{d2}}{d_{d1}(1-\varepsilon)}$$

对于V带：滑动率 $\varepsilon=0.01\sim0.02$，其值不大，一般传动计算中可不予考虑。

任务三　带传动设计

任务引入

通过前面的学习，我们知道了为什么要选择带传动？应该怎样选择、选择何种形式的带传动满足不同工作场合的要求？如二维码中试验台上用到的带传动，你会设计吗？应该怎么设计，其设计流程是什么？在设计之前需要选择和确定哪些参数？通过本任务的学习，我们会找到答案。

任务实施

试验台上用到的带传动

1. 带传动的失效形式和设计准则

带传动的主要失效形式是带在带轮表面上打滑或带的疲劳损坏（脱层、撕裂和拉断）。因此，带传动的设计准则是：在保证不打滑的条件下，带有一定的疲劳强度和使用寿命。

所以根据设计准则，带传动应满足以下两个约束条件：

(1) 不打滑的条件为 $F=2F_0\,\frac{e^{f_v\alpha}-1}{e^{f_v\alpha}+1}$。

(2) 疲劳强度条件为 $\sigma_{max}=\sigma_1+\sigma_c+\sigma_{b1}\leqslant[\sigma]$。

2. 单根V带的基本额定功率

带传动在不打滑又有一定寿命的条件下所能传递的功率，可以通过公式来进行计算。在传动装置正确安装和维护的条件下，按规定的几何尺寸和环境条件，在规定的时间周期内，给定V带所能传递的功率，称为带传动的额定功率，其值与带的型号、长度、带速、带轮直径、包角大小以及载荷性质等有关。

为了便于设计，测得在载荷平稳、包角为180°及特定长度的实验条件下，单根V带在保证不打滑并具有一定寿命时所能传递的功率 P_0(kW)，称为额定功率。各种型号的 P_0 值如表2-1-4所示。

表 2-1-4 单根 V 带的基本额定功率 P_0（$\alpha_1=\alpha_2=180°$、特定带长、载荷平稳） kW

型号	小带轮基准直径 d_{d1}/mm	小带轮转速 n_1/(r/min)											
		200	300	400	500	600	730	800	980	1200	1460	1600	1800
Y	20	—	—	—	—	—	—	—	0.02	0.02	0.02	0.03	—
	31.5	—	—	—	—	—	0.03	0.04	0.04	0.05	0.06	0.06	—
	40	—	—	—	—	—	0.04	0.05	0.06	0.07	0.08	0.09	—
	50	—	—	0.05	—	—	0.06	0.07	0.08	0.09	0.11	0.12	—
Z	50	—	—	0.06	—	—	0.09	0.10	0.12	0.14	0.16	0.17	—
	63	—	—	0.08	—	—	0.13	0.15	0.18	0.22	0.25	0.27	—
	71	—	—	0.09	—	—	0.17	0.20	0.23	0.27	0.31	0.33	—
	80	—	—	0.14	—	—	0.20	0.22	0.26	0.30	0.36	0.39	—
	90	—	—	0.14	—	—	0.22	0.24	0.28	0.33	0.7	0.40	—
A	75	0.16	—	0.27	—	—	0.42	0.45	0.52	0.60	0.68	0.73	—
	90	0.22	—	0.39	—	—	0.63	0.68	0.79	0.93	1.07	1.15	—
	100	0.26	—	0.47	—	—	0.77	0.83	0.97	1.14	1.32	1.42	—
	125	0.37	—	0.67	—	—	1.11	1.19	1.40	1.66	1.93	2.07	—
	160	0.51	—	0.94	—	—	1.56	1.69	2.00	2.36	2.74	2.94	—
B	125	0.48	—	0.84	—	—	1.34	1.44	1.67	1.93	2.20	2.33	2.50
	160	0.74	—	1.32	—	—	2.16	2.32	2.72	3.17	3.64	3.86	4.15
	200	1.02	—	1.85	—	—	3.06	3.30	3.86	4.50	5.15	5.46	5.83
	250	1.37	—	2.50	—	—	4.14	4.46	5.22	6.04	6.85	7.20	7.63
	280	1.58	—	2.89	—	—	4.77	5.13	5.93	6.90	7.78	8.13	8.46
C	200	1.39	1.92	2.41	2.87	3.30	3.80	4.07	4.66	5.29	5.86	6.07	6.28
	250	2.03	2.85	3.62	4.33	5.00	5.82	6.23	7.18	8.21	9.06	9.38	9.63
	315	2.86	4.04	5.14	6.17	7.14	8.34	8.92	10.23	11.53	12.48	12.72	12.67
	400	3.91	5.54	7.06	8.52	9.82	11.52	12.10	13.67	15.04	15.51	15.24	14.08
	450	4.51	6.40	8.20	9.81	11.29	12.98	13.80	15.39	16.59	16.41	15.57	13.29
D	355	5.31	7.35	9.24	10.90	12.39	14.04	14.83	16.30	17.25	16.70	15.63	12.97
	450	7.90	11.02	13.85	16.40	19.67	21.12	22.25	24.16	24.84	22.42	19.59	13.34
	560	10.76	15.07	18.95	22.38	25.32	28.28	29.55	31.00	29.67	22.08	15.13	—
	710	14.55	20.35	25.45	29.76	33.18	35.97	36.87	35.58	27.88	—	—	—
	800	16.76	23.39	29.08	33.72	37.13	39.26	39.55	35.26	21.32	—	—	—
E	500	10.86	14.96	18.55	21.65	24.21	26.62	27.57	28.52	25.53	16.25	—	—
	630	15.65	21.69	26.95	31.36	34.83	37.64	38.52	37.14	29.17	—	—	—
	800	21.70	30.05	37.05	42.53	46.26	47.79	47.38	39.08	16.46	—	—	—
	900	25.15	34.71	42.49	48.20	51.48	51.13	49.21	34.01	—	—	—	—
	1000	28.52	39.17	47.52	53.12	55.45	52.26	48.19	—	—	—	—	—

当实际使用条件与实验条件不符合时，此值应当加以修正，修正后即得实际工作条件下单根 V 带所能传递的功率[P]的计算公式如下：

$$[P]=(P_0+\Delta P_0)K_\alpha K_L$$

式中：K_α为包角修正系数，考虑不同包角对传动能力的影响，其值如表 2－1－5 所示；K_L为长度修正系数，考虑不同带长对传动能力的影响，其值如表 2－1－2 所示；ΔP_0为功率增量(kW)，考虑传动比 $i\neq1$ 时带在大带轮上的弯曲应力较小，从而使 P_0值有所提高，ΔP_0值如表 2－1－6 所示。

表 2－1－5　小带轮包角修正系数 K_α

包角 α/(°)	180	175	170	165	160	155	150	145	140	135	130	125	120
K_α	1.00	0.99	0.98	0.96	0.95	0.93	0.92	0.91	0.89	0.88	0.86	0.84	0.82

表 2－1－6　单根普通 V 带 $i\neq1$ 时额定功率增量 ΔP_0　　kW

型号	传动比 i	小带轮转速 n_2/(r/min)											
		200	300	400	500	600	730	800	980	1200	1460	1600	1800
Y	1.35～1.51	—	—	0.00	—	—	0.00	0.00	0.01	0.01	0.01	0.01	—
	1.52～1.99	—	—	0.00	—	—	0.00	0.00	0.01	0.01	0.01	0.01	—
	≥2	—	—	0.00	—	—	0.00	0.00	0.01	0.01	0.01	0.01	—
Z	1.35～1.51	—	—	0.01	—	—	0.01	0.01	0.02	0.02	0.02	0.02	—
	1.52～1.99	—	—	0.01	—	—	0.01	0.02	0.02	0.02	0.02	0.03	—
	≥2	—	—	0.01	—	—	0.02	0.02	0.02	0.03	0.03	0.03	—
A	1.35～1.51	0.02	—	0.04	—	—	0.07	0.08	0.08	0.11	0.13	0.15	—
	1.52～1.99	0.02	—	0.04	—	—	0.08	0.09	0.10	0.13	0.15	0.17	—
	≥2	0.03	—	0.05	—	—	0.09	0.10	0.11	0.15	0.17	0.19	—
B	1.35～1.51	0.05	—	0.10	—	—	0.17	0.20	0.23	0.30	0.36	0.39	0.44
	1.52～1.99	0.06	—	0.11	—	—	0.20	0.23	0.26	0.34	0.40	0.45	0.51
	≥2	0.06	—	0.13	—	—	0.22	0.25	0.30	0.38	0.46	0.51	0.57
C	1.35～1.51	0.14	0.21	0.27	0.34	0.41	0.48	0.55	0.65	0.82	0.99	1.10	1.23
	1.52～1.99	0.16	0.24	0.31	0.39	0.47	0.55	0.63	0.74	0.94	1.14	1.25	1.41
	≥2	0.18	0.26	0.35	0.44	0.53	0.62	0.71	0.83	1.06	1.27	1.41	1.59
D	1.35～1.51	0.49	0.73	0.97	1.22	1.46	1.70	1.95	2.31	2.92	3.52	3.89	4.98
	1.52～1.99	0.56	0.83	1.11	1.39	1.67	1.95	2.22	2.64	3.34	4.03	4.45	5.01
	≥2	0.63	0.94	1.25	1.56	1.88	2.19	2.50	2.97	3.75	4.53	5.00	5.62
E	1.35～1.51	0.96	1.45	1.93	2.41	2.89	3.38	3.86	4.58	5.61	6.83	—	—
	1.52～1.99	1.10	1.65	2.20	2.76	3.31	3.86	4.41	5.23	6.41	7.80	—	—
	≥2	1.24	1.86	2.48	3.10	3.72	4.34	4.96	5.89	7.21	8.78	—	—

3. 设计计算和参数选择

1）设计 V 带传动时一般已知的条件

(1) 传动的用途、工作情况和原动机类型；

(2) 传递的功率 P；

(3) 大、小带轮的转速 n_2 和 n_1；

(4) 对传动的尺寸要求等。

2) 设计计算的主要内容

(1) 确定 V 带的型号、长度和根数；

(2) 确定中心距；

(3) 确定带轮基准直径及结构尺寸；

(4) 确定作用在轴上的压力等。

3) 设计计算步骤

(1) 确定计算功率 P_c。

$$P_c = K_A \cdot P \text{ (kW)}$$

式中：P 为传递的额定功率(kW)；K_A 为工况系数(见表 2-1-7)。

表 2-1-7 工况系数 K_A

载荷性质	工作机	原动机					
		空、轻载启动			重载启动		
		每天工作小时数/h					
		<10	10～16	>16	<10	10～16	>16
载荷变动微小	液体搅拌机、通风机和鼓风机(≤7.5 kW)、离心式水泵和压缩机、轻型输送机	1.0	1.1	1.2	1.1	1.2	1.3
载荷变动小	带式输送机(不均匀负荷)、通风机(>7.5 kW)、旋转式水泵和压缩机(非离心式)、发电机、金属切削机床、旋转筛、锯木机和木工机械	1.1	1.2	1.3	1.2	1.3	1.4
载荷变动较大	制砖机、斗式提升机、往复式水泵和压缩机、启动机、磨粉机、冲剪机床、旋转筛、纺织机械、重载输送机	1.2	1.3	1.4	1.4	1.5	1.6
载荷变动很大	破碎机(旋转式、颚式等)、磨碎机(球磨、棒磨、管磨)	1.3	1.4	1.5	1.5	1.6	1.8

注：(1) 空、轻载启动——电动机(交流启动、三角启动、直流并励)、四缸以上的内燃机、装有离心式离合器、液力联轴器的动力机；(2) 重载启动——电动机(联机交流启动、直流复励或串励)、四缸以下的内燃机。

(2) 选择 V 带型号。根据计算功率 P_c 和小带轮转速 n_1 由图 2-1-9 选择 V 带型号。当在两种型号的交线附近时，可以对两种型号同时计算，最后选择较好的一种。

(3) 确定带轮基准直径 d_{d1} 和 d_{d2}。为了减小带的弯曲应力应采用较大的带轮直径，但这会使传动的轮廓尺寸增大。一般取 $d_{d1} \geqslant d_{d\,min}$(见表 2-1-8)，比规定的最小基准直径略大些。当带的材质和厚度一定时，带轮直径减小，则带的弯曲应力按比例增大。根据实验研究，当带轮直径减小到某一数值时，带的使用寿命将急剧降低，因此，规定了各种型号 V 带轮的许用最小直径 $d_{d\,min}$。

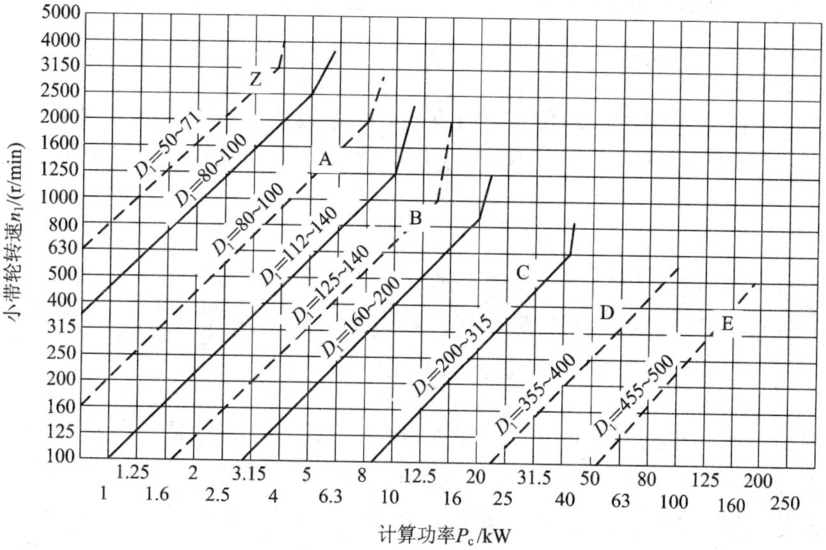

图 2-1-9　普通 V 带选型图

大带轮基准直径可按 $d_{d2}=id_{d1}$ 计算。大、小带轮直径一般均应符合表 2-1-8 中规定的标准值。

表 2-1-8　基准宽度制 V 带每米长质量 q 及带轮最小基准直径 $d_{d\min}$

型　号	Y	Z	A	B	C	D	E	SPZ	SPA	SPB	SPC
$d_{d\min}$/mm	20	50	75	125	200	355	500	63	90	140	224
q/(kg/m)	0.02	0.06	0.10	0.17	0.30	0.62	0.90	0.07	0.12	0.20	0.37

注：带轮基准直径系列：20、22.4、25、28、31.5、35.5、40、45、50、56、63、71、75、80、85、90、95、100、106、112、118、125、132、140、150、160、170、180、200、212、224、236、250、265、280、300、315、335、355、375、400、425、450、475、500、530、560、600、630、670、710、750、800、900、1000、1060、1120、1250、1400、1500、1600、1800、2000、2240、2500。

(4) 验算带速 v。

$$v=\frac{\pi d_{d1} n_1}{60\times 1000} \tag{2-1-6}$$

式中：带速的单位为 m/s；d_{d1} 的单位为 mm；n_1 的单位为 r/min。

带速太高，离心力增大，使带与带轮之间的摩擦力减小，传动容易打滑，且单位时间内带绕过带轮的次数也会增多，从而降低传动带的工作寿命；带速太低，当传递功率一定时，传递的圆周力增大，使带的根数过多。一般应使带速在 5～25 m/s 范围内。

(5) 确定中心距 a 和基准长度 L_d。根据结构要求初定中心距 a_0。若中心距较小，则结构紧凑，但使小带轮上的包角减小，降低了带传动的工作能力，同时由于中心距较小，V 带的长度较短，在一定速度下，单位时间内的应力循环次数增多而导致 V 带使用寿命的降低，所以中心距不宜取得太小。但也不宜太大，太大除有上述相反的利弊外，速度较高时还易引起带颤动。

对于 V 带传动一般可取

$$0.7(d_1+d_2)\leqslant a_0\leqslant 2(d_1+d_2) \tag{2-1-7}$$

初选 a_0 后，V 带初算的基准长度 L_{d0} 可根据几何关系由下式计算：

$$L_{d0} \approx 2a_0 + \frac{\pi}{2}(d_{d1} + d_{d2}) + \frac{(d_{d2} - d_{d1})^2}{4a_0} \quad (\text{mm}) \qquad (2-1-8)$$

根据式(2-1-8)算得的 L_{d0} 值，应由表 2-1-2 选定相近的基准长度 L_d，然后再确定实际中心距 a。由于 V 带传动的中心距一般是可以调整的，所以可用下式近似计算 a 值：

$$a \approx a_0 + \frac{L_d - L_0}{2} \quad (\text{mm}) \qquad (2-1-9)$$

考虑安装和张紧的需要，应使中心距大约有 $\pm 0.03L_d$ 的调整量。

(6) 验算小带轮上的包角 α_1。小带轮上的包角 α_1 计算公式：

$$\alpha_1 = 180° - \frac{d_{d2} - d_{d1}}{a} \times 57.3° \qquad (2-1-10)$$

为使带传动有一定的工作能力，一般要求 $\alpha_1 \geqslant 120°$(特殊情况允许 $\alpha_1 = 90°$)。若 α_1 小于此值，可适当加大中心距 a；若中心距不可调时，可加张紧轮。

(7) 确定 V 带根数 z。根据计算功率 P_c 由下式确定：

$$z = \frac{P_c}{[P]} = \frac{P_c}{(P_0 + \Delta P_0)K_\alpha K_L} \qquad (2-1-11)$$

为使每根 V 带受力比较均匀，所以根数不宜太多，通常应小于 10 根，否则应改选 V 带型号，重新进行设计。

(8) 确定初拉力 F_0。适当的初拉力是保证带传动正常工作的重要因素之一。若初拉力较小，则摩擦力小，易出现打滑现象。反之，初拉力过大，会使 V 带的拉应力增加而降低 V 带使用寿命，并使轴和轴承的压力增大。对于非自动张紧的带传动，由于带的松驰作用，过高的初拉力也不易保持。为了保证所需的传递功率，又不出现打滑现象，同时还要考虑离心力的不利影响，单根 V 带适当的初拉力 F_0 可按下式计算：

$$F_0 = \frac{500P_c}{zv}\left(\frac{2.5}{K_\alpha} - 1\right) + qv^2 \qquad (2-1-12)$$

式中：z 为 V 带的根数；v 为带速(m/s)；K_α 为包角的修正系数；q 为每米长质量(kg/m)。

(9) 带传动作用在轴上的压力。带的张紧对安装带轮的轴和轴承来说，会影响其强度和使用寿命，因此必须确定作用在轴上的径向压力 F_Q。为了简化计算，通常不考虑松边、紧边的拉力差，近似按带两边的初拉力的合力来计算。由图 2-1-10 可知，

$$F_Q = 2zF_0 \sin\frac{\alpha_1}{2} \qquad (2-1-13)$$

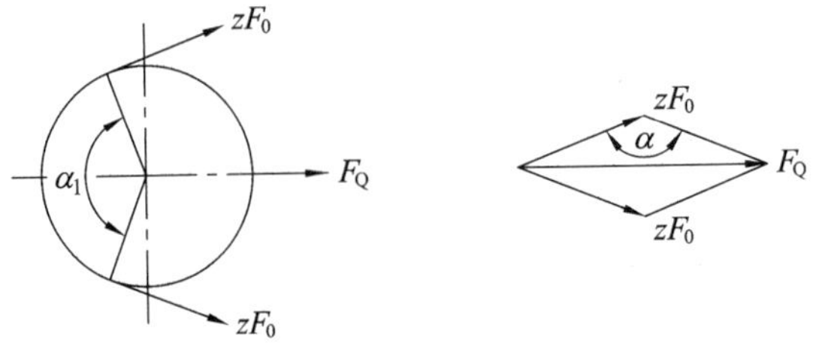

图 2-1-10　带传动作用在轴上的压力分析

4. 带传动设计示例

设计带传动的原始数据一般为传动用途、工作条件、传递的功率、带轮转速或传动比及对传动外廓尺寸要求等，其设计的主要任务是合理选择参数，确定带的截型、长度、根数及带轮材料、结构和尺寸，设计的一般步骤如例 2-1 所示。

例 2-1　试设计带式输送机的 V 带传动，采用三相异步电机 Y160L—6，其额定功率 $P=11$ kW，转速 $n_1=970$ r/min，传动比 $i=2.5$，两班制工作。

解　(1) 确定计算功率 P_c，选取 V 带类型。查表 2-1-7 可得工作情况系数 $K_A=1.2$，根据式

$$P_c = K_A P = 1.2 \times 11 = 13.2\ \text{kW}$$

根据 $P_c=13.2$ kW、$n_1=970$ r/min，从图 2-1-9 中选用 B 型普通 V 带。

(2) 确定带轮基准直径 d_{d1} 与 d_{d2}。由表 2-1-8 查得主动轮的最小基准直径 $d_{d1\min}=125$ mm，根据带轮的基准直径系列，取 $d_{d1}=160$ mm。根据式 $d_{d2}=d_{d1}i=160\times 2.5=400$ mm 计算从动轮基准直径，据基准直径系列，取 $d_{d2}=400$ mm。

(3) 验算带的速度。根据式(2-1-6)有

$$v = \frac{\pi d_{d1} n_1}{60 \times 1000} = \frac{\pi \times 160 \times 970}{60 \times 1000} = 8.13\ \text{m/s}$$

带速在 5～25 m/s 内，合适。

(4) 确定普通 V 带的基准长度和传动中心距。根据式(2-1-7)可知

$$0.7 \times (160 + 400) \leqslant a_0 \leqslant 2 \times (160 + 400)$$

$$392 \leqslant a_0 \leqslant 1120\ \text{mm}$$

初步确定中心距 $a_0=800$ mm。

初选 a_0 后，可根据式(2-1-8)计算 V 带的初选长度 L_{d0}。

$$\begin{aligned} L_{d0} &\approx 2a_0 + \frac{\pi}{2}(d_{d1} + d_{d2}) + \frac{(d_{d2} - d_{d1})^2}{4a_0} \\ &= 2 \times 800 + \frac{\pi}{2} \times (160 + 400) + \frac{(400 - 160)^2}{4 \times 800} \\ &= 2498\ \text{mm} \end{aligned}$$

根据表 2-1-2 选带的基准长度 $L_d=2500$ mm。根据式(2-1-9)，带的实际中心距 a 为

$$a \approx a_0 + \frac{L_d - L_0}{2} = 800 + \frac{2500 - 2498}{2} = 801\ \text{mm}$$

(5) 验算主动轮上的包角 α_1。根据式(2-1-10)可得

$$\alpha_1 = 180^\circ - \frac{(d_{d2} - d_{d1})}{a} \times 57.3^\circ = 180^\circ - \frac{400 - 160}{801} \times 57.3^\circ = 163^\circ > 120^\circ$$

主动轮上的包角合适。

(6) 计算 V 带的根数 z。根据式(2-1-11)可得

$$z = \frac{P_c}{[P]} = \frac{P_c}{(P_0 + \Delta P_0)K_\alpha K_L}$$

由 B 型普通 V 带，$n_1=970$ r/min，$d_{d1}=160$ mm，查表 2-1-4 得 $P_0=2.70$ kW；由 $i=2.5$，查表 2-1-6 得 $\Delta P_0=0.3$ kW；由 $\alpha_1=163^\circ$，查表 2-1-5 得 $K_\alpha=0.953$；由

$L_d=2500$ mm，查表 2-1-2 得 $K_L=1.03$。则

$$z=\frac{P_c}{(P_0+\Delta P_0)K_\alpha K_L}=\frac{13.2}{(2.70+0.3)\times 0.953\times 1.03}=4.5$$

取 $z=5$ 根。

(7) 计算初拉力 F_0。由式(2-1-12)，并查表 2-1-1 得 $q=0.17$ kg/m，故

$$\begin{aligned}F_0&=500\frac{P_c}{zv}\left(\frac{2.5}{K_\alpha}-1\right)+qv^2\\&=500\times\frac{13.2}{8.13\times 5}\times\left(\frac{2.5}{0.953}-1\right)+0.17\times 8.13^2\\&=275\ \text{N}\end{aligned}$$

(8) 计算作用在轴上的压力 F_Q。根据式(2-1-13)有

$$F_Q=2zF_0\sin\frac{\alpha_1}{2}=2\times 5\times 275\times\sin\frac{163^\circ}{2}=2719.8\ \text{N}$$

(9) 带轮结构设计与技术设计，画带轮工作图。(略)

(10) 设计结果：选用 5 根 B 型 V 带，中心距 $a=801$ mm，带轮直径 $d_{d1}=160$ mm，$d_{d2}=400$ mm，轴上压力 $F_Q=2719.8$ N。

任务小结

1. 带传动的失效形式和设计准则。

2. V 带的设计步骤：

(1) 确定设计功率 P_c。

(2) 选择带型。

(3) 确定带轮的基准直径 d_{d1}、d_{d2}。

(4) 验算带速。

(5) 确定中心距和带长。

(6) 验算小带轮包角 α_1。

(7) 确定 V 带根数 z。

(8) 计算初拉力 F_0 和作用在轴上压力 F_Q。

(9) 带轮设计(确定结构类型、结构尺寸、轮槽尺寸、材料，画出带轮工作图)。

任务四　链传动及其简单设计

任务引入

链传动在我们的生活、生产中应用非常广泛，大到军事用的坦克，小到我们生活中常用的自行车。前面我们已经深入学习了带传动，请扫描二维码，观看链传动视频，我们是否可以比较出二者在结构上的异同呢？链传动由于其工作特性适用于两轴相距较远，工作条件相对恶劣的环境，你能举出你在生活中都遇到过哪些链传动的应用吗？

链传动

任务实施

1. 链传动的结构和类型

链传动是由主动链轮 1、从动链轮 2 和套在链轮上的链条 3 组成的，如图 2-1-11 所示。靠链轮轮齿与链节的啮合传递运动和动力。

机械中传递动力的传动链主要有滚子链(见图 2-1-11)和齿形链(见图 2-1-12)两种。齿形链是由许多齿形链板和导向板交替装配，且采用铰链连接而成，它运转较平稳，噪声小，但重量大，成本较高，多用于高速传动，链速可达 40 m/s。

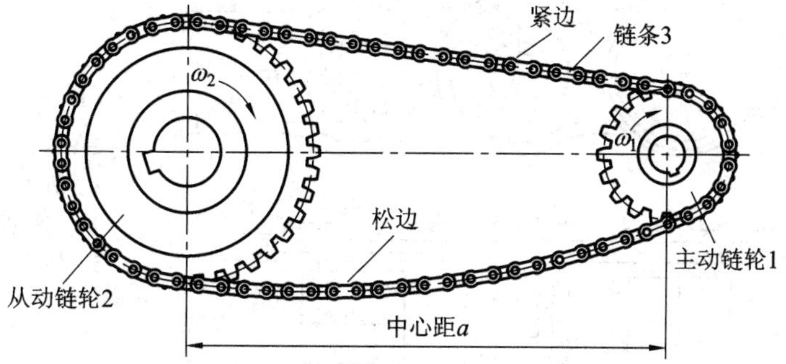

图 2-1-11　滚子链

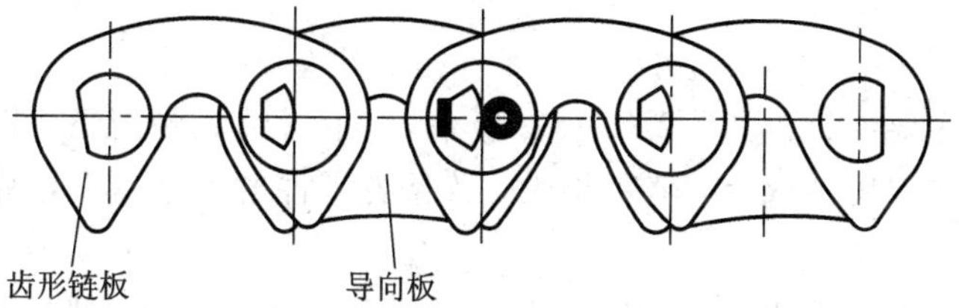

图 2-1-12　齿形链

2. 链传动的特点和应用

(1) 链传动兼有带传动和齿轮传动的特点。与带传动相比，链传动具有以下优点：

① 无弹性滑动和打滑现象，传动比准确，张力小。

② 在同样条件下，结构比较紧凑，能传递更大的功率。

③ 能在高温、低速及恶劣环境下工作。

(2) 与齿轮传动相比，链传动具有以下优点：

① 在远距离传动时，其结构要比齿轮轻很多。

② 制造、安装精度低，成本低。

(3) 链传动的主要缺点：

① 瞬时传动比不是常数，传动平稳性较差。

② 工作时有冲击、振动和噪音，适用于低速传动。

③ 无过载保护作用。

综合以上特点，链传动适用于两轴相距较远、工作条件较恶劣等场合，如农业机械、建筑机械、石油机械、采矿、起重机、金属切削机床、摩托车、自行车等。

3. 链传动的结构特点

1）滚子链

（1）滚子链的组成。如图 2-1-13 所示，滚子链由内链板、外链板、套筒、销轴、滚子组成。内链板与套筒、外链板与销轴均为过盈配合，套筒与销轴、滚子与套筒均为间隙配合，这样可使内外链节间构成可相对转动的活络环节，并减少链条与链轮间的摩擦和磨损。为减轻重量和使链板各截面强度接近相等，链板常制成“8”字形。

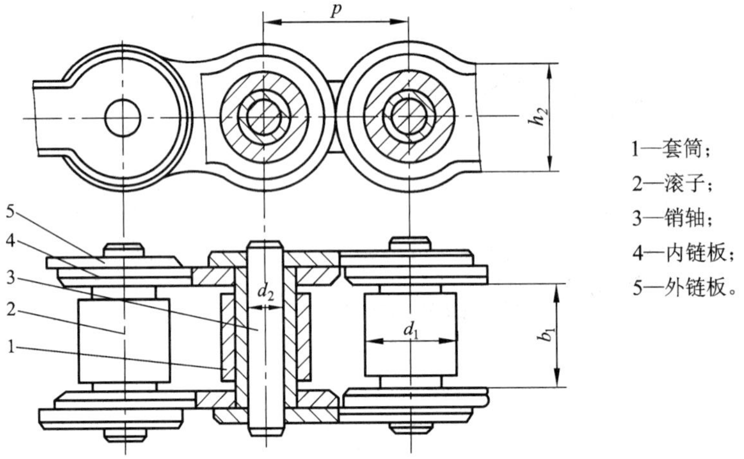

图 2-1-13 滚子链结构

（2）滚子链的主要参数。如图 2-1-13 所示，链在拉直的情况下，相邻滚子外圆中心之间的距离称为节距，用 p 表示，节距越大，链条各零件的尺寸越大，所能传递的功率也越大。

滚子链可制成单排链和多排链，如图 2-1-14 所示为双排链。排数越多，承载能力越高，但各排链受载不均现象会越严重，故排数不宜过多。

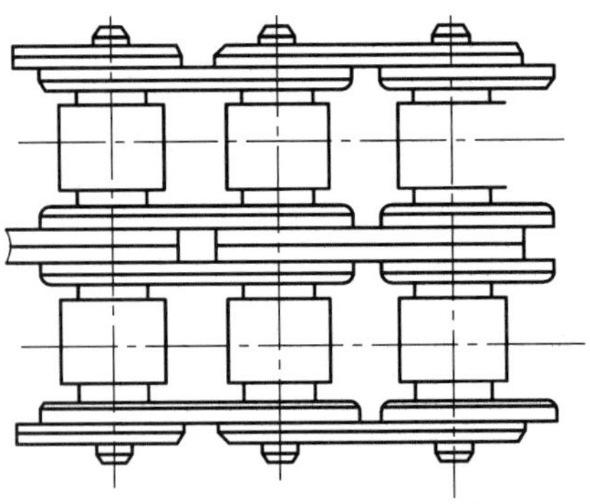

图 2-1-14 双排链

滚子链已标准化，分 A、B 两个系列。A 级链用于重载、高速和重要场合，B 级链用于一般传动。其主要尺寸和参数如表 2-1-9 所示。

表 2-1-9　滚子链的主要尺寸和参数

链号	节距 p/mm	排距 p_t/mm	滚子外径 d_1/mm	内链节内宽 b_1/mm	销轴直径 d_2/mm	内链板高度 h_2/mm	单排极限拉伸载荷 F_{im}①	单排每米质量 q/(kg/m)
05B	8.00	5.64	5.00	3.00	2.31	7.11	4.4	0.18
08B	9.525	10.24	6.35	5.72	3.28	8.26	8.9	0.40
08B	12.70	13.92	8.51	7.75	4.45	11.81	17.8	0.70
08A	12.70	14.38	7.95	7.85	3.96	12.07	13.8	0.60
10A	15.875	18.11	10.16	9.40	5.08	15.09	21.8	1.00
12A	19.05	22.78	11.91	12.57	5.94	18.08	31.1	1.50
16A	25.40	29.29	15.88	15.75	7.92	24.13	55.6	2.60
20A	31.75	35.76	19.05	18.90	9.53	30.18	86.7	3.80
24A	38.10	45.44	22.23	25.22	11.10	36.20	124.6	5.60
28A	44.45	48.87	25.40	25.22	12.70	42.24	169.0	7.50
32A	50.80	58.55	28.58	31.55	14.27	48.26	222.4	10.10
40A	63.50	71.55	39.68	37.85	19.84	60.33	347.0	16.10
48A	76.20	87.83	47.63	47.35	23.80	72.39	500.4	22.60

注：① 过渡链节取 F_{im} 值的 80%计算。

滚子链使用时为封闭环形，当链条节数为偶数时，链条一端恰好与另一端的内链板相连，接头处用开口销(见图 2-1-15(a))或弹簧夹(见图 2-1-15(b))锁紧；若链条节数为奇数，则需采用过渡链节(见图 2-1-15(c))连接。当链条受拉时，过渡链节的弯链板承受附加的弯矩作用，所以设计时链条节数应避免取奇数。

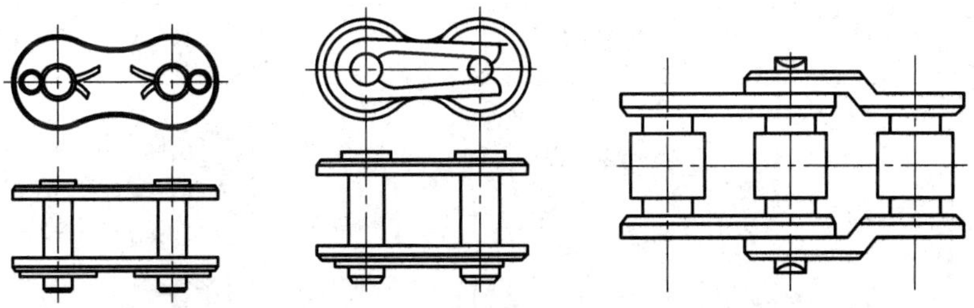

(a) 开口销锁紧　(b) 弹簧夹锁紧　(c) 过渡链节连接

图 2-1-15　滚子链的接头形式

滚子链标记为：

链号—排数×链节数　标准号

例如：节距为 15.875 mm，单排，86 节 A 系列滚子链，其标记为：10A—1×86 GB/T 1243—2006。

链条各元件的材料为经热处理的碳素钢或合金钢，具体牌号及热处理后的硬度值可参阅有关标准。

2）链轮

链轮的齿形应保证链节平稳、顺利地进入和退出啮合，受力良好，不易脱链，并便于加工。链轮较常用的齿形是一种三圆弧一直线的齿形，如图 2-1-16 所示。图中，齿廓上的 $a-a$、$a-b$、$c-d$ 线段为三段圆弧，半径依次为 r_1、r_2 和 r_3；$b-c$ 线段为直线段。

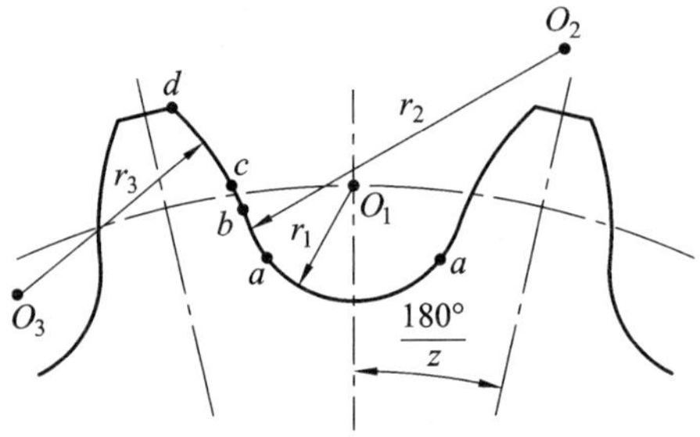

图 2-1-16 链轮断面齿形

链轮的基本参数是相配链条的节距 p，滚子外径 d_1，排距 p_t 及齿数 z。链轮的主要尺寸及计算公式如表 2-1-10 所示，其中分度圆是指链轮上被链条标准节距等分的圆。

表 2-1-10 滚子链链轮主要尺寸及计算

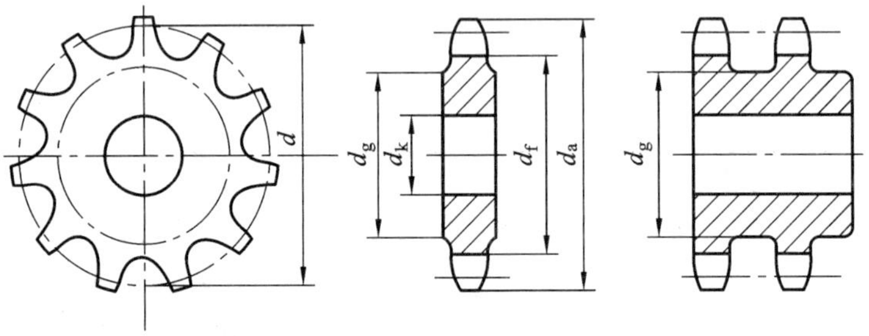

名 称	代 号	计算公式	备 注
分度圆直径	d	$d=p/\sin\left(\frac{180°}{z}\right)$	
齿顶圆直径	d_a	$d_{a\max}=d+1.25p-d_1$ $d_{a\min}=d+\left(1-\frac{1.6}{z}\right)p-d_1$ 若为三圆弧一直线齿形，则 $d_a=p\left(0.54+\cot\frac{180°}{z}\right)$	可在 $d_{a\max}$、$d_{a\min}$ 范围内任意选取，但选用 $d_{a\max}$ 时，应考虑采用范成法加工时有发生顶切的可能性
分度圆弦齿高	h_a	$h_{a\max}=\left(0.625+\frac{0.8}{z}\right)p-0.5d$ $h_{a\min}=0.5(p-d_1)$ 若为三圆弧一直线齿形，则 $h_a=0.27p$	h_a 是为简化放大齿形图的绘制而引入的辅助尺寸，$h_{a\max}$ 相当于 $d_{a\max}$，$h_{a\min}$ 相当于 $d_{a\min}$
齿根圆直径	d_f	$d_f=d-d_1$	
齿侧凸缘(或排间槽)直径	d_g	$d_g\leqslant p\cot\frac{180°}{z}-1.04h_2-0.76$ (h_2 为内链板高度)	

注：d_a、d_g 值取整数，其他尺寸精确到 0.01 mm。

链轮的轴向齿廓两侧制成圆弧形，便于链条进入或退出链轮，轴向齿廓应符合 GB/T 1243—2006 的规定，具体结构尺寸及计算公式如表 2-1-11 所示。

表 2-1-11　链轮的轴向齿廓结构尺寸及计算公式

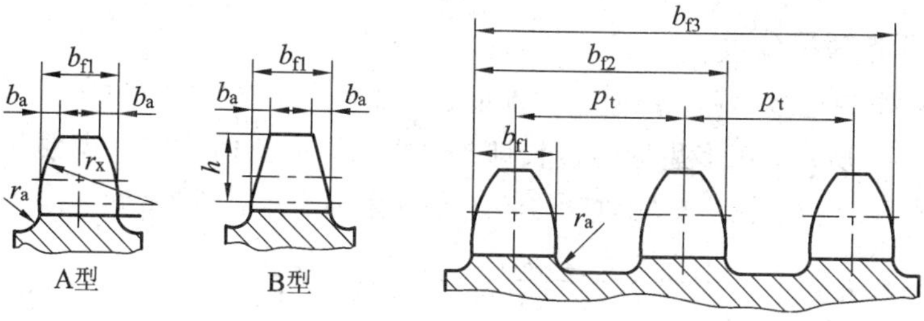

名　称		代号	计算公式		备　注
			$p\leqslant 12.7$ mm	$p>12.7$ mm	
齿宽	单排 双排、三排 四排以上	b_{f1}	$0.93b_1$ $0.91b_1$ $0.88b_1$	$0.95b_1$ $0.93b_1$ $0.93b_1$	$p>12.7$ mm 时，经制造厂同意，也可使用 $p<12.7$ mm 时的齿宽，b_1 为内链节内宽
倒角宽		b_a	$b_a=(0.1\sim0.15)p$		
倒角半径		r_x	$r_x\geqslant p$		
倒角深		h	$h=0.5p$		仅适用于 B 型
齿侧凸缘（或排间槽）圆角半径		r_a	$r_a\approx 0.04p$		
链轮齿总宽		b_{fn}	$b_{fn}=(n-1)p_t+b_{f1}$		n 为排数

如图 2-1-17 所示为链轮几种常用的结构。小直径的链轮制成整体实心式结构，如图 2-1-17(a)所示；中等直径的链轮多采用孔板式，如图 2-1-17(b)所示；大直径的链轮

(a) 实心式　(b) 孔板式　(c) 螺栓连接组合式　(d) 焊接连接组合式

图 2-1-17　链轮结构

常采用组合式，内圈与轮芯可用不同材料制成，用螺栓连接(见图 2-1-17(c))或焊接(见图 2-1-17(d))成一体，前者齿圈磨损后便于更换。

4. 链传动工作情况分析

链轮可以看作一正多边形。因而链传动的运动情况和绕在多边形轮子上的带传动很相似，如图 2-1-18 所示，正多边形的边长即为节距 p，边数即为链轮齿数 z。链轮每转一周，链条移动距离为 zp。设主、从动轮的转速分别为 n_1、n_2，则链的平均速度 v 为

$$v=\frac{z_1 p n_1}{60\times 1000}=\frac{z_2 p n_2}{60\times 1000} \qquad (2-1-14)$$

链传动平均传动比为

$$i_{12}=\frac{n_1}{n_2}=\frac{z_2}{z_1}=\text{常数} \qquad (2-1-15)$$

但应注意，链的瞬时速度和链传动的瞬时传动比皆是变化的。如图 2-1-18 所示为铰链 A 进入啮合时的瞬时位置，为便于分析，设链条的紧边在传动时始终处于水平位置，主动轮以角速度 ω_1 回转，其圆周速度 $v_1=R_1\omega_1$，它在沿链条前进方向的分速度即为链速 v_x，其值为

$$v_x=R_1\omega_1\cos\beta \qquad (2-1-16)$$

式中：β 为销轴 A 的圆周速度与水平线的夹角。β 是变化的($\beta=-180°/z_1\sim+180°/z_1$)，当 $\beta=0°$时，链速最大为 $R_1\omega_1$，最小为 $R_1\omega_1\cos\frac{180°}{z_1}$。由此可见，即使 ω_1 为常数，链瞬时速度也是周期性变化的。这种由于多边形啮合传动而引起传动速度的不均匀性称为多边形效应。当链轮齿数多，β 的变化范围小时，多边形效应减弱。

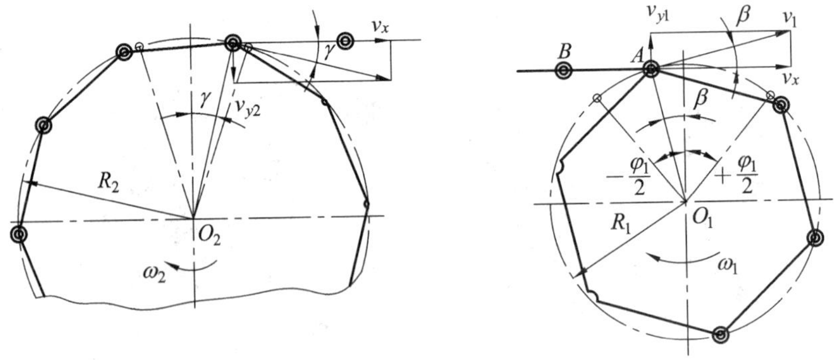

图 2-1-18 链传动的速度分析

由于链速的变化使链产生加速度，从动轮产生角加速度，引起动载荷。同时，链在垂直方向的分速度 $v_y=R_1\omega_1\sin\beta$ 也作周期性变化，引起链条上下抖动。另外，链节进入链轮的瞬间，以一定相对速度相对啮合，使链轮齿受到冲击。所以，链传动工作时，不可避免地要产生振动冲击和动载荷。故链传动不宜用在高速级，且当链速 v 一定时，采用较多链齿和较小链节距对减少冲击和动载荷是有利的。

5. 滚子链传动的设计计算

1) 传动的失效形式

链传动的失效主要表现为链条的失效。链条的失效形式主要有：

（1）链条疲劳破坏。链传动时，由于链条在松边和紧边所受的拉力不同，故链条工作在交变拉应力状态。经过一定的应力循环次数后，链条元件由于疲劳强度不足而破坏，链板将会发生疲劳断裂，或套筒、滚子表面出现疲劳点蚀。在润滑良好的链传动中，疲劳强度是决定链传动能力的主要因素。

（2）链条冲击破断。对于因张紧不好而有较大松边垂度的链传动，在反复启动、制动或反转时会产生巨大冲击，将会使销轴、套筒、滚子等元件不到疲劳时就因冲击而破断。

（3）链条铰链的磨损。链传动时，销轴与套筒的压力较大，彼此又产生相对转动，因而导致铰链磨损，使链的实际节距变长。铰链磨损后，增加了各链节的实际节距的不均匀性，使传动不平稳。链的实际节距因磨损而伸长到一定程度时，链条与轮齿的啮合情况变差，从而产生爬高和跳齿现象，磨损是润滑不良的开式链传动的主要失效形式，会造成链传动寿命大大降低。

（4）链条铰链的胶合。在高速重载时，销轴与套筒接触表面间难以形成润滑油膜，金属直接接触导致胶合。胶合限制了链传动的极限转速。

（5）链条的过载拉断。低速重载的链传动在过载时，会因静强度不足而被拉断。

2）功率曲线图

图 2-1-19 所示为润滑良好的单排链的额定功率曲线图。由图可见，在中等速度的链传动中，链传动的承载能力主要取决于链板的疲劳强度；随着链轮转速的增高，链传动的多边形效应增大，传动能力主要取决于滚子和套筒的冲击疲劳强度，转速越高，传动能力就越低，并会出现铰链胶合现象，使链条迅速失效。

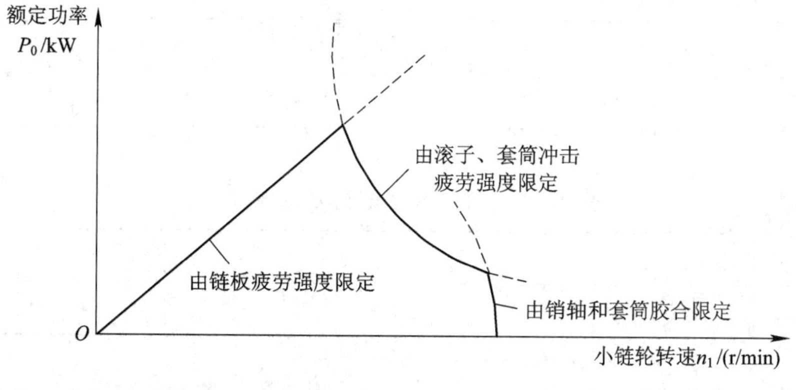

图 2-1-19　单排链的额定功率曲线

3）滚子链的设计计算

（1）计算准则。通常链轮的寿命为链寿命的 2～3 倍以上，故链传动的承载能力以链的强度和寿命为依据。

① 对于中高速链传动（$v \geqslant 0.6$ m/s），设计时应满足下式要求：

$$P_0 = \frac{K_A K_Z}{K_P} P \qquad (2-1-17)$$

式中：P 为名义功率；K_A为工作情况系数（见表 2-1-12）；K_Z为小链轮齿数系数，$z_1<19$ 时，$K_Z<1$（见表 2-1-13）；K_P为多排链排数系数（见表 2-1-14）。

表 2-1-12 工作情况系数 K_A

<table>
<tr><th colspan="2" rowspan="2">工作机特性</th><th colspan="3">原动机特性</th></tr>
<tr><th>内燃机—液力传动</th><th>电动机或汽轮机</th><th>内燃机—机械传动</th></tr>
<tr><td>平稳载荷</td><td>液体搅拌机；中小型离心式鼓风机；离心式压缩机；谷物机械；发电机；均匀负载输送机；均匀载荷不反转的一般机械</td><td>1.0</td><td>1.0</td><td>1.2</td></tr>
<tr><td>中等冲击</td><td>半液体搅拌机；三缸以上往复压缩机；大型或不均匀负载输送机；中型起重机和升降机；金属切削机床；食品机械；木工机械；印染纺织机械；大型风机；中等载荷不反转的一般机械</td><td>1.2</td><td>1.3</td><td>1.4</td></tr>
<tr><td>严重冲击</td><td>船用螺旋桨；制砖机；单双缸往复压缩机；挖掘机；破碎机；重型起重机械；石油钻井机械；锻压机械；冲床；严重冲击、有反转的机械</td><td>1.4</td><td>1.5</td><td>1.7</td></tr>
</table>

表 2-1-13 小链轮齿数系数 K_Z

z_1	17	18	19	20	21	22	23	24	25	26	27	28	29	30	31
K_Z	0.65	0.70	0.74	0.78	0.83	0.87	0.91	0.95	1	1.04	1.1	1.14	1.19	1.23	1.28
z_1	33	35	37	39	41	43	45	47	49	51	53	55	57	59	60
K_Z	1.37	1.47	1.56	1.67	1.75	1.85	1.96	2.04	2.06	2.2	2.27	2.38	2.5	2.63	2.67

表 2-1-14 多排链排数系数 K_P

排数	1	2	3	4	5	6
K_P	1.0	1.7	2.5	3.3	4.0	4.6

② 对于低速链传动($v \leqslant 0.6$ m/s)，其主要失效形式为链条过载拉断，因此必须对链条的静强度进行计算。通常是校核链条的静强度安全系数 S，其计算公式为

$$S = \frac{F_Q}{K_A F} \geqslant 4 \sim 8 \tag{2-1-18}$$

式中：F_Q 为极限拉伸载荷(N)；F 为链的工作拉力(N)，$F=\frac{1000P}{v}$；P 为链传动的名义功率(kW)。

(2) 链传动主要参数的选择。

① 链节距。链节距 p 越大，承载能力越大，但引起的冲击、振动和噪音也越大。为使链传动平稳且结构紧凑，应尽量选用节距较小的单排链，高速重载时，可选用小节距的多排链。

② 链轮齿数。由运动分析可知，为了使传动平稳，z_1 应选大些。但 z_1 增大会导致 z_2 增大，将直接导致链传动的总体尺寸和重量增大。

随着运动的进行，链条和链轮都会产生磨损，由于链条铰链的磨损，其节距 p 也将变长，从而导致链轮节圆增大，向齿顶移动。其外移量为

$$\Delta d = \frac{\Delta p}{\sin \dfrac{180^\circ}{z}} \tag{2-1-19}$$

由式(2-1-19)可知，当 Δp 一定时，齿数 z 增加，Δd 也将增大，这样容易产生跳齿和脱链现象，如图 2-1-20 所示。人们根据实践总结出了两方面相对都满足的齿数选择范围，如表 2-1-15 所示。

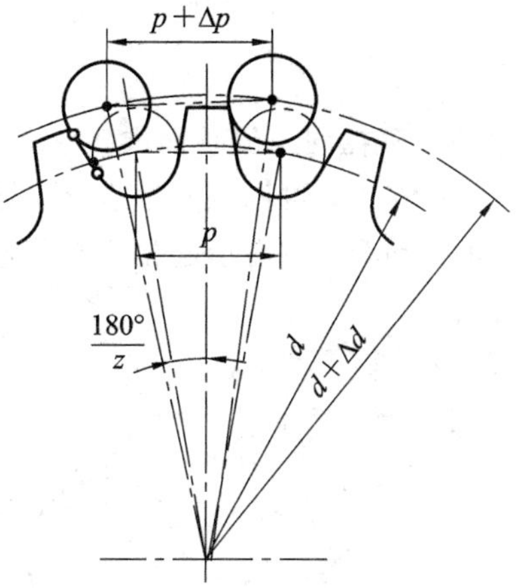

图 2-1-20　链节伸长后的啮合情况

表 2-1-15　小链轮齿数 z_1 的选择

传动比 i	1～2	2～3	3～4	4～5	5～6	>6
z_1	31～27	27～25	25～23	23～21	21～17	17～15

对于大轮，z_2 按 $z_2=iz_1$ 选择，一般 $z_2\leqslant 120$。

同时，由于选择链条时，其链节一般取偶数，所以 z 最好选择奇数，这样可以使磨损均匀。

③ 中心距和链节数。当中心距较小时，结构紧凑，但包角较小，同时啮合的齿数少，磨损将会严重，易产生脱链。在同一转速下，绕转次数增加，易产生疲劳损坏。当中心距较大时，对传动有利，但这样结构会过大，链条抖动会加剧。所以，一般取：

$$a=(30\sim 50)p,\quad a_{\max}=80p$$

链条长度以链节数 L_p 表示，链节数公式为

$$L_p=\frac{2a_0}{p}+\frac{z_1+z_2}{2}+\left(\frac{z_2-z_1}{2\pi}\right)^2\frac{p}{a_0}$$

链节数应圆整为整数，最好取偶数。然后据此可以求得实际中心距为

$$a=\frac{p}{4}\left[\left(L_p-\frac{z_1+z_2}{2}\right)+\sqrt{\left(L_p-\frac{z_1+z_2}{2}\right)^2-8\left(\frac{z_2-z_1}{2\pi}\right)^2}\right]$$

一般情况下，中心距应设计成可调节的。若不能调节，应将中心距在计算结果的基础上减小 2～5 mm。

4）链传动的布置、张紧和润滑

（1）布置链传动时，传动装置最好水平布置（见图 2-1-21(c)）。当必须倾斜布置时，中心连线与水平面夹角应小于 45°（见图 2-1-21(a)）。

应尽量避免垂直传动。两轮轴线在同一铅垂面内时，链条因磨损而垂度增大，使与下链轮啮合的链节数减少而松脱，链传动的垂直布置如图 2-1-21(b)所示。若必须采用垂直传动，可考虑采取以下措施：

① 中心距可调。

② 设置张紧装置。

③ 上下两轮错开，使两轮轴线不在同一铅垂面内。

④ 链传动时，松边在下，紧边在上，可以顺利地啮合。若松边在上，会由于垂度增大，链条与链轮齿相互干扰而破坏正常啮合，或者引起松边与紧边相碰。

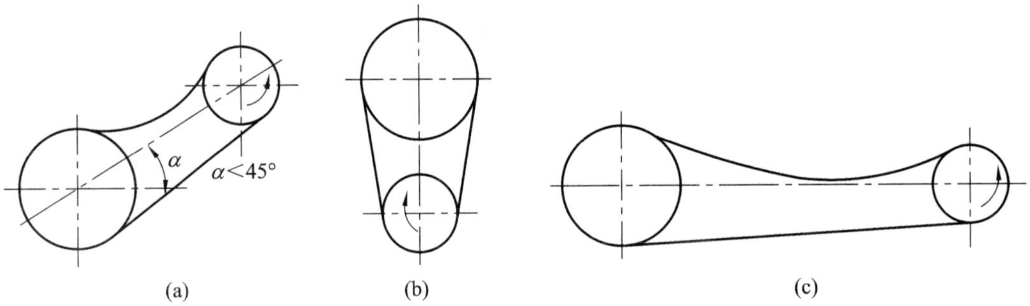

图 2-1-21　链传动的布置

（2）链传动的张紧。链传动在正常工作时，应保持一定的张紧程度，避免在链条的垂度过大时产生啮合不良和链条的振动现象，同时也为了增加链条与链轮的啮合包角。

链传动的张紧可采用以下方法：

① 调整中心距。增大中心距可使链张紧，对于滚子链传动，其中心距调整量可取为 $2p$，p 为链条节距。

② 缩短链长。当链传动没有张紧装置而中心距又不可调整时，可采用缩短链长（即拆去链节）的方法对因磨损而伸长的链条重新张紧。

③ 用张紧轮张紧。下述情况应考虑增设张紧装置：两轴中心距较大；两轴中心距过小，松边在上面；两轴接近垂直布置；需要严格控制张紧力；多链轮传动或反向传动；要求减小冲击，避免共振；需要增大链轮包角等。

（3）链传动的润滑。良好的润滑可以减少链传动的磨损，提高工作能力，延长使用寿命。链传动采用的润滑方式有以下几种：

① 人工定期润滑：用油壶或油刷，每班注油一次。这种润滑方式适用于低速（$v\leqslant 4$ m/s）的不重要链传动。

② 滴油润滑：用油杯通过油管滴入松边内、外链板间隙处，每分钟约 5～20 滴。这种润滑方式适用于 $v \leqslant 10$ m/s 的链传动。

③ 油浴润滑：将松边链条浸入油盘中，浸油深度为 6～12 mm，油浴润滑适用于 $v \leqslant 12$ m/s 的链传动。

④ 飞溅润滑：在密封容器中，甩油盘将油甩起，沿壳体流入集油处，然后引导至链条上。甩油盘的线速度应大于 3 m/s。

⑤ 压力润滑：当采用 $v \geqslant 8$ m/s 的大功率传动时，应采用特设的油泵将油喷射至链轮链条啮合处。

润滑油牌号按《机械设计手册》选普通机械油，精度约为 20～40 st。

任务小结

1. 链传动的结构和类型

链传动是由主动链轮、从动链轮和套在链轮上的链条组成的。

链传动的结构特点——传动链是链传动中的主要元件，传动链有滚子链和齿形链等类型。滚子链的组成：滚子、套筒、销轴、内链板、外链板。

2. 滚子链传动的主要设计步骤

(1) 链轮的齿数和传动比。

(2) 确定计算功率。

(3) 链的节距。

(4) 中心距和链节数。

3. 链传动的布置原则

一般应水平布置，尽可能避免垂直布置和倾斜布置。

4. 链传动张紧的目的

链传动张紧的目的主要是为了避免在链条的垂度过大时产生啮合不良和链条的振动现象；同时也为了增加链条与链轮的啮合包角。

5. 链传动的润滑

润滑是延长链传动寿命的最有效的方法。

项 目 练 习

一、选择题

1. 带传动中，在预紧力相同的条件下，V 带比平带能传递较大的功率，是因为 V 带______。

A. 强度高　　B. 尺寸小　　C. 有楔形增压作用　　D. 没有接头

2. 为使三角带传动中各根带受载均匀，带的根数不宜超过______根。

A. 4　　B. 6　　C. 2　　D. 10

3. 带传动正常工作时不能保证准确的传动比是因为______。

A. 带的材料不符合虎克定律　　B. 带容易变形和磨损

C. 带在带轮上打滑　　D. 带的弹性滑动

4. 带传动打滑总是______。

A. 在小轮上先开始　　B. 在大轮上先开始

C. 在两轮上同时开始　　D. 不确定

5. 带传动的主要失效形式之一是带的______。

A. 松弛　　B. 颤动　　C. 疲劳破坏　　D. 弹性滑动

6. 三角带传动和平皮带传动相比较，其主要优点是______。

A. 在传递相同功率时尺寸较小　　B. 传动效率高

C. 带的寿命长　　D. 带的价格便宜

7. 带传动的中心距与小带轮的直径一定时，若增大传动比，则小带轮包角______。

A. 增大　　B. 减小

C. 不变　　D. 无法确定

8. 标准三角带型号的选定，取决于______。

A. 传递的功率　　B. 带的线速度

C. 带的圆周力　　D. 高速轴上的扭矩

9. 工作条件与型号一定的三角带，其寿命随小带轮直径的增大而______。

A. 降低　　B. 增大

C. 不变　　D. 无法确定

10. 带在工作时产生弹性滑动，是由于______。

A. 带不是绝对挠性件

B. 带与带轮间的摩擦系数偏低

C. 带的紧边与松边拉力不等

D. 带绕过带轮产生离心力

11. 带传动主要是依靠______来传递运动和动力的。

A. 带和两轮接触面之间的正压力

B. 带的紧边拉力

C. 带和两轮接触面之间的摩擦力

D. 带松边拉力

12. 三角带横截面为等腰梯形，夹角为40°，在设计三角带轮时，轮槽夹角一般确定为______。

A. 大于40°　　B. 等于40°

C. 小于40°　　D. 无法确定

13. V带传动中包角一般不应小于______。

A. 40°　　B. 20°　　C. 120°　　D. 无法确定

14. 下列普通V带中以______带的截面尺寸最小。

A. A型　　B. E型　　C. Z型　　D. C型

二、判断题

1. 在相同的条件下，普通 V 带的传动能力约为平带传动能力的 3 倍。(　　)
2. V 带传动装置必须安装防护罩。(　　)
3. 链传动与带传动均属于啮合传动，二者的传动效率均较高。(　　)
4. 链传动能保证准确的平均传动比，传动功率较大。(　　)
5. 平带传动和 V 带传动都属于啮合传动类。(　　)
6. 普通 V 带传动中，V 带的楔角 α 是 40°。(　　)
7. 欲在两轴相距较远、工作条件恶劣的环境下传递较大功率，宜选链传动。(　　)

三、简答题

1. 说明带传动的优点和缺点。

2. 链传动的失效形式有哪些？

3. 什么是包角？包角的大小对带传动有什么影响？平带与 V 带传动时，包角一般应不小于多少？

4. 带传动的主动轮直径 $d_{d1}=180$ mm，转速 $n_1=940$ r/min，从动轮直径 $d_{d2}=710$ mm，转速 $n_2=233$ r/min，求该带传动的滑动率和传动比。

项目二 齿轮传动

任务一 齿轮传动基础知识

任务导入

齿轮传动是日常生活和实际生产中较常用的一种传动方式。

从视频中可以看到，齿轮传动是通过两个齿轮轮齿间的相互啮合来传递运动和动力的；机床变速箱可以通过调整两轴上大小不同的齿轮发生啮合来使从动轴得到不同的转速。

机床变速箱视频

人类为什么要发明齿轮传动？为什么在有些机械中的齿轮可以直接暴露在外，不需要密封，而在有些机械中却要把齿轮密封在箱体内？为什么有些齿轮只能在相互平行的轴之间进行运动和动力传递，而有些齿轮却可以在相交轴之间传递运动和动力？为什么有些齿轮传动很平稳，噪声很低，而有些齿轮传动平稳性较差且有很大噪声呢？

任务实施

机械中轴与轴之间的传动可以采用如图 2-2-1 所示的摩擦轮传动，它是利用两个或两个以上互相压紧的轮子间的摩擦力来传递运动和动力的，和皮带轮一样，容易产生打滑现象，从而不能保证准确的传动比。如果在摩擦轮的表面制造出牙齿，即采用齿轮传动，则可以防止“打滑”现象的发生。

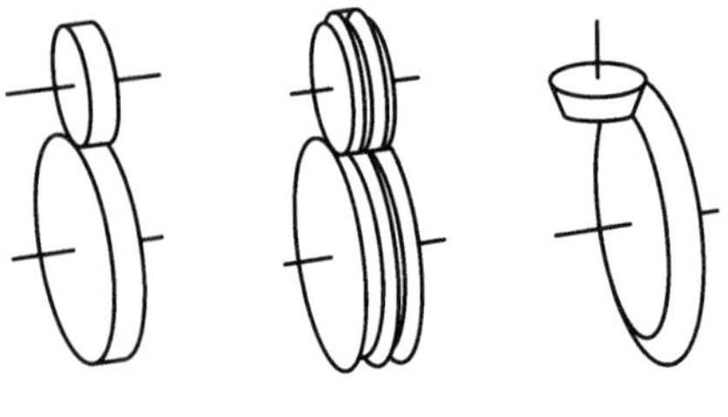

图 2-2-1 摩擦轮传动

1. 齿轮传动的组成

齿轮传动是由分别安装在主动轴和从动轴上的两个齿轮互相啮合来传递运动和动力的，是应用最为广泛的一种啮合传动形式。

2. 齿轮传动的特点

与其他机械传动（如带传动、链传动等）相比，齿轮传动有如下优点：瞬时传动比恒定；传动准确、平稳；传动效率高；结构紧凑；工作可靠且使用寿命长；可传递空间任意两轴之间的运动和动力；适用的圆周速度和功率范围广（功率可从很小到数十万千瓦，圆周速度可从很小到每秒一百多米以上）。

但齿轮传动也有缺点：制造和安装的精度要求比较高；制造成本较高；不宜用于远距离轴间运动和动力的传递；齿轮的加工精度较低时，传动中会产生噪声和振动。

3. 齿轮传动的类型

齿轮传动的分类方式很多，通常有如下几种：

（1）按照两齿轮轴线的相对位置、轮齿方向和啮合情况，齿轮传动的分类情况如下：

- 齿轮传动
  - 平行轴齿轮传动
    - 按轮齿方向分类
      - 直齿圆柱齿轮传动
      - 斜齿圆柱齿轮传动
      - 人字齿圆柱齿轮传动
    - 按啮合情况分类
      - 外啮合齿轮传动
      - 内啮合齿轮传动
      - 齿轮齿条啮合传动
  - 相交轴齿轮传动
    - 直齿锥齿轮传动
    - 曲齿锥齿轮传动
  - 交错轴齿轮传动
    - 交错轴斜齿轮传动
    - 蜗轮蜗杆传动

常见齿轮的外形如图 2-2-2 和图 2-2-3 所示。

图 2-2-2　平行轴和相交轴齿轮传动

图 2-2-3　交错轴齿轮传动

（2）按齿廓曲线的形状分类，齿轮的齿廓有渐开线齿廓、摆线齿廓、圆弧齿廓和抛物线齿廓，其中应用最广的是渐开线齿廓。

（3）按齿轮传动的工作条件分类，齿轮传动有开式传动（齿轮外露，如手动压面条机）和闭式传动（齿轮密封在箱体内，如机床变速箱）两种。

（4）按齿面硬度的不同分类，钢制齿轮可分为软齿面齿轮（齿面硬度≤350HBW）和硬齿面齿轮（齿面硬度＞350HBW）两种。

4. 齿廓啮合基本定律

从二维码视频中可以看到，齿轮传动是依靠主动轮和从动轮的轮齿依次推动来完成工作的。两齿轮的瞬时角速度之比称为齿轮传动的传动比，用符号 i 表示：

$$i_{12}=\frac{\omega_1}{\omega_2}$$

只有传动比恒定时，齿轮传动才比较平稳，而传动比与齿廓曲线有着直接的关系。下面介绍齿廓曲线与传动比之间的关系。

齿廓啮合视频

图 2-2-4 所示为一对互相啮合的外齿轮的一部分，其中 K 点为某一瞬时两齿廓的接触点。设两轮的角速度分别为 ω_1 和 ω_2，两轮的转向如图 2-2-4 所示。

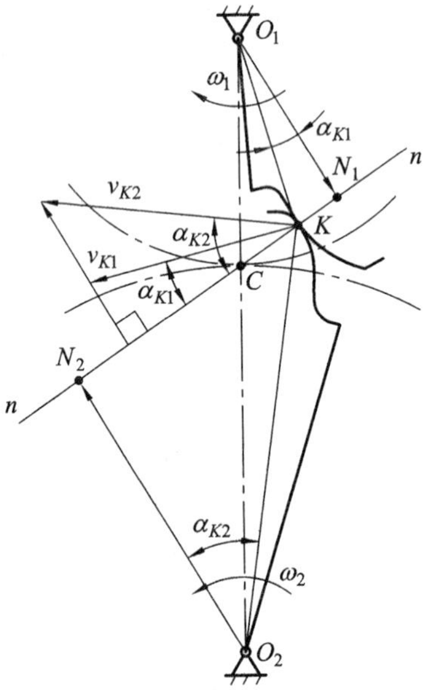

图 2-2-4 齿廓啮合的基本定律

过 K 点作两齿廓的公法线 $n-n$，与连心线 O_1O_2 交于 C 点。两轮在 K 点的线速度分别为 v_{K1} 和 v_{K2}，则

$$v_{K1}=\omega_1\overline{O_1K},\quad v_{K2}=\omega_2\overline{O_2K}$$

若要两齿轮正确啮合，齿廓间不发生挤压或分离，那么 v_{K1} 和 v_{K2} 在公法线上的分速度应相等，即

$$v_{K1}\cos\alpha_{K1}=v_{K2}\cos\alpha_{K2}$$

所以有

$$\omega_1\overline{O_1K}\cos\alpha_{K1}=\omega_2\overline{O_2K}\cos\alpha_{K2}$$

可得两齿轮的传动比为

$$i_{12}=\frac{\omega_1}{\omega_2}=\frac{\overline{O_2K}\cos\alpha_{K2}}{\overline{O_1K}\cos\alpha_{K1}}$$

在图 2-2-4 中，过两齿轮的转动中心 O_1 和 O_2 分别作公法线 $n-n$ 的垂线 O_1N_1 和 O_2N_2，垂足分别为 N_1 和 N_2。由几何关系得

$$i_{12}=\frac{\omega_1}{\omega_2}=\frac{\overline{O_2K}\cos\alpha_{K2}}{\overline{O_1K}\cos\alpha_{K1}}=\frac{\overline{O_2N_2}}{\overline{O_1N_1}}=\frac{\overline{O_2C}}{\overline{O_1C}} \quad (2-2-1)$$

式(2－2－1)表明，互相啮合的一对齿轮，任一瞬时的传动比等于该瞬时两轮连心线被其啮合齿廓接触点的公法线所分割的两线段长度的反比，这一规律称为齿廓啮合基本定律。

要使齿轮传动的瞬时传动比 i 恒定，$\frac{\overline{O_2C}}{\overline{O_1C}}$应该为一固定值。两轮的连心线$\overline{O_1O_2}$的长固定，所以，要想使传动比 i 固定，C 点应为连心线上的一定点。由此可知，满足定传动比的齿廓形状必须符合的条件是：不论两齿廓在哪一点接触，过接触点的两齿廓公法线必须与两齿轮连心线交于一定点，这个定点 C 称为两啮合齿轮的节点。

5. 渐开线齿廓

我们知道，主动轮和从动轮要保证固定的传动比，就必须保证同时转动的角度相同，但是主动轮和从动轮的直径通常是不相同的，齿数也不一样，这时如果要保证该角度的一致性，就必须保证每一瞬时的传动比恒定，这就涉及齿轮的轮廓曲线了。工程师们发现渐开线、摆线和圆弧都能满足这一要求，因为渐开线齿廓相对较容易制造和安装，所以目前它在工业上得到了最广泛的应用。

1）渐开线的形成

由二维码视频可以看出，渐开线是圆的切线绕该圆做纯滚动形成的。如图 2－2－5 所示，直线 L 沿着圆 O 的圆周做纯滚动时，直线 L 上任一点 K 的轨迹称为该圆的渐开线。其中，圆 O 称为该渐开线的基圆，直线 L 为该渐开线的发生线，θ_K 为该渐开线的展角，r_K 为该渐开线上 K 点的向径，α_K 为该渐开线在 K 点的压力角。

渐开线的形成

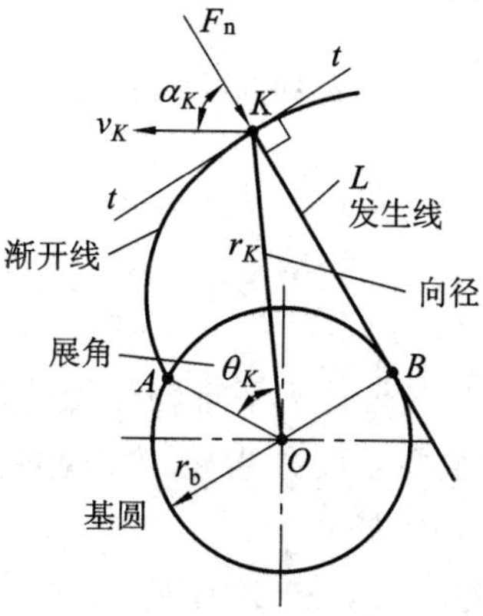

图 2－2－5　渐开线的形成

2）渐开线的性质

根据渐开线的形成过程，可判断渐开线有如下五个性质：

(1) 发生线沿基圆滚过的长度等于基圆上被滚过的弧长。在图 2－2－5 中，$\overline{KB}=\widehat{AB}$。

(2) 渐开线上任一点的法线必与基圆相切。在图 2－2－5 中，发生线 BK 就是渐开线在 K 点的法线，同时也是基圆在 B 点的切线。

(3) 渐开线是从基圆开始向外逐渐展开的，所以基圆内无渐开线。

(4) 渐开线上不同点的压力角大小不等。压力角是指渐开线上任一点的法线与该点速度方向之间所夹的锐角。在图 2-2-5 中，α_K 为 K 点的压力角，且

$$\cos\alpha_K = \frac{r_b}{r_K} \tag{2-2-2}$$

由式(2-2-2)可知，基圆半径 r_b 固定，向径 r_K 随着 K 点位置的变化而变化，所以 $\cos\alpha_K$ 的值也随着 K 点的变化而变化，所以说渐开线上不同点的压力角是不相等的。离基圆越远，压力角就越大；离基圆越近，压力角就越小；基圆上的压力角等于零。

(5) 渐开线的形状与基圆大小有关。如图 2-2-6 所示，基圆越小，渐开线越弯曲；基圆越大，渐开线越平直；当基圆半径趋于无穷大时，渐开线展成一条直线。所以齿条的渐开线齿廓是直线齿廓。

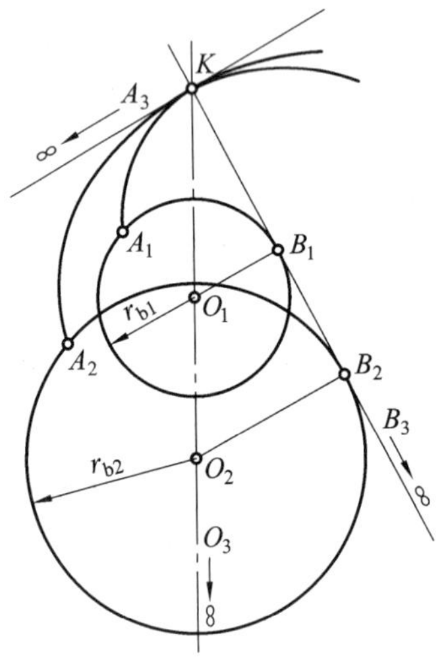

图 2-2-6 渐开线的形状与基圆半径的关系

任务小结

1. 齿轮传动的分类

按两轴间位置的不同，齿轮传动可分为平行轴齿轮传动、相交轴齿轮传动和交错轴齿轮传动。实现平行轴齿轮传动的主要是圆柱齿轮，实现相交轴齿轮传动的主要是锥齿轮，实现交错轴齿轮传动的主要是蜗轮蜗杆。

按轮齿方向的不同，圆柱齿轮又可分为直齿圆柱齿轮、斜齿圆柱齿轮、人字齿圆柱齿轮。

按齿廓曲线形状的不同，齿轮的齿廓可分为渐开线齿廓、摆线齿廓、圆弧线齿廓等。

按齿轮传动工作条件的不同，齿轮传动可分为开式传动和闭式传动。

按齿面硬度的不同，钢制齿轮可分为软齿面齿轮和硬齿面齿轮。

2. 齿廓啮合基本定律

互相啮合的一对齿轮，任一瞬时的传动比等于该瞬时两轮连心线被其啮合齿廓接触点

的公法线所分割的两线段长度的反比，这就是齿廓啮合基本定律。

3. 渐开线齿廓

（1）渐开线的形成：渐开线是圆的切线绕该圆做纯滚动形成的。

（2）渐开线的性质：发生线沿基圆滚过的长度等于基圆上被滚过的弧长；渐开线上任一点的法线必与基圆相切；基圆内无渐开线；渐开线上不同点的压力角大小不等；渐开线的形状与基圆大小有关。

知识拓展

共 轭 齿 廓

一对能满足齿廓啮合基本定律的齿廓曲线称为共轭齿廓曲线。从理论上讲，互为共轭齿廓的曲线很多。生产实际中，结合设计、制造、安装和使用等多方面的要求，通常选用的齿廓曲线有渐开线、摆线和圆弧。由于渐开线齿廓容易制造、便于安装且互换性好，所以目前大部分齿轮采用渐开线齿廓。

任务二　渐开线标准直齿圆柱齿轮的基本参数和几何尺寸的计算

任务导入

齿轮传动的种类很多，但从加工和使用的角度来看，最简单、最基本的是渐开线标准直齿圆柱齿轮传动。扫描二维码，观看渐开线标准直齿圆柱齿轮的啮合传动视频。

实际使用中，该如何确定标准直齿圆柱齿轮的尺寸呢？下面就来认识齿轮的基本参数和几何尺寸的计算。

渐开线标准直齿圆柱齿轮的啮合传动视频

任务实施

1. 渐开线标准直齿圆柱外齿轮各部分的名称和代号

图 2-2-7 所示为一渐开线标准直齿圆柱外齿轮的一部分。其各部分的名称及代号如下：

1）齿顶圆

齿轮的齿顶圆柱面与端平面的交线称为齿顶圆，其半径和直径分别用 r_a 和 d_a 表示。

2）齿根圆

齿轮的齿根圆柱面与端平面的交线称为齿根圆，其半径和直径分别用 r_f 和 d_f 表示。

3）齿厚

从圆柱齿轮的端面看，一个轮齿两侧对应点之间的弧线长称为齿厚，用 s_K 表示。

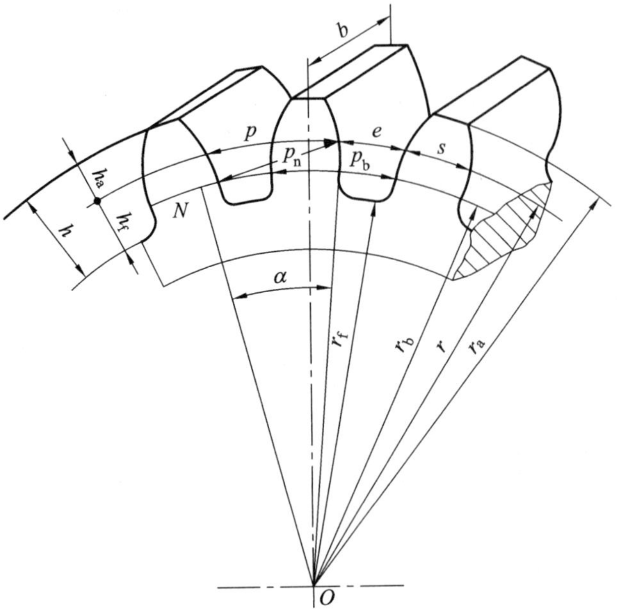

图 2-2-7 渐开线标准直齿圆柱外齿轮各部分名称及代号

4）齿槽宽

从圆柱齿轮的端面看，一个齿槽的两侧对应点之间的弧线长称为齿槽宽，用 e_K 表示。

5）分度圆

为了便于设计和计算，在齿顶圆和齿根圆之间规定了一个特定的圆，使该圆上的齿厚和齿槽宽相等，这个圆称为分度圆。分度圆上的齿厚和齿槽宽分别用 s 和 e 表示，半径和直径分别用 r 和 d 表示。分度圆是齿轮设计的基准，齿轮的几何尺寸均以此圆为基准来确定。

6）齿距

从圆柱齿轮的端面看，相邻两轮齿的同侧对应点之间的弧线长称为齿距，用 p_K 表示，分度圆上的齿距用 p 表示。由图 2-2-7 可知，$p_K=s_K+e_K$。在分度圆上，$p=s+e=2s=2e$。

7）齿顶高

齿顶圆和分度圆之间的径向距离称为齿顶高，用 h_a 表示。

8）齿根高

齿根圆和分度圆之间的径向距离称为齿根高，用 h_f 表示。

9）全齿高

齿顶圆和齿根圆之间的径向距离称为全齿高，用 h 表示。由图 2-2-7 可知，$h=h_a+h_f$。

10）齿宽

齿轮两个端面之间的轴向距离称为齿宽，用 b 表示。

渐开线标准直齿圆柱内齿轮和齿条的名称可参考外齿轮自行理解。

2. 渐开线标准直齿圆柱齿轮的基本参数

1）齿数 z

齿轮整个圆周上的轮齿总数称为齿数，用 z 表示。

2）模数 m

根据齿轮分度圆的周长 $pz=\pi d$，可得 $d=\frac{p}{\pi}z$。为了便于确定齿轮的几何尺寸，人为地取 $\frac{p}{\pi}$ 为一系列的有理数，并称 $\frac{p}{\pi}$ 为齿轮的模数，用 m 表示，即

$$m=\frac{p}{\pi} \qquad (2-2-3)$$

由式(2－2－3)可知，模数 m 与齿距 p 成正比。模数越大，齿距就越大，轮齿尺寸就越大，齿轮承受载荷的能力就越强。因此，模数 m 是决定齿轮轮齿尺寸的一个基本参数。图 2－2－8 所示为不同模数的齿轮轮齿的大小。

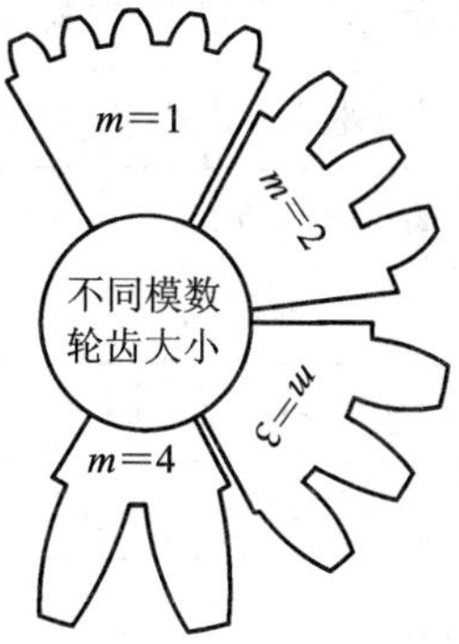

图 2－2－8 不同模数的齿轮轮齿大小

齿轮分度圆上的模数已经标准化。标准模数系列如表 2－2－1 所示。

表 2－2－1 标准模数系列(GB/T 1357—2008) mm

第一系列	1 1.25 1.5 2 2.5 3 4 5 6 8 10 12 16 20 25 32 40 50
第二系列	1.125 1.375 1.75 2.25 2.75 3.5 4.5 5.5 (6.5) 7 9 11 14 18 22 28 36 45

注：① 本表适用于渐开线直齿圆柱齿轮，对于斜齿轮是指法面模数 m_n。

② 优先选用第一系列，其次是第二系列，括号内的模数尽量不用。

3）压力角 α

由渐开线的性质可知，齿廓曲线上不同位置的压力角是不相等的。离基圆越远，压力角越大；反之就越小。为了便于分析，齿轮中提及的压力角均指分度圆上的压力角，用 α 表示。由式(2－2－2)可得

$$r_b = r\cos\alpha \qquad (2-2-4)$$

由式(2－2－4)可知，分度圆半径相等的齿轮，如果压力角不相等，基圆半径就不相等，齿廓曲线的形状也不相同。所以说，压力角 α 是决定渐开线齿廓曲线形状的一个基本参数。我国规定压力角的标准值为 $\alpha=20°$。在以后分析中如果没有特殊说明，压力角均指分度圆上的标准压力角 α。

4）齿顶高系数 h_a^* 和顶隙系数 c^*

标准齿轮的齿顶高和齿根高分别为

$$h_a = h_a^* m \qquad (2-2-5)$$

$$h_f = (h_a^* + c^*)m \tag{2-2-6}$$

式(2-2-5)和(2-2-6)中，h_a^* 为齿顶高系数，c^* 为顶隙系数。我国规定这两个系数的标准值分别是 $h_a^*=1$，$c^*=0.25$。

凡模数 m、压力角 α、齿顶高系数 h_a^* 和顶隙系数 c^* 均为标准值，且分度圆上的齿厚 s 和齿槽宽 e 相等的齿轮称为标准齿轮。对于标准齿轮，有 $s=e=\frac{p}{2}=\frac{\pi m}{2}$。

3. 渐开线标准直齿圆柱齿轮几何尺寸的计算

渐开线标准直齿圆柱齿轮几何尺寸的计算公式如表 2-2-2 所示。齿条几何尺寸的计算公式可自行分析。

表 2-2-2　渐开线标准直齿圆柱齿轮几何尺寸的计算公式　　mm

名　称	符号	外啮合公式	内啮合公式
分度圆直径	d	$d_1=mz_1$，$d_2=mz_2$	$d_1=mz_1$，$d_2=mz_2$
齿顶高	h_a	$h_a=h_a^* m$	$h_a=h_a^* m$
齿根高	h_f	$h_f=(h_a^*+c^*)m$	$h_f=(h_a^*+c^*)m$
全齿高	h	$h=(2h_a^*+c^*)m$	$h=(2h_a^*+c^*)m$
齿顶圆直径	d_a	$d_{a1}=(z_1+2h_a^*)m$ $d_{a2}=(z_2+2h_a^*)m$	$d_{a1}=(z_1-2h_a^*)m$ $d_{a2}=(z_2-2h_a^*)m$
齿根圆直径	d_f	$d_{f1}=(z_1-2h_a^*-2c^*)m$ $d_{f2}=(z_2-2h_a^*-2c^*)m$	$d_{f1}=(z_1+2h_a^*+2c^*)m$ $d_{f2}=(z_2+2h_a^*+2c^*)m$
基圆直径	d_b	$d_{b1}=d_1\cos\alpha$ $d_{b2}=d_2\cos\alpha$	$d_{b1}=d_1\cos\alpha$ $d_{b2}=d_2\cos\alpha$
齿距	p	$p=\pi m$	$p=\pi m$
齿厚	s	$s=\frac{\pi m}{2}$	$s=\frac{\pi m}{2}$
齿槽宽	e	$e=\frac{\pi m}{2}$	$e=\frac{\pi m}{2}$
中心距	a	$a=\frac{1}{2}(d_2+d_1)=\frac{m}{2}(z_2+z_1)$	$a=\frac{1}{2}(d_2-d_1)=\frac{m}{2}(z_2-z_1)$

任务小结

1. 渐开线标准直齿圆柱外齿轮各部分的名称和代号

三圆：齿顶圆(r_a、d_a)、齿根圆(r_f、d_f)、分度圆(r、d)；

三弧长：分度圆齿厚(s)、分度圆齿槽宽(e)、分度圆齿距(p)；

三径向距离：齿顶高(h_a)、齿根高(h_f)、全齿高(h)。

2. 齿轮基本参数

(1) 齿数 z。

(2) 模数 m。模数是决定齿轮轮齿尺寸大小的主要参数，模数越大，轮齿的尺寸就越大，轮齿承受载荷的能力就越强。

(3) 压力角 α。通常所说的压力角是指分度圆上的压力角。压力角 α 是决定渐开线齿廓曲线形状的一个基本参数，我国规定压力角的标准值为 $\alpha=20°$。

(4) 齿顶高系数 h_a^* 和顶隙系数 c^* 计算公式：

$$h_a = h_a^* m$$

$$h_f = (h_a^* + c^*)m$$

我国规定两个系数的标准值分别为 $h_a^*=1$，$c^*=0.25$。

3. 渐开线标准直齿圆柱齿轮几何尺寸的计算公式

相关公式如表 2-2-2 所示。

知识拓展

径节制齿轮

国产齿轮的模数为标准值，称为模数制齿轮。而英、美等国家的齿轮通常取径节为标准值，称为径节制齿轮。径节为齿轮的齿数与分度圆直径之比，即

$$\mathrm{DP} = \frac{z}{d} = \frac{\pi}{p} = \frac{1}{m}$$

式中：分度圆直径 d 和齿距 p 的单位均为英寸(in)，径节 DP 的单位为(1/in)。

径节已经标准化，其值为 1，1.25，1.5，1.75，2，2.5，2.75，3，3.5，4，5，6，7，8，9，10，12，14，16，18，20 等。

齿数一定时，径节越大，齿轮越小，承载能力越低。

径节与模数的换算关系为

$$m = \frac{1}{\mathrm{DP}} \times 25.4\ \mathrm{mm} = \frac{25.4}{\mathrm{DP}}\ \mathrm{mm}$$

式中：模数 m 的单位为 mm；径节 DP 的单位为 1/in。

任务三 渐开线标准直齿圆柱齿轮的啮合传动

任务导入

实际生活中见到的齿轮传动大部分都很平稳。那么，设计中是如何做到让齿轮传动平稳的呢？下面来认识齿轮的啮合传动。

任务实施

1．渐开线齿廓的啮合特点

1）渐开线齿轮传动的传动比恒定

图2-2-9所示为一对外啮合的渐开线齿轮传动，主动轮1按顺时针方向转动，推动从动轮2逆时针方向转动。假设两齿廓某一瞬时在K点接触，过K点作两齿廓的公法线$n-n$。由渐开线的性质可知，该公法线必然与两齿轮的基圆相切，假设切点为N_1和N_2。当两齿轮制造好后，其基圆就已经确定了，两基圆同一方向的公切线为一确定直线，这条确定直线与两齿廓接触点的公法线重合。所以，无论两齿廓在任何位置接触，过接触点的公法线必与两齿轮的连心线交于一定点C，C点即为两啮合齿轮的节点。渐开线齿廓能够保证齿轮传动的传动比恒定。

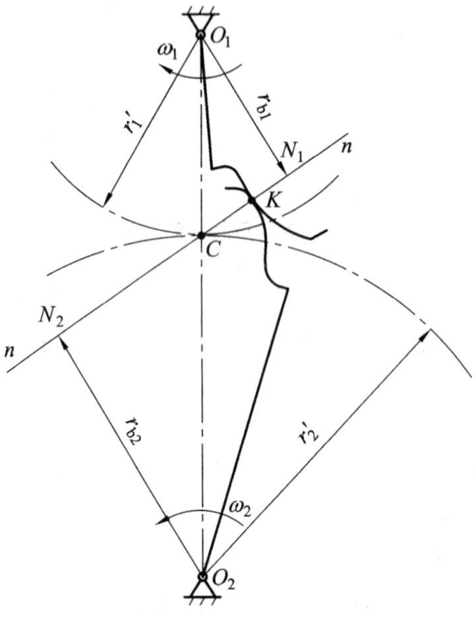

图2-2-9　渐开线齿廓的啮合

分别以O_1、O_2为圆心，以$\overline{O_1C}$、$\overline{O_2C}$为半径作圆，这两个圆分别称为两齿轮的节圆，半径分别表示为r_1'和r_2'。两节圆在节点C处相切，齿轮传动时，两节圆做纯滚动。

2）渐开线齿轮传动的中心距可分性

由式(2-2-1)和图2-2-9可知，

$$i_{12}=\frac{\omega_1}{\omega_2}=\frac{\overline{O_2C}}{\overline{O_1C}}=\frac{r_2'}{r_1'}=\frac{r_{b2}}{r_{b1}} \tag{2-2-7}$$

式(2-2-7)表明，渐开线齿轮传动的传动比恒等于两齿轮基圆半径的反比。而渐开线齿轮加工制成后，基圆半径已经确定，即使装配时中心距稍有误差，或工作中轴系磨损等原因造成两齿轮实际中心距发生变化，其瞬时传动比也可保持不变，渐开线齿轮传动的这一特性称为中心距可分性。这一特性给齿轮的制造和安装带来了很大的方便，使渐开线齿轮得到了广泛应用。

3）渐开线齿轮传动的啮合角和传力方向恒定

齿轮传动时，齿廓接触点的轨迹线称为它们的啮合线。由图 2-2-10 可知，两渐开线齿轮啮合传动时，无论在哪一点接触，过接触点的公法线都与两基圆的内公切线 N_1N_2 重合，所以将直线 N_1N_2 称为两渐开线齿轮传动的啮合线。

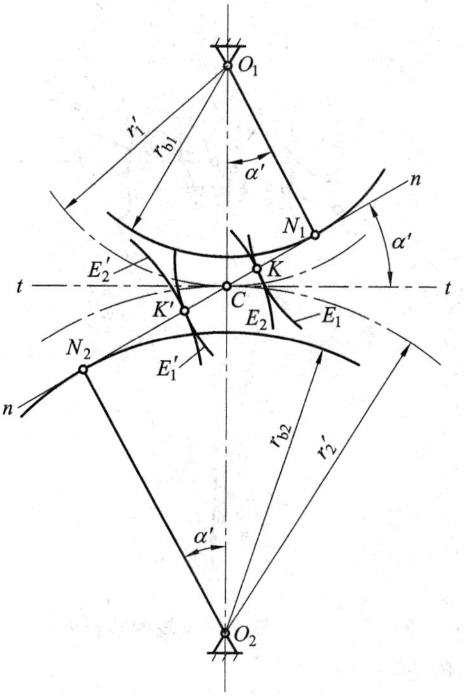

图 2-2-10　渐开线齿廓啮合

在图 2-2-10 中，过节点 C 作两节圆的公切线 $t-t$，与啮合线 N_1N_2 之间所夹的锐角 α' 称为齿轮传动的啮合角。因为啮合线 N_1N_2 位置固定，所以啮合角 α' 恒定。

由于两齿轮啮合时，其正压力沿齿廓的公法线方向，即沿啮合线方向传递，齿轮传动时啮合角不变，所以两齿廓间法向作用力方向不变，则轮齿之间、轴与轴承之间压力的大小、方向也均不变，从而传动平稳。

2. 渐开线直齿圆柱齿轮正确啮合的条件

图 2-2-11 所示为一对渐开线齿轮的啮合传动，其转向如图所示。由于两轮齿廓的接触点是沿啮合线 N_1N_2 移动的，所以前一对轮齿的接触点 K 和后一对轮齿的接触点 B_2 必定都在啮合线 N_1N_2 上。又因为 N_1N_2 为两轮齿廓接触点的公法线，所以 B_2K 即为两轮的法向齿距。由渐开线的性质可知，齿轮的法向齿距等于齿轮的基圆齿距，故若要使两轮正确啮合，就必须保证两轮的基圆齿距相等，即 $p_{b1}=p_{b2}$，而

$$p_{b1}=\frac{\pi d_{b1}}{z_1}=\frac{\pi d_1\cos\alpha_1}{z_1}=\pi m_1\cos\alpha_1$$

$$p_{b2}=\frac{\pi d_{b2}}{z_2}=\frac{\pi d_2\cos\alpha_2}{z_2}=\pi m_2\cos\alpha_2$$

所以，要使 $p_{b1}=p_{b2}$，须使 $m_1=m_2$，$\alpha_1=\alpha_2$，即一对渐开线直齿圆柱齿轮正确啮合的

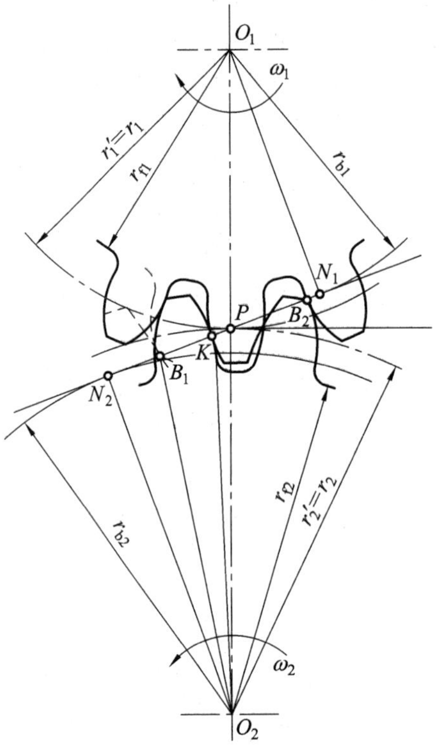

图 2-2-11　渐开线齿轮的啮合传动

条件是两轮的模数和压力角分别相等。

3. 渐开线直齿圆柱齿轮连续传动的条件

由图 2-2-11 可知，一对齿廓进入啮合时，其接触点是从动轮 2 的齿顶圆与啮合线 N_1N_2 的交点 B_2。主动轮 1 的齿根推动从动轮 2 的齿顶部，随着齿轮传动的进行，接触点沿啮合线 N_1N_2 由 B_2 点向 B_1 点移动，B_1 点为主动轮 1 的齿顶圆与啮合线 N_1N_2 的交点，当啮合点移到 B_1 点时，这对齿廓的啮合结束。线段 B_2B_1 称为齿廓啮合的实际啮合线段，N_1N_2 则是理论上的最大啮合线，称为理论啮合线。

由以上分析可知，要使齿轮传动连续进行，必须保证在前一对轮齿啮合点 K 移到 B_1 点时，后一对轮齿啮合点已经或刚刚到达 B_2 点进入啮合状态，即 $\overline{B_1B_2} \geqslant \overline{B_2K}$（$\overline{B_2K}=p_b$），否则，齿轮传动就会中断或发生冲击。

通常把实际啮合线的长度与基圆齿距的比值称为渐开线齿轮传动的重合度，用 ε 表示，即

$$\varepsilon=\frac{\overline{B_1B_2}}{p_b}\geqslant 1$$

重合度的大小，表明同时参与啮合的轮齿对数的多少。重合度越大，表明同时参与啮合的轮齿对数越多，传动就越平稳。理论上，$\varepsilon=1$ 时就能保证齿轮连续传动，但考虑到制造和安装误差以及啮合传动中轮齿的变形，实际上应使 $\varepsilon>1$。一般机械制造中，常使 $\varepsilon\geqslant 1.1\sim 1.4$。

任务小结

（1）渐开线齿廓的啮合特点：齿轮传动的传动比恒定；齿轮传动的中心距可分性；齿轮传动的啮合角和传力方向恒定。

（2）渐开线直齿圆柱齿轮正确啮合的条件：两轮的模数和压力角分别相等。

（3）渐开线直齿圆柱齿轮连续传动的条件：重合度 $\varepsilon>1$。重合度的大小，表明同时参与啮合的轮齿对数的多少。重合度越大，表明同时参与啮合的轮齿对数越多，传动就越平稳。

任务四 渐开线标准直齿圆柱齿轮传动设计中的基本知识

任务导入

齿轮传动是机械设备中最常见的传动形式。现代机械对齿轮传动提出了越来越高的要求，既要求齿轮能在高速、重载和特殊环境下工作，又要求齿轮传动具备运行的高平稳性和高可靠性，还要求齿轮有较长的使用寿命。那么，在齿轮传动的设计中需要具备哪些基本知识呢？

任务实施

1. 渐开线标准直齿圆柱齿轮的加工方法

机械制造中，齿轮的加工方法很多，比如铸造、模锻、冲压、切削加工等，目前最常用的加工方法是切削加工。根据加工原理的不同，切屑加工又分为仿形法（成形法）和展成法（范成法）两种。

1）仿形法

仿形法是用成形铣刀在普通铣床上加工齿轮的方法，常用的铣刀有盘形铣刀（见图 2－2－12(a)）和指状铣刀（见图 2－2－12(b)）两种，铣刀的轴向剖面形状与齿轮的齿槽端面形状相同。铣齿时，铣刀绕自身的轴线旋转，轮坯随机床工作台沿平行于齿轮轴线方向做直线移动。切出一个齿槽后，分度机构将轮坯转过 $360°/z$，再切第二个齿槽，依次进行，直至加工出全部齿槽。

仿形法加工齿轮

仿形法加工的齿形与铣刀切削刃的形状有关。由渐开线的特性可知，渐开线形状取决于基圆的大小，而基圆直径 $d_b=mz\cos\alpha$。当模数和压力角一定时，不同齿数的齿轮，其基圆大小不等，齿形也不同。因此，若要铣出正确的齿形，理论上要求在同一模数下，不同齿数的齿轮应该用不同型号的铣刀，而在实际加工中，一种模数只配 8 种铣刀，每种铣刀要求加工一定齿数范围的齿轮。刀号及加工齿数范围如表 2－2－3 所示。

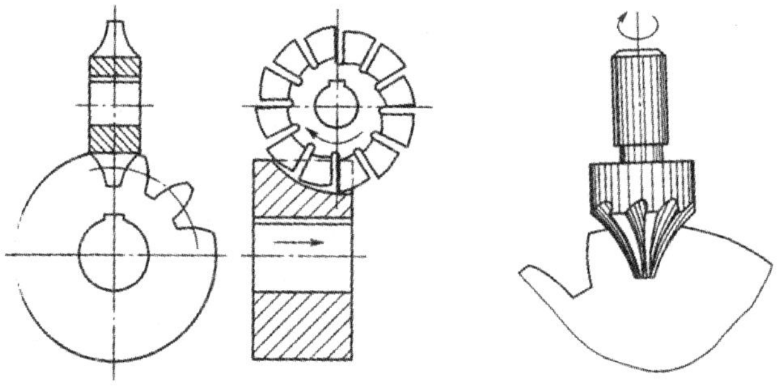

(a) 盘形铣刀切齿　　　　(b) 指状铣刀切齿

图 2-2-12　仿形法加工直齿齿轮

表 2-2-3　刀号及其加工齿数的范围

刀号	1	2	3	4	5	6	7	8
加工齿数的范围	12～13	14～16	17～20	21～25	26～34	35～54	55～134	135 以上

用仿形法加工的齿轮，齿形误差不可避免，其加工精度和效率也比较低，所以一般只用于修配、单件生产或对精度要求不高的齿轮加工中。

2）展成法

展成法是利用齿轮啮合的原理来实施加工的。加工时刀具与轮坯的运动就像一对互相啮合的齿轮，最后刀具将轮坯切出渐开线齿廓。常见的展成法有插齿、滚齿等。

(1) 齿轮插刀插齿加工。图 2-2-13 所示为齿轮插刀的插齿加工。齿轮插刀做成齿轮的形状。插齿过程中，刀具与轮坯啮合转动，同时刀具沿轮坯轴线方向做上下往复直线运动，把与切削刃相遇的轮坯材料切去，于是插刀切削刃在各个位置的包络线便形成了待加工齿轮的渐开线齿廓。

(2) 齿条插刀插齿加工。当齿轮插刀的齿数增至无穷多时，其基圆半径变为无穷大，插刀的渐开线齿廓形成直线齿廓，这种齿轮插刀称为齿条插刀，其切削原理与齿轮插刀插齿过程相同。图 2-2-14 所示为齿条插刀的插齿加工。

插齿加工的特点是加工精度较高，但生产效率比较低。

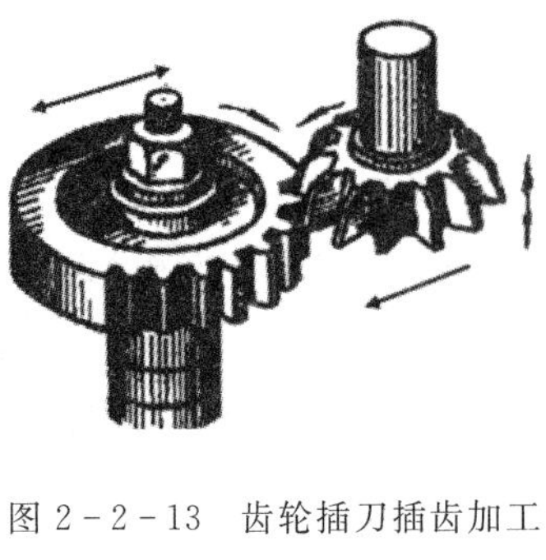

图 2-2-13　齿轮插刀插齿加工

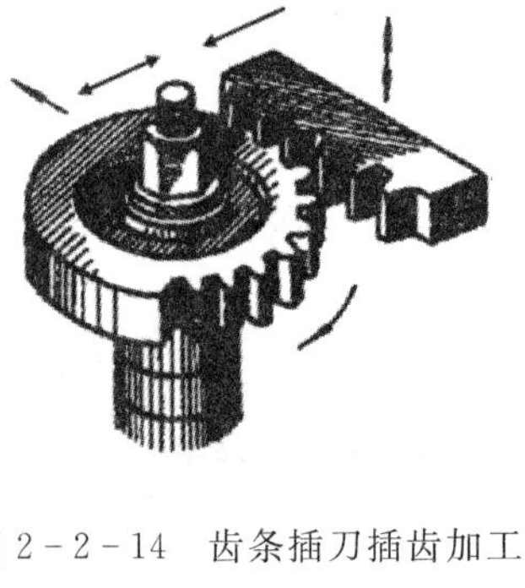

图 2-2-14　齿条插刀插齿加工

插齿加工过程

（3）齿轮滚刀滚齿加工。滚齿加工是利用齿轮滚刀在滚齿机上加工齿轮的方法，是齿形加工方法中生产率较高、应用最广的一种加工方法。加工时滚刀和齿坯按一定的转速绕自身的轴线转动，其运动关系像齿条和齿轮的啮合关系，滚刀转一周，齿条移动一个导程的距离，滚刀沿齿坯轴向进刀切出齿宽。图 2-2-15 所示是齿轮滚刀滚齿加工。

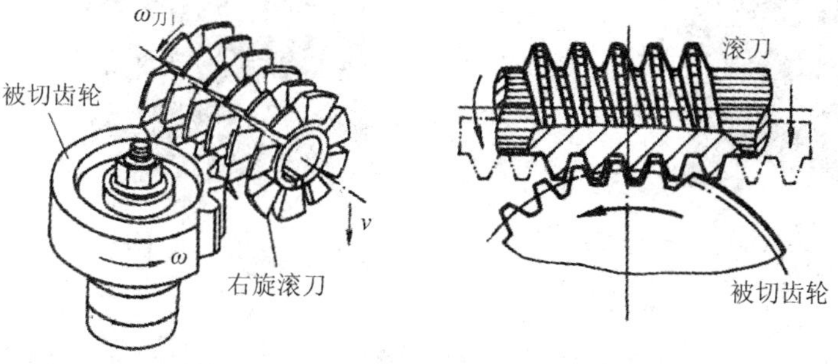

图 2-2-15　齿轮滚刀滚齿加工

滚齿加工过程

滚齿加工的精度和生产效率都比较高，所以广泛用于批量生产中。

2. 根切现象与最少齿数

用展成法加工齿轮时，如果被加工齿轮的齿数太少，刀具的齿顶就会将正常齿廓的根部切去一部分，这种现象称为根切现象，如图 2-2-16 所示。

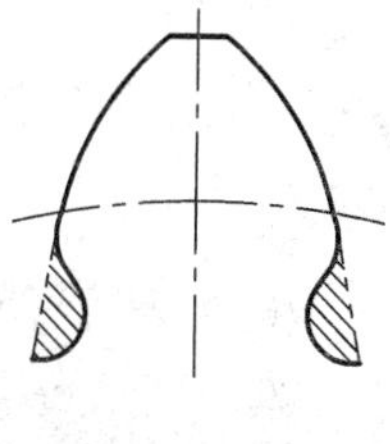

图 2-2-16　根切现象

齿轮产生根切后，齿根厚度变薄，轮齿的抗弯曲能力下降，重合度减小，传动的平稳性降低，所以必须设法避免。实践证明，用齿条插刀或滚刀加工标准直齿圆柱齿轮时，不产生根切的最少齿数为 $z_{\min}=17$。当齿数少于 17 时，要想不产生根切，可采用变位齿轮。有关变位齿轮的详细资料，可查阅有关参考资料，本节不作介绍。

3. 齿轮常见的失效形式

齿轮的失效主要发生在轮齿上，常见的失效形式有齿面点蚀、齿面磨损、齿面胶合、塑性变形和轮齿折断。

1）齿面点蚀

齿轮传动中，两齿面是线接触，齿面在法向力的作用下将产生接触应力。齿面在交变接触应力的反复作用下，齿面材料呈小块脱落，齿面节线处呈现出麻点状的小凹坑，这种现象称为齿面点蚀，如图 2-2-17 所示。

齿面点蚀是闭式齿轮传动中软齿面齿轮（齿面硬度≤350HBW）的主要失效形式。提高齿面硬度，降低齿面粗糙度，合理选择润滑油的黏度等，都能提高齿面抗点蚀的能力。

2）齿面磨损

齿轮啮合传动时，若有砂粒、铁屑等磨粒性物质落入啮合面间，齿面即被逐渐磨损，这种磨损称为磨粒磨损，又称为齿面磨损，如图 2-2-18 所示。

齿面磨损后，一方面会使渐开线齿廓形状遭到破坏，引起冲击、振动和噪声；另一方面会使轮齿变薄，可导致轮齿折断。齿面磨损是开式齿轮传动的主要失效形式。为了减小磨损，重要的齿轮传动通常采用闭式传动，并应经常清洁和更换润滑油。

图 2-2-17　齿面点蚀

图 2-2-18　齿面磨损

3）齿面胶合

在高速重载的齿轮传动中，齿面间由于压力过大而产生过多的热量，轮齿啮合区局部温度升高，油膜脱落，失去润滑作用，从而使两齿面间某些接触点熔焊在一起。随着齿轮的转动，软金属表面沿滑动方向被划伤、撕裂，形成沟纹，这种现象称为齿面胶合，如图 2-2-19 所示。

齿面胶合多发生在闭式软齿面齿轮传动中。提高齿面硬度，减小齿面的粗糙度，采用抗胶合能力强的润滑油，选用抗胶合性能好的齿轮材料等，均能提高齿轮传动的抗胶合能力。

4）塑性变形

在较大的压力作用下，轮齿材料沿摩擦力方向流动，这种现象称为塑性变形，如图 2-2-20 所示。

图 2-2-19　齿面胶合

图 2-2-20　塑性变形

塑性变形多发生在低速重载的闭式软齿面齿轮传动中。选择合适的主、从动齿轮的材料，提高齿面硬度，选用合适的润滑油和润滑方式，可减轻和防止齿轮塑性变形的发生。

5）轮齿折断

轮齿折断如图 2-2-21 所示，根据导致轮齿折断的原因，轮齿折断可分为疲劳折断和过载折断两种。因齿根部位受弯曲应力的反复作用而发生的轮齿折断称为疲劳折断；因轮齿在短时间内严重过载或受过大冲击载荷作用而发生的轮齿折断称为过载折断。

保证齿面一定的精度和粗糙度，对齿根进行强化处理等可以提高轮齿的抗折断能力。

图 2-2-21　轮齿折断

4. 齿轮常用的材料及热处理方法

1）对齿轮材料的要求

根据齿轮的失效形式，对齿轮材料的要求如下：

（1）齿轮齿面上应有足够的强度。

（2）齿轮齿芯部位应有足够的韧性。

（3）应有良好的加工工艺性能和热处理性能。

（4）具有良好的经济性。

2）齿轮常用的材料

齿轮常用的材料主要是钢（锻钢、铸钢）和铸铁，特殊情况下也可以用有色金属和非金属材料。

（1）锻钢。锻钢具有强度高、韧性好、便于制造等特点，且可以通过各种热处理来改善其某些机械性能，所以大多数齿轮都采用锻钢制造。根据齿面硬度的不同，钢制齿轮可分为两类：一类是软齿面齿轮（齿面硬度≤350 HBW），另一类是硬齿面齿轮（齿面硬度＞350 HBW）。软齿面齿轮一般用于中、小功率的机械传动中，硬齿面齿轮一般用于高速、重载的机械传动中。

（2）铸钢。铸钢常用于不便于锻造的大直径（直径大于 500 mm）齿轮。可用铸造方法制成铸钢轮坯，然后进行正火处理，以消除铸件残余应力和硬度的不均匀，使其便于进行切削加工。

（3）铸铁。铸铁的抗弯强度、抗冲击和耐磨性能较差，但它成本较低，一般用于低速、轻载、冲击小的不重要的齿轮。

（4）特殊场合也有用非金属材料和有色金属的。常用的非金属材料有尼龙、工程塑料等。

一对正确啮合传动的齿轮，在同样的工作时间内，小齿轮的工作次数比大齿轮多，为了保证两齿轮寿命相近，应使小齿轮的齿面硬度比大齿轮高 30～50 HBW，可以通过选用不同的材料或不同的热处理方法来实现。大、小齿轮的齿面硬度及其组合示例如表 2-2-4 所示。

表 2-2-4 直齿圆柱齿轮齿面硬度及其组合

齿面类型	热处理方法		两轮齿面硬度差	齿面硬度组合	
	小齿轮	大齿轮		小齿轮	大齿轮
软齿面	调质	正火	(0～30)HBW	240～270 HBW	180～210 HBW
		调质		260～290 HBW	220～250 HBW
硬齿面	表面淬火	表面淬火	硬度差很小	45～50 HRC	
	渗碳、渗氮	渗碳		56～62 HRC	

5. 齿轮传动中主要参数的确定

1）齿数 z_1 和模数 m

闭式齿轮传动一般转速较高，为了提高传动的平稳性，齿数宜选多些。通常取小齿轮的齿数为 $z_1=20\sim40$。

开式齿轮传动中，齿轮的主要失效形式是轮齿折断。为了提高其抗弯曲能力，模数宜选大些，齿数宜选少些。通常取小齿轮的齿数 $z_1=17\sim20$。

模数 m 根据齿轮抗弯曲疲劳强度确定，并圆整为表 2-2-1 中的标准值。

2）齿宽 b 和齿宽系数 ψ_d

齿宽系数 ψ_d 是指齿宽 b 与分度圆直径 d_1 之比。齿宽越大，齿轮承受载荷的能力越强，但增大齿宽又会使载荷沿齿宽分布不均匀。所以齿宽系数宜适当选取，齿宽系数的取值可查表 2-2-5。

表 2-2-5　齿宽系数 ψ_d

齿轮相对于轴承的位置	齿面硬度	
	软齿面	硬齿面
对称布置	0.8～1.4	0.4～0.9
非对称布置	0.6～1.2	0.3～0.6
悬臂布置	0.3～0.4	0.2～0.25

圆柱齿轮减速器中，常取 $b_2=\psi_d d_1$，而 $b_1=b_2+(5\sim10)$mm。

3）齿数比 u

齿数比是指大齿轮和小齿轮的齿数之比。

齿轮减速传动时，$u=i$；增速传动时，$u=1/i$。

单级齿轮传动中，一般取 $u\leqslant5$(直齿)，$u\leqslant7$(斜齿)。

当传动比较大时，可采用两级或多级齿轮传动。

6. 齿轮传动的精度

国家标准根据齿轮传动的准确性和平稳性，以及齿轮载荷分布的均匀性这三项指标，将齿轮传动的精度划分为 12 个等级，1 级最高，12 级最低。

“大国工匠”周建民

选择齿轮精度时，应根据齿轮的用途、使用条件、传递的圆周速度及经济性等条件合理确定。若精度等级要求太高，加工比较困难，就会提高成本；精度等级要求太低，将影响传动质量。机械中常用的精度等级为 6～9 级。齿轮常用精度等级的圆周速度及应用范围如表 2-2-6 所示。

表 2-2-6　齿轮常用精度等级的圆周速度及应用范围

精度等级	圆周速度 v/(m/s)			应用举例
	直齿圆柱齿轮	斜齿圆柱齿轮	直齿圆锥齿轮	
6	≤15	≤25	≤9	用于高速及中速齿轮减速器中的齿轮，飞机、汽车、机床中的重要齿轮等
7	≤10	≤17	≤6	中速减速器中的齿轮，机床进给机构的齿轮，反转的齿轮等
8	≤5	≤10	≤3	一般机械用齿轮，如拖拉机齿轮、起重机齿轮、普通减速器用齿轮等
9	≤3	≤3.5	≤2.5	轻载传动的不重要齿轮，或低速传动、对精度要求较低的齿轮

任务小结

（1）齿轮常用的加工方法：仿形法和展成法。

（2）根切现象和最少齿数：展成法加工齿轮时，如果被加工齿轮的齿数太少，刀具的齿顶会将正常齿廓的根部切去一部分，这种现象称为根切。标准渐开线直齿齿轮加工中，不发生根切的最少齿数为 $z_{min}=17$。

（3）齿轮常见的失效形式：齿面点蚀、齿面磨损、齿面胶合、塑性变形和轮齿折断。

（4）齿轮常用的材料：钢(锻钢、铸钢)和铸铁。

（5）齿轮传动中齿数的确定：闭式齿轮传动中，$z_1=20\sim40$；开式齿轮传动中，$z_1=17\sim20$。

（6）齿轮的精度等级：国家标准把齿轮传动的精度划分为 12 个等级，1 级最高，12 级最低。常用的精度等级为 6～9 级。

任务五　渐开线标准直齿圆柱齿轮传动的设计方法

任务导入

齿轮传动中，通常要求齿轮传动效率高、传动平稳、使用寿命长。怎样才能设计出满足传动要求的齿轮呢？本任务就来介绍渐开线标准直齿圆柱齿轮传动的设计准则和设计方法。

任务实施

1．齿轮传动的设计准则

齿轮传动的设计准则是根据其失效形式确定的。设计时根据其工作条件要求，判断它可能会发生哪种失效形式，进而选择合理的设计准则。齿轮传动的设计准则是：

1）在闭式软齿面齿轮传动中

齿面点蚀是闭式软齿面齿轮传动中的主要失效形式。所以，设计时应先按齿面接触疲劳强度进行设计计算，得到齿轮传动的主要几何尺寸后，再按齿根弯曲疲劳强度进行校核。

2）在闭式硬齿面齿轮传动中

轮齿折断是闭式硬齿面齿轮传动中的主要失效形式。所以，设计时应先按齿根弯曲疲劳强度进行设计计算，得到齿轮传动的主要几何尺寸后，再按齿面接触疲劳强度进行校核。

3）在开式齿轮传动中

在开式齿轮传动中，齿面磨损和轮齿折断都有可能发生。所以，设计时只按齿根弯曲疲劳强度进行设计计算，确定齿轮的模数。考虑到磨损的影响，将计算出的模数加大10%～20%，而后不需要进行齿面接触疲劳强度校核。

2. 渐开线标准直齿圆柱齿轮的受力分析和强度计算

1) 轮齿的受力分析

图 2-2-22(a)所示为一对外啮合的标准直齿圆柱齿轮传动的主动轮轮齿的受力情况。

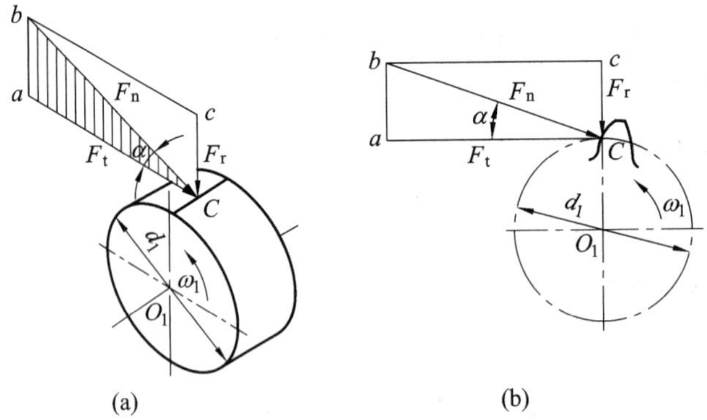

图 2-2-22　外啮合标准直齿圆柱齿轮传动的轮齿受力情况

图中，设 C 点为两齿廓的接触点，忽略接触处的摩擦力，则接触面的总压力就是法向力 F_n。根据啮合线的性质可知，法向力 F_n沿啮合线方向指向齿面。如图 2-2-22(b)所示，将 F_n沿分度圆的圆周方向和半径方向分解为圆周力 F_t和径向力 F_r两个分力。各力表示为

$$F_t = \frac{2T_1}{d_1} \tag{2-2-8}$$

$$F_r = F_t \tan\alpha \tag{2-2-9}$$

$$F_n = \frac{F_t}{\cos\alpha} \tag{2-2-10}$$

式(2-2-8)中：T_1为小齿轮转矩，单位 N·mm。其计算公式为

$$T_1 = 9.55 \times 10^6 \frac{P}{n_1}$$

式中：P 为传递的功率(kW)；n_1为小齿轮的转速(r/min)；d_1为小齿轮分度圆直径(mm)；α 为分度圆压力角，标准值 $\alpha=20°$。

作用在主、从动轮上的各对力大小相等、方向相反。各力的方向为：主动轮上的圆周力 F_{t1}与其转向相反，从动轮上的圆周力 F_{t2}与其转向相同。径向力 F_{r1}和 F_{r2}都指向各自的轮心。

2) 轮齿的载荷计算

式(2-2-10)求得的 F_n称为名义载荷。实际上，由于制造误差，轮齿、轴和轴承受载后的变形，以及传动中工作载荷和速度的变化等，使轮齿上所受的实际载荷大于名义载荷。实际中应将名义载荷进行修正，使其接近真实载荷。修正后的载荷为计算载荷，表示为 F_{nc}，即

$$F_{nc} = KF_n \tag{2-2-11}$$

式中：K 为载荷系数，其值可查表 2-2-7。

表 2-2-7　载荷系数 K

工作机种类	载荷特性	原动机		
		电动机	多缸内燃机	单缸内燃机
均匀加料的输送机和加料机、轻型卷扬机、发电机、机床辅助传动	均匀、轻微冲击	1～1.2	1.2～1.6	1.6～1.8
不均匀加料的输送机和加料机、重型卷扬机、球磨机、机床主传动	中等冲击	1.2～1.6	1.6～1.8	1.8～2.0
冲床、钻床、破碎机、挖掘机	强烈冲击	1.6～1.8	1.9～2.1	2.2～2.4

注：当齿轮为斜齿轮，圆周速度低，精度高，齿宽系数小，齿轮在两轴承间对称布置时，K 取小值；否则，K 取大值。

3. 齿面接触疲劳强度的计算

齿面点蚀是闭式软齿面齿轮传动的主要失效形式。点蚀是由于传动过程中齿面受接触应力的反复作用所致，齿面点蚀与齿面接触应力的大小有关。为了避免齿面点蚀，应使齿面接触应力小于许用接触应力。通过对齿面接触应力的分析，经推导、整理、简化，可得渐开线标准直齿圆柱齿轮传动中的齿面接触疲劳强度的校核公式为

$$\sigma_H = 3.52 Z_E \sqrt{\frac{KT_1(u \pm 1)}{bd_1^2 u}} \leqslant [\sigma_H] \tag{2-2-12}$$

齿面接触疲劳强度的设计公式为

$$d_1 \geqslant \sqrt{\frac{KT_1(u \pm 1)}{\psi_d [\sigma_H]^2 u}(3.52 Z_E)^2} \tag{2-2-13}$$

式(2-2-12)和式(2-2-13)中：σ_H 为齿面实际接触应力(MPa)；Z_E 为齿轮材料的弹性系数($\sqrt{\text{MPa}}$)，其值可查表 2-2-8；K 为载荷系数，其值可查表 2-2-7；b 为齿面接触宽度(mm)；d_1 为小齿轮分度圆直径(mm)；u 为大、小齿轮的齿数比；T_1 为小齿轮的转矩(N·mm)；$[\sigma_H]$为齿轮材料的许用接触应力(MPa)。“±”中，“+”用于外啮合，“−”用于内啮合。

若两齿轮的材料都选用锻钢，则一对钢制渐开线标准直齿圆柱齿轮传动中，其齿面接触疲劳强度的校核公式为

$$\sigma_H = 668 \sqrt{\frac{KT_1(u \pm 1)}{bd_1^2 u}} \leqslant [\sigma_H] \tag{2-2-14}$$

其齿面接触疲劳强度的设计公式为

$$d_1 \geqslant 76.43 \sqrt[3]{\frac{KT_1(u \pm 1)}{\psi_d [\sigma_H]^2 u}} \tag{2-2-15}$$

正确啮合的两齿轮有如下关系：

$$\sigma_{H1} = \sigma_{H2} = \sigma_H$$

$$[\sigma_{H1}] \neq [\sigma_{H2}]$$

所以用式(2-2-15)进行计算时，取$[\sigma_{H1}]$和$[\sigma_{H2}]$中的较小者，按公式算得小齿轮的分度圆直径后，即可选定小齿轮的齿数 z_1，然后再计算模数 m(m 要取标准值)。

表 2-2-8　齿面材料的弹性系数 Z_E　　$\sqrt{\text{MPa}}$

			大齿轮			
	材料		钢	铸钢	球墨铸铁	灰铸铁
		弹性模量 E/MPa	206 000	202 000	173 000	126 000
小齿轮	钢	206 000	189.8	188.9	181.4	165.4
	铸钢	202 000	—	188.0	180.5	161.4
	球墨铸铁	173 000	—	—	173.9	156.6
	灰铸铁	126 000	—	—	—	146.0

4. 齿根弯曲疲劳强度的计算

轮齿在反复弯曲应力的作用下很容易发生轮齿折断。对齿根部位的弯曲应力进行分析，可得齿根弯曲疲劳强度的校核公式为

$$\sigma_F = \frac{2KT_1}{bm^2 z_1} Y_F Y_S \leqslant [\sigma_F] \qquad (2-2-16)$$

齿根弯曲疲劳强度的设计公式为

$$m \geqslant 1.26 \sqrt[3]{\frac{KT_1}{\psi_d z_1^2} \frac{Y_F Y_S}{[\sigma_F]}} \qquad (2-2-17)$$

式(2-2-16)和式(2-2-17)中：σ_F为齿根实际弯曲应力(MPa)；K 为载荷系数，其值可查表 2-2-7；z_1为小齿轮齿数；m 为齿轮的模数(mm)；T_1为小齿轮的转矩(N·mm)；$[\sigma_F]$为齿轮材料的许用弯曲应力(MPa)；Y_F为齿形修正系数；Y_S为应力修正系数。标准外齿轮的 Y_F 和 Y_S 可查表 2-2-9。

表 2-2-9　标准外齿轮的齿形修正系数 Y_F 与应力修正系数 Y_S

z	12	14	16	17	18	19	20	22	25	28	30
Y_F	3.47	3.22	3.03	2.97	2.91	2.85	2.81	2.75	2.65	2.58	2.54
Y_S	1.44	1.47	1.51	1.53	1.54	1.55	1.56	1.58	1.59	1.61	1.63

z	35	40	45	50	60	80	100	≥200
Y_F	2.47	2.41	2.37	3.35	2.30	2.25	2.18	2.14
Y_S	1.65	1.67	1.69	1.71	1.73	1.77	1.80	1.88

一对正确啮合的齿轮，其齿形修正系数和许用弯曲应力一般都不相等，故两轮轮齿在

进行齿根弯曲疲劳强度校核时应分别校核，即

$$\sigma_{F1}=\frac{2KT_1}{bm^2z_1}Y_{F1}Y_{S1}\leqslant[\sigma_{F1}]$$

$$\sigma_{F2}=\frac{2KT_1}{bm^2z_1}Y_{F2}Y_{S2}\leqslant[\sigma_{F2}]$$

但在设计计算时，只取$\frac{Y_{F1}Y_{S1}}{[\sigma_{F1}]}$与$\frac{Y_{F2}Y_{S2}}{[\sigma_{F2}]}$中的较大者进行计算，求得的模数应圆整为标准值。

5. 齿轮的许用应力

1）许用接触应力$[\sigma_H]$

许用接触应力的计算公式为

$$[\sigma_H]=\frac{\sigma_{Hlim}Z_{NT}}{S_H}$$

式中：σ_{Hlim}为齿面接触疲劳强度极限应力（MPa），一般齿轮选用调质处理钢，其值可查图2-2-23；S_H为齿面接触疲劳强度的最小安全系数，其值可查表2-2-10；Z_{NT}为接触疲劳寿命系数，其值可查图2-2-24。图2-2-24中的N为应力循环次数，$N=60nrt_h$，其中n为齿轮的转速；r为齿轮每转一圈齿面啮合的次数；t_h为齿轮的总工作小时数。

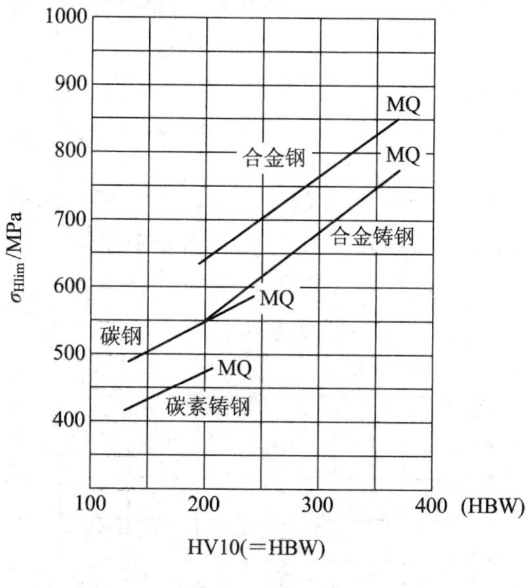

图2-2-23　调质处理钢齿面接触疲劳强度极限应力

表2-2-10　最小安全系数S_H、S_F

可靠度	S_H	S_F
最高可靠度(99.99%)	1.50～1.60	2.0
较高可靠度(99.9%)	1.25～1.30	1.6
一般可靠度(99%)	1.00～1.10	1.25

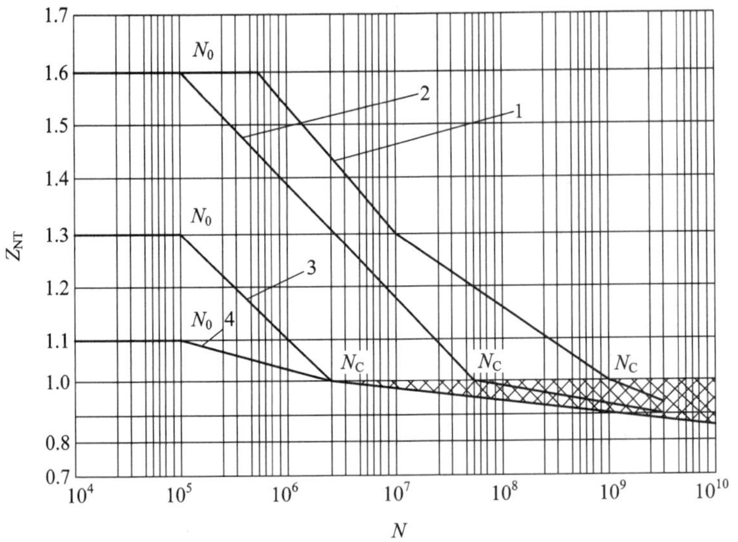

1—允许一定点蚀时的结构钢、调质钢、球墨铸铁(珠光体、贝氏体)、珠光体可锻铸铁、渗碳淬火钢的渗碳钢；2—材料同1，不允许出现点蚀，火焰或感应淬火的钢；3—灰铸铁、球墨铸铁(铁素体)、渗氮的渗氮钢、调质钢、渗碳钢；4—碳氮共渗的调质钢、渗碳钢。

图 2-2-24 接触疲劳寿命系数 Z_{NT}

2）许用弯曲应力$[\sigma_F]$

许用弯曲应力的计算公式为

$$[\sigma_F]=\frac{\sigma_{Flim}Y_{ST}Y_{NT}}{S_F}$$

式中：σ_{Flim}为齿根弯曲疲劳强度极限应力(MPa)，调质处理钢的齿根弯曲疲劳强度极限应力可查图 2-2-25；S_F 为齿轮弯曲疲劳强度的最小安全系数，其值可查表 2-2-10；Y_{ST} 为齿轮的应力修正系数，其值为 2；Y_{NT} 为弯曲疲劳寿命系数，其值可查图 2-2-26。图 2-2-26 中 N 与图 2-2-24 中 N 的计算方法相同。

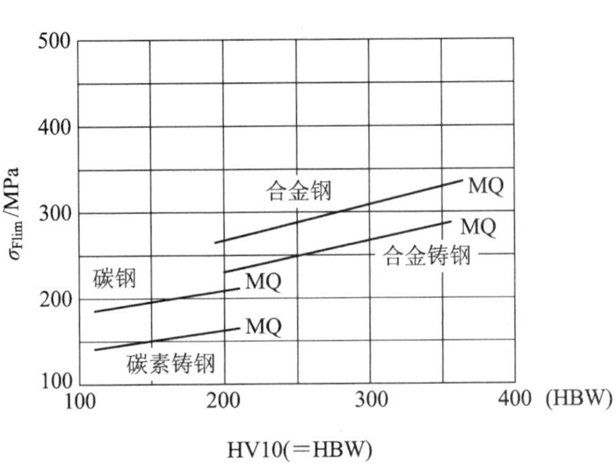

图 2-2-25 调质处理钢的齿根弯曲疲劳强度极限应力

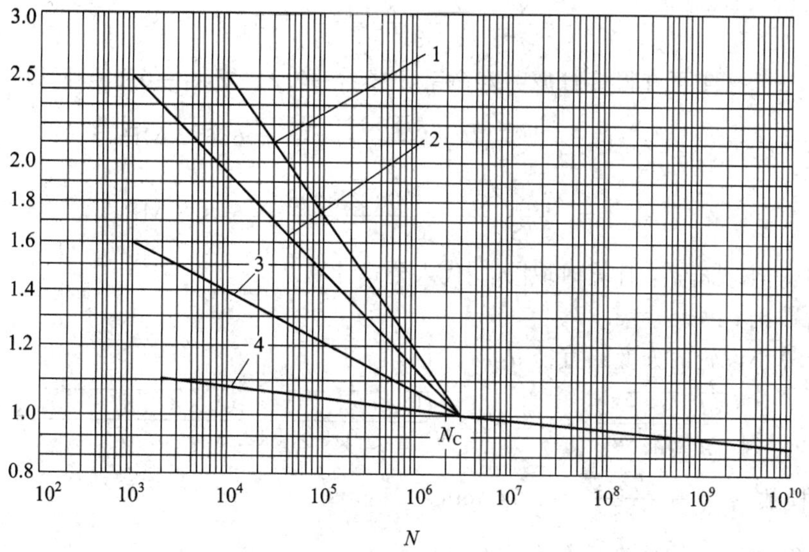

1—调质钢、球墨铸铁(珠光体、贝氏体)、珠光体可锻铸铁；

2—渗碳淬火的渗碳钢、火焰或感应淬火的钢、球墨铸铁；

3—渗氮的渗氮钢、球墨铸铁(铁素体)、结构钢、灰铸铁；4—碳氮共渗的调质钢、渗碳钢。

图 2-2-26　弯曲疲劳寿命系数 Y_{NT}

例 2-2　设计带式运输机用双级直齿圆柱齿轮减速器中的高速级齿轮传动。已知：传递功率 $P=7.5$ kW，小齿轮转速 $n_1=1450$ r/min，传动比 $i=3.35$，电动机驱动，工作寿命为 10 年，每年工作 300 天，两班制工作，小齿轮相对轴承为不对称布置。

解　设计步骤如下：

(1) 确定齿轮的材料、热处理方法、精度等级及齿数。

根据题意要求，该齿轮传动的功率不大，所以两齿轮都选用软齿面。选小齿轮为 40Cr 钢调质处理，齿面硬度为 270HBW；大齿轮为 45 钢调质处理，齿面硬度为 240HBW。精度等级选 7 级。

根据齿轮齿数的要求，取 $z_1=30$，则 $z_2=iz_1=3.35\times30=100.5$，故取 $z_2=101$，则实际传动比为

$$i_0=\frac{z_2}{z_1}=\frac{101}{30}=3.37$$

(2) 按齿面接触疲劳强度设计计算。

① 选择载荷系数 K，查表 2-2-7，取 $K=1.35$。

② 小齿轮的转矩为

$$T_1=9.55\times10^6\times\frac{P}{n_1}=9.55\times10^6\times\frac{7.5}{1450}=4.94\times10^4\ \text{N}\cdot\text{mm}$$

③ 选齿宽系数 ψ_d：查表 2-2-5，取 $\psi_d=0.9$。

④ 确定齿面许用接触应力$[\sigma_H]$：由图 2-2-23 可得齿面接触疲劳强度极限应力 $\sigma_{H1lim}=730$ MPa，$\sigma_{H2lim}=560$ MPa。查表 2-2-10，可得齿面接触疲劳强度的最小安全系数 $S_H=1$。

计算应力循环次数 N：

$$N_1=60n_1rt_h=60\times1450\times1\times(16\times300\times10)=4.18\times10^9$$

$$N_2=\frac{N_1}{i}=\frac{4.18\times10^9}{3.37}=1.24\times10^9$$

由图 2-2-24 可查得接触疲劳寿命系数 $Z_{NT1}=0.94$，$Z_{NT2}=0.98$，所以

$$[\sigma_{H1}]=\frac{\sigma_{H1\lim}Z_{NT1}}{S_H}=\frac{730\times0.94}{1}=686.2\ \text{MPa}$$

$$[\sigma_{H2}]=\frac{\sigma_{H2\lim}Z_{NT2}}{S_H}=\frac{560\times0.98}{1}=548.8\ \text{MPa}$$

由于$[\sigma_{H1}]>[\sigma_{H2}]$，计算时取$[\sigma_{H2}]$代入公式计算。

⑤ 齿数比 u：$u=i=3.37$。

⑥ 计算小齿轮的分度圆直径 d_1：

$$d_1\geqslant76.43\sqrt[3]{\frac{KT_1(u+1)}{\psi_d[\sigma_H]^2u}}=76.43\times\sqrt[3]{\frac{1.35\times4.94\times10^4\times(3.37+1)}{0.9\times548.8^2\times3.37}}=52.22\ \text{mm}$$

则齿轮的模数 $m=\frac{d_1}{z_1}=\frac{52.22}{30}=1.74$ mm。

查表 2-2-1，取标准模数 $m=2$ mm。

(3) 齿轮几何尺寸的计算：

$$d_1=mz_1=2\times30=60\ \text{mm}$$
$$d_2=mz_2=2\times101=202\ \text{mm}$$
$$h_a=h_a^*m=2\ \text{mm}$$
$$h_f=(h_a^*+c^*)m=2.5\ \text{mm}$$
$$d_{a1}=(z_1+2h_a^*)m=64\ \text{mm}$$
$$d_{a2}=(z_2+2h_a^*)m=206\ \text{mm}$$
$$d_{f1}=(z_1-2h_a^*-2c^*)m=55\ \text{mm}$$
$$d_{f2}=(z_2-2h_a^*+2c^*)m=197\ \text{mm}$$
$$p=\pi m=6.28\ \text{mm}$$
$$s=e=\frac{\pi m}{2}=3.14\ \text{mm}$$
$$a=\frac{m}{2}(z_1+z_2)=131\ \text{mm}$$
$$b=\psi_d\times d_1=0.9\times60=54\ \text{mm}$$

取 $b_2=55$ mm，$b_1=b_2+(5\sim10)$，故取 $b_1=60$ mm。

(4) 用齿根弯曲疲劳强度校核。

① 确定齿形修正系数 Y_F 和应力修正系数 Y_S：查表 2-2-9，取 $Y_{F1}=2.54$，$Y_{S1}=1.63$，$Y_{F2}=2.18$，$Y_{S1}=1.8$。

② 确定齿根许用弯曲应力$[\sigma_F]$：查图 2-2-25，可得齿根弯曲疲劳强度极限应力 $\sigma_{F1\lim}=300$ MPa，$\sigma_{F2\lim}=220$ MPa。查表 2-2-10，可得齿根弯曲疲劳强度的最小安全系数 $S_F=1.25$。查图 2-2-26，可得 $Y_{NT1}=0.83$，$Y_{NT2}=0.89$。所以

$$[\sigma_{F1}]=\frac{\sigma_{F1\lim}Y_{ST}Y_{NT1}}{S_F}=\frac{300\times2\times0.83}{1.25}=398.4\ \text{MPa}$$

$$[\sigma_{F2}]=\frac{\sigma_{F2\lim}Y_{ST}Y_{NT2}}{S_F}=\frac{220\times2\times0.89}{1.25}=313.28\ \text{MPa}$$

③ 校核齿根弯曲疲劳强度。

$$\sigma_{F1}=\frac{2KT_1}{bm^2z_1}Y_{F1}Y_{S1}=\frac{2\times1.35\times4.94\times10^4}{55\times2^2\times30}\times2.54\times1.63=83.67\ \text{MPa}<[\sigma_{F1}]$$

$$\sigma_{F2}=\frac{2KT_1}{bm^2z_1}Y_{F2}Y_{S2}=\sigma_{F1}\frac{Y_{F2}Y_{S2}}{Y_{F1}Y_{S1}}=79.30\ \text{MPa}\leqslant[\sigma_{F2}]$$

所以齿根弯曲疲劳强度足够。

(5) 验算齿轮圆周速度 v：

$$v=\frac{\pi n_1 d_1}{60\times1000}=\frac{3.14\times1450\times60}{60\times1000}=4.55\ \text{m/s}$$

查表 2-2-6，可知 $v<10$ m/s，选 7 级精度合适。

(6) 绘制齿轮零件图。

略。

实例分析

某国产机床的传动系统，需要更换一个损坏的齿轮。测得其齿数 $z=24$，齿顶圆直径 $d_a=77.95$ mm，已知为正常齿制，试计算齿轮的模数和主要尺寸。

解　国产机床的齿轮为标准齿轮，故齿轮的压力角为 20°，正常齿制，可知 $h_a^*=1.0$，$c^*=0.25$。

(1) 计算齿轮的模数：

$$m=\frac{d_a}{z+2h_a^*}=\frac{77.95}{24+2\times1}\ \text{mm}=2.998\ \text{mm}$$

查表 2-2-1 并圆整为标准值，取 $m=3$ mm。

(2) 计算齿轮主要尺寸：

$$d=mz=3\times24\ \text{mm}=72\ \text{mm}$$

$$d_a=m(z+2h_a^*)=3\times(24+2)\ \text{mm}=78\ \text{mm}$$

$$d_f=m(z-2h_a^*-2c^*)=3\times(24-2.5)\text{mm}=64.5\ \text{mm}$$

$$p=\pi m=3.14\times3\ \text{mm}=9.42\ \text{mm}$$

$$s=e=\frac{\pi m}{2}=\frac{3.14}{2}\times3\ \text{mm}=4.71\ \text{mm}$$

任务小结

1. 齿轮传动的设计准则

(1) 在闭式软齿面齿轮传动中：设计时应先按齿面接触疲劳强度进行设计计算，得到齿轮传动的主要几何尺寸后，再按齿根弯曲疲劳强度进行校核。

(2) 在闭式硬齿面齿轮传动中：设计时应先按齿根弯曲疲劳强度进行设计计算，得到齿轮传动的主要几何尺寸后，再按齿面接触疲劳强度进行校核。

(3) 在开式齿轮传动中：设计时只按齿根弯曲疲劳强度进行设计计算，确定齿轮的模数，考虑到磨损的影响，将模数加大 10%～20%，后不需进行齿面接触疲劳强度校核。

2. 直齿圆柱齿轮传动的设计方法

相关设计方法可参照例 2－2。

任务六　斜齿圆柱齿轮传动

任务导入

由二维码中实例可知，斜齿圆柱齿轮传动也可以用来传递两平行轴之间的运动和动力。那么，它与直齿圆柱齿轮传动有什么不同呢？

双级斜齿圆柱齿轮减速器

任务实施

假设把直齿轮切成等宽的齿轮薄片，并将每片依次旋转过一个角度，这样就得到了一个类似阶梯的齿轮，假想把齿轮片切得很薄，片数无限增多，那样就形成了视频中看到的斜齿轮。

1. 斜齿圆柱齿轮传动的啮合特点

轮齿沿螺旋线方向排列在圆柱体上的齿轮称为斜齿圆柱齿轮，简称为斜齿轮，如图 2－2－27(a)所示，图 2－2－27(b)所示为一对互相啮合的斜齿圆柱齿轮。

(a) 斜齿轮齿形　　(b) 斜齿轮啮合传动

图 2－2－27　斜齿轮

一对直齿圆柱齿轮啮合传动时，齿面接触线与其轴线平行，如图 2－2－28(a)所示，轮

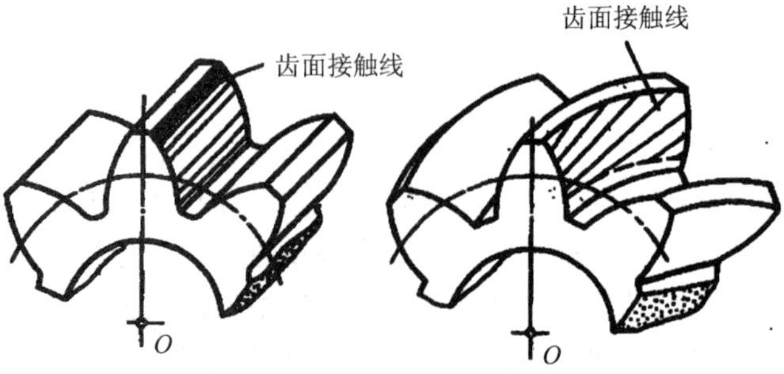

(a) 直齿轮　　(b) 斜齿轮

图 2－2－28　圆柱齿轮啮合特点

齿沿整个齿宽同时进入啮合或退出啮合，传动的平稳性较差，容易引起冲击、振动和噪声，所以一般不适用于高速、重载的传动。斜齿圆柱齿轮啮合传动时，齿面接触线相对于其轴线倾斜，如图 2-2-28(b)所示，齿廓是逐渐进入啮合或逐渐退出啮合的。啮合线的长度由零逐渐增加，然后又逐渐缩短，直至脱离啮合。因此斜齿轮传动平稳性较好、重合度大、噪声和冲击小、承载能力强，适用于高速和大功率的传动。

2. 斜齿圆柱齿轮的基本参数和几何尺寸

斜齿圆柱齿轮有端面(垂直于轴线的平面)参数和法面(垂直于齿廓螺旋线的平面)参数两种。其端面齿廓是标准的渐开线，有关的几何尺寸都在端面计算。但加工斜齿轮时，刀具沿轮齿方向切削，刀具的截面形状与其法面齿形相同，所以通常把其法面参数作为标准参数。法面参数用下标 n 标注，端面参数用下标 t 标注。

1) 基本参数

(1) 螺旋角 β：图 2-2-29 所示为斜齿圆柱齿轮的分度圆柱展开图。螺旋线展开为一条斜直线，其与轴线之间所夹的角 β 称为分度圆柱上的螺旋角，简称为螺旋角。通常用分度圆柱上的螺旋角 β 来进行几何尺寸的计算。螺旋角 β 越大，轮齿越倾斜，重合度越大，传动的平稳性越好，但轴向力也越大。螺旋角是斜齿轮的一个重要的参数，一般取 $\beta=8°\sim20°$。

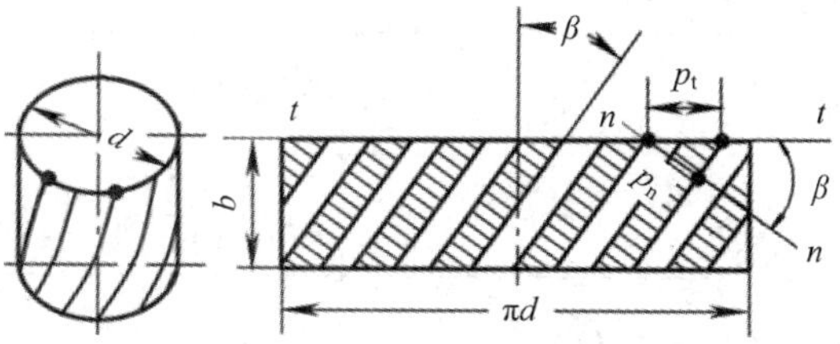

图 2-2-29　斜齿轮分度圆柱展开图

按照螺旋线方向的不同，斜齿轮可分为左旋和右旋两种。判断方法是：将斜齿轮的轴线铅垂放置，若螺旋线向右上倾斜即为右旋，向左上倾斜即为左旋。

(2) 模数：斜齿轮的法面模数 m_n 为标准值，与直齿圆柱齿轮的模数标准值相同，取表 2-2-1 中的标准值。其端面模数和法面模数的关系为

$$m_t=\frac{m_n}{\cos\beta} \tag{2-2-18}$$

(3) 压力角：端面压力角和法面压力角的关系为

$$\tan\alpha_t=\frac{\tan\alpha_n}{\cos\beta} \tag{2-2-19}$$

标准斜齿轮的法面压力角 $\alpha_n=20°$。

(4) 齿顶高系数和顶隙系数：轮齿的齿顶高和顶隙在端面和法面相等，所以有

$$h_a=h_{an}^*\times m_n=h_{at}^*\times m_t \tag{2-2-20}$$

$$c=c_n^*\times m_n=c_t^*\times m_t \tag{2-2-21}$$

将式(2-2-20)和(2-2-21)代入式(2-2-18)，得

$$h_{at}^*=h_{an}^*\times\cos\beta,\quad c_t^*=c_n^*\times\cos\beta$$

对于标准斜齿圆柱齿轮，$h_{an}^*=1$，$c_n^*=0.25$。

2) 几何尺寸的计算

外啮合斜齿圆柱齿轮传动几何尺寸的计算公式如表 2-2-11 所示。

表 2-2-11 外啮合斜齿圆柱齿轮传动的几何尺寸计算公式 mm

名称	符号	计 算 公 式
分度圆直径	d	$d_1=\frac{m_n z_1}{\cos\beta}$，$d_2=\frac{m_n z_2}{\cos\beta}$
齿顶高	h_a	$h_a=h_{an}^* m_n$
齿根高	h_f	$h_f=(h_{an}^*+c_n^*)m_n$
全齿高	h	$h=(2h_{an}^*+c_n^*)m_n$
齿顶圆直径	d_a	$d_{a1}=\left(\frac{z_1}{\cos\beta}+2h_{an}^*\right)m_n$，$d_{a2}=\left(\frac{z_2}{\cos\beta}+2h_{an}^*\right)m_n$
齿根圆直径	d_f	$d_{f1}=\left(\frac{z_1}{\cos\beta}-2h_{an}^*-2c_n^*\right)m_n$，$d_{f2}=\left(\frac{z_2}{\cos\beta}-2h_{an}^*-2c_n^*\right)m_n$
基圆直径	d_b	$d_{b1}=d_1\cos\alpha_t$，$d_{b2}=d_2\cos\alpha_t$
端面齿距	p_t	$p_t=\frac{\pi m_n}{\cos\beta}$
端面齿厚	s_t	$s_t=\frac{\pi m_n}{2\cos\beta}$
中心距	a	$a=\frac{m_n}{2\cos\beta}(z_2+z_1)$

3. 斜齿圆柱齿轮正确啮合的条件

一对外啮合的斜齿圆柱齿轮正确啮合的条件为：两轮的法面模数和法面压力角分别相等，且两轮螺旋角大小相等，旋向相反，即

$$m_{n1}=m_{n2}$$

$$\alpha_{n1}=\alpha_{n2}$$

$$\beta_1=-\beta_2$$

4. 斜齿圆柱齿轮的受力分析

一对外啮合的斜齿圆柱齿轮传动中，主动轮轮齿的受力情况如图 2-2-30 所示。

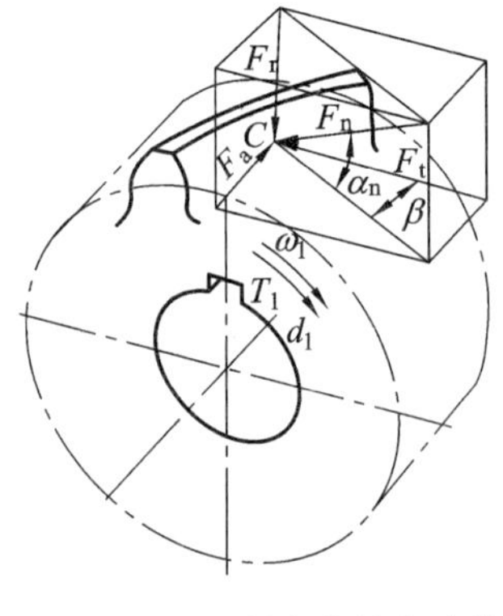

图 2-2-30 斜齿轮的主动轮轮齿受力分析

忽略摩擦力，作用在轮齿上的法向力 F_n 可分解为相互垂直的 3 个分力：圆周力 F_t、径向力 F_r 和轴向力 F_a。各力表示为

$$F_t=\frac{2T_1}{d_1} \tag{2-2-22}$$

$$F_r=\frac{F_t\tan\alpha_n}{\cos\beta} \tag{2-2-23}$$

$$F_a=F_t\tan\beta \tag{2-2-24}$$

式中：T_1 为主动轮的转矩(N·mm)，计算公式与直齿圆柱齿轮中的计算公式相同；d_1 为主动轮分度圆直径(mm)；β 为分度圆柱螺旋角；α_n 为法面压力角，标准斜齿轮的 $\alpha_n=20°$。

主、从动轮上的圆周力、径向力和轴向力对应大小相等、方向相反。各力方向的确定方法为：主动轮上的圆周力方向与其转向相反，从动轮上的圆周力方向与其转向相同；两轮的径向力分别指向各自的轮心；两轮的轴向力采用"主动轮左、右手定则"来判断，即主动轮右旋用右手，主动轮左旋用左手，四指弯曲方向为主动轮的转向，则大拇指指向为主动轮所受的轴向力方向，从动轮所受的轴向力与主动轮所受的轴向力方向相反，如图 2-2-31 所示。

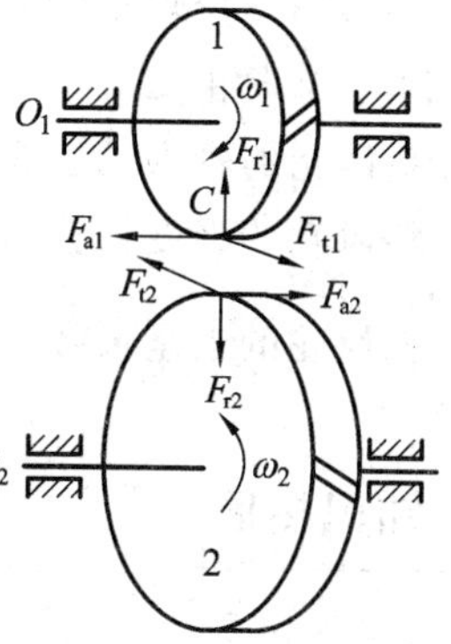

图 2-2-31　外啮合斜齿轮的受力方向

5. 斜齿圆柱齿轮的齿面接触疲劳强度计算

斜齿圆柱齿轮传动的强度计算方法与直齿圆柱齿轮相似，但由于斜齿轮的重合度大，齿面接触线是倾斜的，故其接触应力和弯曲应力都比直齿轮有所降低。其强度计算公式如下：

齿面接触疲劳强度的校核公式为

$$\sigma_H = 3.17Z_E\sqrt{\frac{KT_1(u\pm1)}{bd_1^2u}} \leqslant [\sigma_H] \tag{2-2-25}$$

齿面接触疲劳强度的设计公式为

$$d_1 \geqslant \sqrt[3]{\frac{KT_1(u\pm1)}{\psi_d[\sigma_H]^2u}\cdot(3.17Z_E)^2} \tag{2-2-26}$$

齿根弯曲疲劳强度的校核公式为

$$\sigma_F = \frac{1.6KT_1\cos\beta}{bm_n^2z_1}Y_FY_S \leqslant [\sigma_F] \tag{2-2-27}$$

齿根弯曲疲劳强度的设计计算公式为

$$m_n \geqslant 1.17\sqrt[3]{\frac{KT_1\cos^2\beta}{\psi_d z_1^2}\cdot\frac{Y_FY_S}{[\sigma_F]}} \tag{2-2-28}$$

斜齿轮传动的参数选择原则与直齿轮传动基本相同。齿形修正系数 Y_F 和应力修正系数 Y_S 应按斜齿轮的当量齿数 z_v 由表 2-2-9 选取。

斜齿圆柱齿轮传动的设计方法和参数选择与直齿圆柱齿轮传动相同。

任务小结

(1) 斜齿圆柱齿轮传动的优点：传动平稳、重合度大、噪声和冲击小、承载能力强。

(2) 斜齿圆柱齿轮的基本参数和几何尺寸计算：斜齿轮有端面参数和法面参数两种，法面参数为其标准参数。端面参数用下标 t 表示，法面参数用下标 n 表示。

几何尺寸的计算公式如表 2-2-11 所示。

(3) 斜齿圆柱齿轮正确啮合的条件是两轮的法面模数和压力角分别相等，且两轮螺旋角大小相等、旋向相反。

(4) 斜齿轮的轮齿沿法线方向受力。

(5) 斜齿轮的强度计算与直齿轮相似。

(6) 斜齿轮的当量齿数 $z_v = \frac{z}{\cos^3\beta}$。

知识拓展

斜齿圆柱齿轮的当量齿轮与当量齿数

加工和检测斜齿轮都是以其法面齿形为基准。为了便于分析和理解，通常采用近似方法，虚拟一个与斜齿轮的法面齿形最接近的直齿轮，该直齿轮称为对应斜齿轮的当量齿轮。当量齿轮的齿数称为该斜齿轮的当量齿数，用 z_v 表示，且有

$$z_v = \frac{z}{\cos^3\beta} \tag{2-2-29}$$

因为斜齿轮的当量齿数 z_v 是近似值，不是它的实际齿数，可以不是整数。加工中选择铣刀或计算轮齿的弯曲强度时，需用当量齿数 z_v。

用展成法加工标准斜齿轮时，由公式(2-2-29)可得不产生根切的最少齿数为

$$z_{min} = z_{vmin}\cos^3\beta = 17\cos^3\beta < 17$$

可见，标准斜齿圆柱齿轮不发生根切的最少齿数比标准直齿圆柱齿轮少，其结构比直齿圆柱齿轮紧凑。

任务七 圆锥齿轮传动及蜗杆传动简介

任务导入

前面学过的带传动、链传动和圆柱齿轮传动几乎都是用来传递平行轴之间的运动和动力的。那么，如何实现相交轴或交错轴之间的运动和动力的传递呢？扫描下面的二维码，看两个图例。

直齿圆锥齿轮传动 1　　直齿圆锥齿轮传动 2　　蜗杆传动机构

从图例可知，圆锥齿轮传动可以实现相交轴之间运动和动力的传递，蜗杆传动可以实现交错轴之间运动和动力的传递。

任务实施

1. 圆锥齿轮传动的特点和类型

圆锥齿轮又叫伞齿轮，圆锥齿轮传动用于传递两相交轴之间的运动和动力，两轴的交角 Σ 可为任意值，一般机械中取 $\Sigma=90^\circ$，如图 2－2－32 所示。

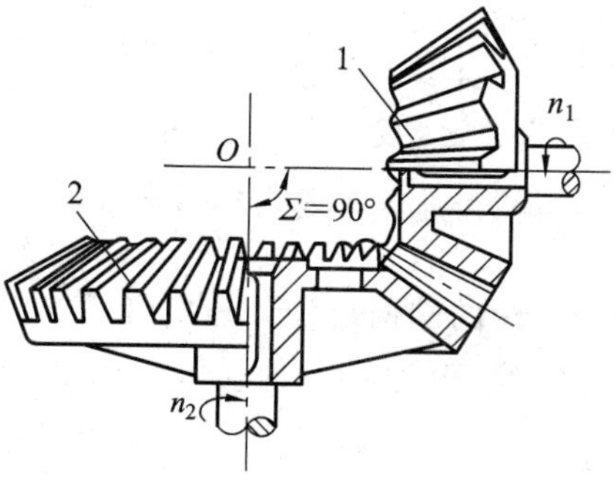

图 2－2－32　圆锥齿轮传动

圆锥齿轮的轮齿有直齿、斜齿和曲齿三种类型，其中直齿圆锥齿轮因设计、制造和安装简单而被广泛应用在低速、轻载的场合。本节只介绍直齿圆锥齿轮传动。

图 2－2－33(a)所示为一直齿圆锥齿轮，由于轮齿分布在圆锥面上，所以齿形从大端到小端逐渐缩小。圆锥齿轮有分度圆锥、齿顶圆锥和齿根圆锥，各圆锥的锥底圆分别称为圆锥齿轮的分度圆(直径为 d)、齿顶圆(直径为 d_a)和齿根圆(直径为 d_f)，如图 2－2－33(b)所示。

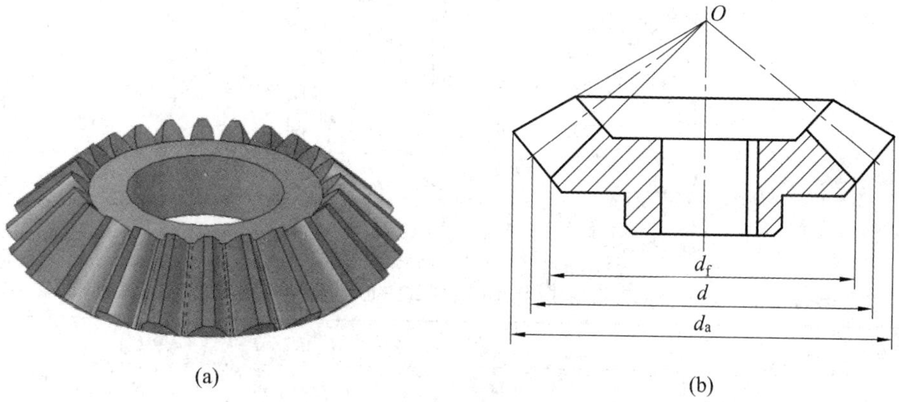

(a)　(b)

图 2－2－33　直齿圆锥齿轮

分度圆锥母线长度称为锥距，用 R 表示。

分度圆锥母线与轴线间的夹角称为分度圆锥角，用 δ 表示。

2. 直齿圆锥齿轮的基本参数和几何尺寸

1) 基本参数

对于直齿圆锥齿轮，为了便于计算和测量，规定以大端参数为标准值。如大端的压力

角 $\alpha=20°$，齿顶高系数 $h_a^*=1$，顶隙系数 $c^*=0.2$，大端模数为标准值，其值如表 2-2-12 所示。

表 2-2-12 直齿圆锥齿轮模数系列(GB 12368—1990) mm

0.1	0.12	0.15	0.2	0.25	0.3	0.35	0.4	0.5	0.6
0.7	0.8	0.9	1	1.125	1.25	1.375	1.5	1.75	2
2.25	2.5	2.75	3	3.25	3.5	3.75	4	4.5	5
5.5	6	6.5	7	8	9	10	11	12	14
16	18	20	22	25	28	30	32	36	40
45	50								

2) 几何尺寸的计算

圆锥齿轮的几何尺寸均指大端的端面尺寸。图 2-2-34 所示为一对互相啮合的标准直齿圆锥齿轮传动，其轴交角为 $\Sigma=90°$。两轮的几何尺寸计算公式如表 2-2-13 所示。

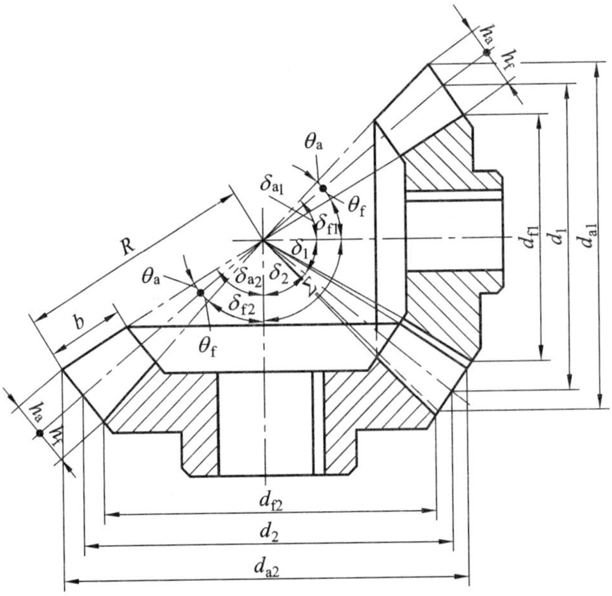

图 2-2-34 直齿圆锥齿轮传动的基本几何尺寸

表 2-2-13 标准直齿圆锥齿轮传动的几何尺寸计算公式($\Sigma=90°$) mm

名称	代号	计算公式	
		小齿轮	大齿轮
大端模数	m	按 GB 12368—1990 取标准值	
分度圆锥角	δ	$\delta_1=\arctan\dfrac{z_1}{z_2}$	$\delta_2=90°-\delta_1$
分度圆直径	d	$d_1=mz_1$	$d_2=mz_2$
齿顶高	h_a	$h_a=h_a^* m=m$	
齿根高	h_f	$h_f=(h_a^*+c^*)m=1.2m$	

续表

名称	代号	计算公式	
		小齿轮	大齿轮
齿顶圆直径	d_a	$d_{a1}=d_1+2h_a\cos\delta_1$	$d_{a2}=d_2+2h_a\cos\delta_2$
齿根圆直径	d_f	$d_{f1}=d_1-2h_f\cos\delta_1$	$d_{f2}=d_2-2h_f\cos\delta_2$
锥距	R	$R=\frac{m}{2}\sqrt{z_1^2+z_2^2}$	
齿顶角	θ_a	$\theta_{a1}=\theta_{a2}=\arctan\frac{h_a}{R}$	
齿根角	θ_f	$\theta_{f1}=\theta_{f2}=\arctan\frac{h_f}{R}$	
齿宽	b	$b=(0.25\sim0.3)R$	

注：$h_a^*=1$，$c^*=0.2$。

3. 直齿圆锥齿轮的背锥和当量齿数

图 2-2-35 所示为直齿圆锥齿轮的轴剖面，$\triangle OAB$ 为其分度圆锥。过分度圆锥上的 A 点作球面的切线 AO'，与轴线交于 O' 点。以 OO' 为轴，$O'A$ 为母线作一圆锥 $AO'B$，此圆锥称为背锥。直齿圆锥齿轮大端上的齿形可用背锥上的齿形来代替。若将背锥展成平面，可得一扇形齿轮。

图 2-2-36 所示为两圆锥齿轮的背锥展开图，扇形齿轮上的齿数就是圆锥齿轮的齿数。将扇形齿轮补充完整，则得一模数和压力角均与锥齿轮大端模数和压力角相同的直齿圆柱齿轮，其齿形十分近似于该圆锥齿轮大端齿形，称其为圆锥齿轮的当量齿轮，其齿数称为圆锥齿轮的当量齿数，用 z_v 表示，即

$$z_v=\frac{z}{\cos\delta} \qquad (2-2-30)$$

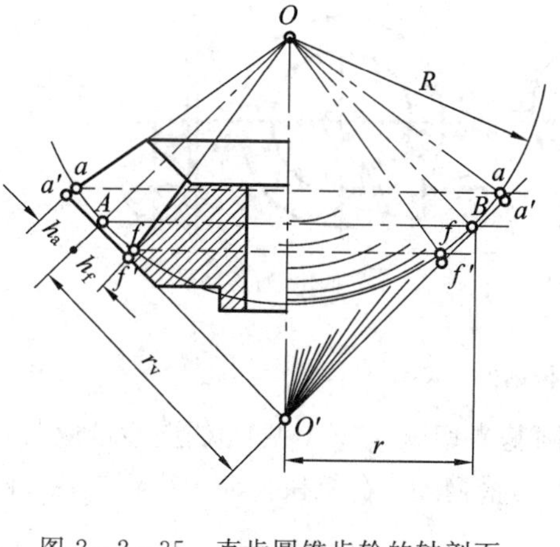

图 2-2-35　直齿圆锥齿轮的轴剖面

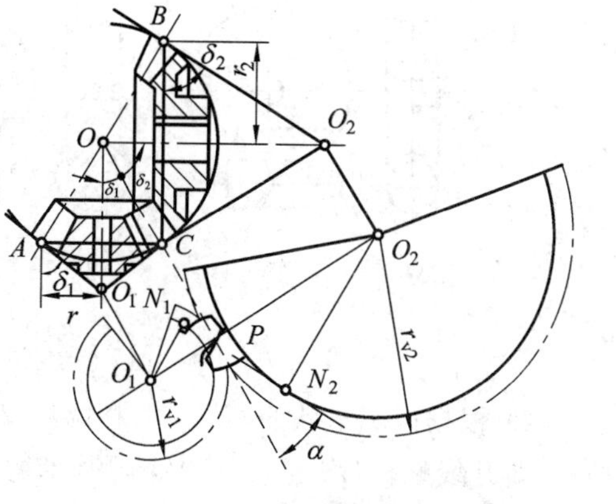

图 2-2-36　圆锥齿轮的当量齿轮

用展成法加工直齿圆锥齿轮时，不产生根切的最少齿数为

$$z_{min}=z_{vmin}\cos\delta=17\cos\delta<17$$

4. 直齿圆锥齿轮正确啮合的条件

一对直齿圆锥齿轮的啮合相当于其当量直齿圆柱齿轮的啮合，故其正确啮合的条件是：两圆锥齿轮大端的模数和压力角分别相等，锥距相等。

5. 传动比

一对轴交角 $\Sigma=90°$的圆锥齿轮传动，其传动比为

$$i_{12}=\frac{\omega_1}{\omega_2}=\frac{z_2}{z_1} \tag{2-2-31}$$

6. 蜗杆传动简介

1) 蜗杆传动的组成

蜗杆传动是由蜗杆和蜗轮组成的，用来传递空间两交错轴之间的运动和动力，如图 2-2-37 所示。通常两轴交错角为 90°，蜗杆像个圆柱形螺旋，是主动件，蜗轮像个斜齿轮，是从动件。蜗杆传动广泛应用于传动比较大而功率较小的场合，如各种机器和仪表设备中。

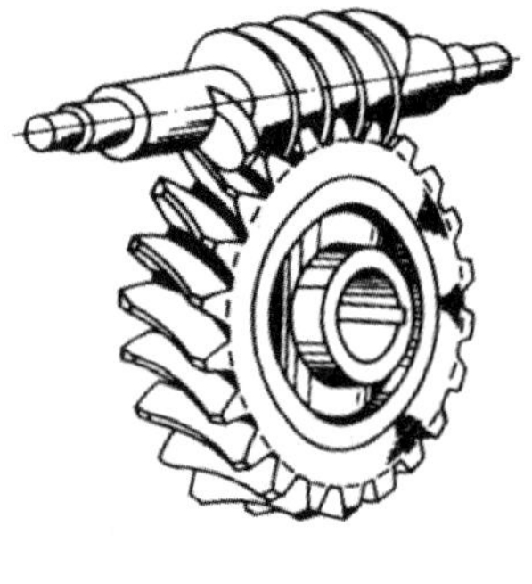

图 2-2-37 蜗杆传动

2) 蜗杆传动的特点

与其他机械传动相比，蜗杆传动特点为：传动比大，结构紧凑；在动力传动中一般传动比 $i=8\sim100$，在分度机构中传动比 i 可达 1000；传动平稳，噪声低；在一定条件下可以自锁；传动效率低，一般 $\eta=0.7\sim0.9$，自锁时 $\eta<0.5$；蜗杆轴向力较大，磨损严重，易发热；蜗轮造价较高。

3) 蜗杆传动的类型

蜗杆传动的分类方式很多，常见的分类方式有如下几种。

(1) 根据蜗杆形状不同，蜗杆传动可分为圆柱蜗杆传动、环面蜗杆传动和锥面蜗杆传动，如图 2-2-38 所示。其中，应用最广泛的是圆柱蜗杆传动。

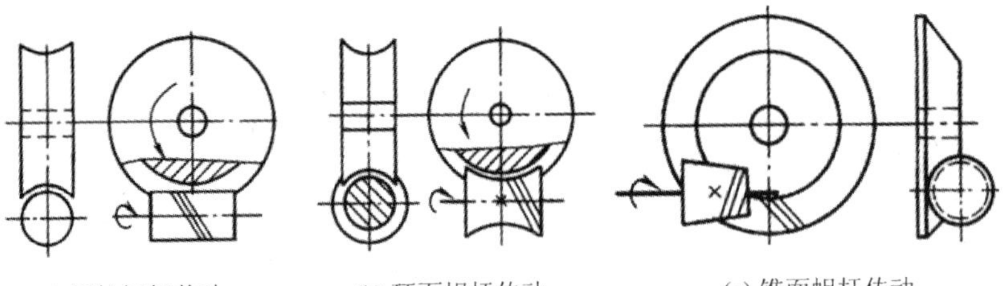

(a) 圆柱蜗杆传动　(b) 环面蜗杆传动　(c) 锥面蜗杆传动

图 2-2-38 蜗杆传动的类型

(2) 根据齿廓形状的不同，圆柱蜗杆又分为阿基米德蜗杆(ZA 型)、法向直廓蜗杆(ZN 型)和渐开线蜗杆(ZI 型)。其中，阿基米德蜗杆加工最简便，在机械传动中广泛应用。阿基米德蜗杆传动又称为普通圆柱蜗杆传动。

(3) 根据蜗杆旋向的不同，蜗杆分为右旋蜗杆和左旋蜗杆，判断方法同斜齿轮旋向的判断。

4）传动比 i、蜗杆头数 z_1 和蜗轮齿数 z_2

减速蜗杆传动中，蜗杆为主动件，传动比 i 为

$$i_{12}=\frac{n_1}{n_2}=\frac{z_2}{z_1} \tag{2-2-32}$$

式中：n_1、n_2 分别为蜗杆、蜗轮的转速(r/min)；z_1 为蜗杆的头数；z_2 为蜗轮的齿数。

蜗杆头数就是蜗杆螺旋线的条数。蜗杆头数的推荐值为 $z_1=1$、2、4、6。当要求传递大传动比或大转矩时，z_1 取小值；要求传动自锁时，z_1 取 1；要求传动效率高或传动速度高时，z_1 取大值。

蜗轮齿数 $z_2=iz_1$，蜗杆传动中通常取 $z_2=29\sim63$。z_2 过少，加工中将会产生根切现象；z_2 过多，蜗杆跨度会增大，从而影响轴的刚度和蜗杆传动的啮合精度。

5）蜗轮转向的判定

蜗杆传动时，蜗轮的转向可以按照蜗杆的旋向和其旋转方向，用左、右手定则判定。

判定方法：蜗杆为右旋时，伸出右手，用四指顺着蜗杆的旋转方向抓握，大拇指指向的相反方向即为蜗轮在啮合点的线速度方向；蜗杆为左旋时，则用左手按相同的方法判定蜗轮转向。

6）蜗杆和蜗轮材料的选择

蜗杆和蜗轮的材料不但要具有足够的强度，还要有良好的减摩性、耐磨性和抗胶合能力。

（1）蜗杆常用材料为碳钢或合金钢。

（2）蜗轮常用材料为铸锡青铜、铸铝铁青铜或灰铸铁。

任务小结

（1）圆锥齿轮传动的特点和类型：圆锥齿轮传动用于相交轴之间运动和动力的传递，轴交角一般为 90°；圆锥齿轮的轮齿有直齿、斜齿和曲齿三种类型，圆锥齿轮的旋向有左旋和右旋之分。

（2）直齿圆锥齿轮的基本参数和几何尺寸计算：规定以大端参数为标准值。几何尺寸计算如表 2-2-13 所示。

（3）圆锥齿轮的当量齿数：$z_v=\dfrac{z}{\cos\delta}$。

（4）两圆锥齿轮的正确啮合条件：大端的模数和压力角分别相等，锥距相等。

（5）圆锥齿轮传动的传动比：$i_{12}=\dfrac{z_2}{z_1}$。

（6）蜗杆传动的组成：由蜗杆和蜗轮组成，一般蜗杆为主动件。

（7）蜗杆传动的传动比：$i_{12}=\dfrac{z_2}{z_1}$。

（8）蜗轮转向的判定：蜗杆传动时，蜗轮的转向可以按照蜗杆的旋向和其旋转方向用左、右手定则判定。

知识拓展

标准直齿圆锥齿轮的受力分析和强度计算

1. 受力分析

图 2-2-39(a)所示为标准直齿圆锥齿轮轮齿的受力情况。设法向力 F_n 集中作用在分度圆锥的齿宽中点上。忽略摩擦力，F_n 可分解为三个相互垂直的分力，即圆周力 F_t、径向力 F_r 和轴向力 F_a。小圆锥齿轮上各分力为

$$F_{t1} = \frac{T_1}{d_{m1}} \tag{2-2-33}$$

$$F_{r1} = F_{t1}\tan\alpha\cos\delta_1 \tag{2-2-34}$$

$$F_{a1} = F_{t1}\tan\alpha\sin\delta_1 \tag{2-2-35}$$

式中：T_1 为小圆锥齿轮所传递的转矩(N·mm)；δ_1 为小圆锥齿轮分度圆锥角(°)；d_{m1} 为小圆锥齿轮齿宽中点分度圆直径(mm)，且

$$d_{m1} = d_1\left(1-0.5\frac{b}{R}\right) \tag{2-2-36}$$

式中：d_1 为小圆锥齿轮分度圆直径(mm)；b 为齿宽(mm)；R 为锥距(mm)。

各力的方向如图 2-2-39(b)所示。圆周力 F_{t1} 的方向与与主动轮 1 的转向相反，F_{t2} 的方向与从动轮 2 的转向相同；径向力 F_{r1}、F_{r2} 的方向分别指向各自的轮心；轴向力 F_{a1}、F_{a2} 的方向分别指向各自的大端。

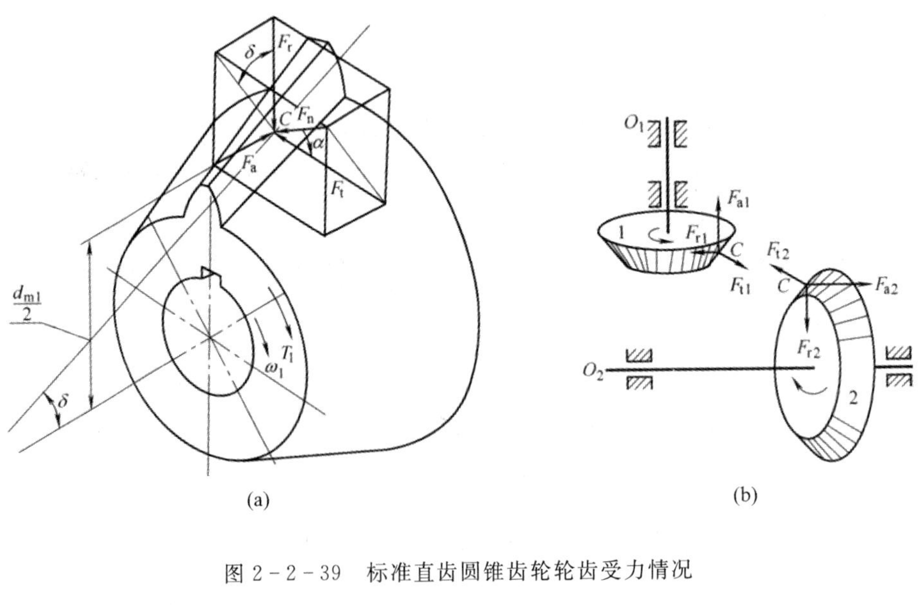

图 2-2-39 标准直齿圆锥齿轮轮齿受力情况

2. 圆锥齿轮的强度计算

直齿圆锥齿轮传动的强度计算可近似按齿宽中点处平均分度圆的当量直齿圆柱齿轮进行计算。

1）齿面接触疲劳强度计算

直齿圆锥齿轮的齿面接触疲劳强度的校核公式为

$$\sigma_H = \frac{4.98Z_E}{1-0.5\psi_R}\sqrt{\frac{KT_1}{\psi_R d_1^3 u}} \leqslant [\delta_H] \qquad (2-2-37)$$

设计公式为

$$d_1 \geqslant \sqrt[3]{\frac{(4.98Z_E)^2}{(1-0.5\psi_R)^2[\sigma_H]^2} \cdot \frac{KT_1}{\psi_R u}} \qquad (2-2-38)$$

式中：ψ_R 为齿宽系数，$\psi_R = \frac{b}{R}$，一般取 $\psi_R = 0.25 \sim 0.3$。其他各参数的含义、单位及许用应力的计算方法同直齿圆柱齿轮。

2）齿根弯曲疲劳强度计算

直齿圆锥齿轮的齿根弯曲疲劳强度的校核公式为

$$\sigma_F = \frac{4KT_1Y_FY_S}{\psi_R(1-0.5\psi_R)^2 z_1^2 m^3 \sqrt{u^2+1}} \leqslant [\sigma_F] \qquad (2-2-39)$$

设计计算公式为

$$m \geqslant \sqrt[3]{\frac{4KT_1Y_FY_S}{\psi_R(1-0.5\psi_R)^2 z_1^2 \sqrt{u^2+1}[\sigma_F]}} \qquad (2-2-40)$$

式中：Y_F 和 Y_S 分别为齿形修正系数和应力修正系数，按当量齿数查表 2-2-9。其他参数的含义、单位及选择方法同直齿圆柱齿轮。

任务八　齿轮传动的结构设计和润滑

任务导入

齿轮传动的设计中，除了要确定齿轮的几何尺寸外，还要确定其结构形式和结构尺寸，并选择合适的润滑方式。

任务实施

齿轮的结构和带轮相似，只是齿轮外缘不是皮带沟槽而是轮齿。齿轮的结构形式和尺寸根据工艺要求和经验数据确定。

1. 齿轮的结构

常见的齿轮结构形式有如下四种。

1）齿轮轴

如图 2-2-40(a)所示，对于直径较小的钢制齿轮，当齿轮的齿顶圆直径小于轴孔直径的 2 倍，或圆柱齿轮的齿根圆至键槽底部的距离 $\delta \leqslant 2.5m$（斜齿轮 $\delta \leqslant 2.5m_n$），锥齿轮的小端齿根圆到键槽根部的距离 $\delta < 1.6m$（见图 2-2-40(b)）时，为了保证轮毂键槽足够的强度，应将齿轮和轴做成一体，称为齿轮轴。

齿轮轴省去了齿轮与轴之间的连接零件，降低了成本，但不利于维修，因为轮齿或轴的其他部位损伤、磨损会使整个齿轮轴报废。因此，在材料最薄处厚度 $\delta>2.5m$ 时不宜采用齿轮轴结构。

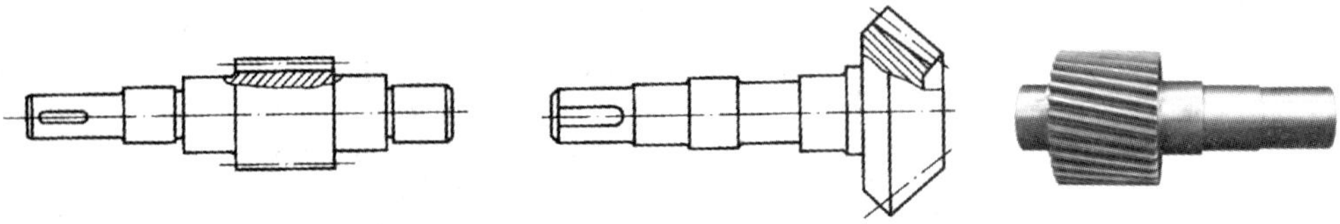

(a) (b) (c)

图 2-2-40 齿轮轴

2）实体式齿轮

当齿轮的齿顶圆直径 $d_a \leqslant 200$ mm，且齿根圆至键槽底部的距离 $\delta>2.5m$ 时，可做成实体式齿轮，如图 2-2-41 所示。这种结构形式的齿轮常用锻钢制造。

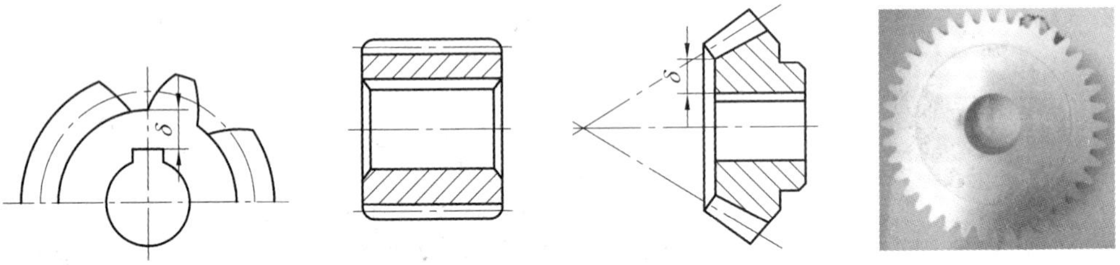

(a) (b) (c) (d)

图 2-2-41 实体式齿轮

3）腹板式齿轮

当齿轮的齿顶圆直径 $d_a=200\sim500$ mm 时，通常采用如图 2-2-42 所示的腹板式结构，以便节省材料、减轻重量。这种结构的齿轮一般用锻钢制造，其各部分尺寸按图中的经验公式确定。

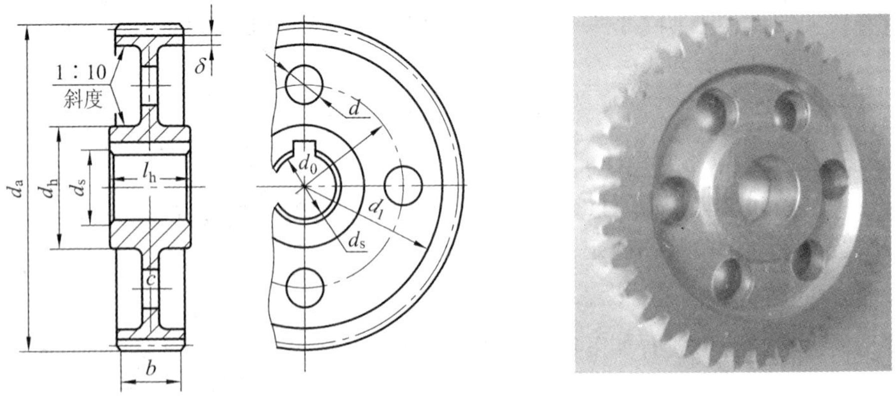

$d_h=1.6d_s$（d_s为轴径）；$d_1=d_a-(10\sim14)\,m$；$d_0=0.5(d_1+d_h)$；
$d=0.25(d_1-d_h)$；$c=(0.2\sim0.3)b$；$l_h=(1.2\sim1.3)d_s\geqslant b$。

(a) (b)

图 2-2-42 腹板式齿轮

4）轮辐式齿轮

当齿轮的齿顶圆直径 $d_a>500$ mm 时，可采用轮辐式结构，如图 2-2-43 所示。这种结构的齿轮通常采用铸钢或铸铁制造，其各部分尺寸按图中经验公式确定。

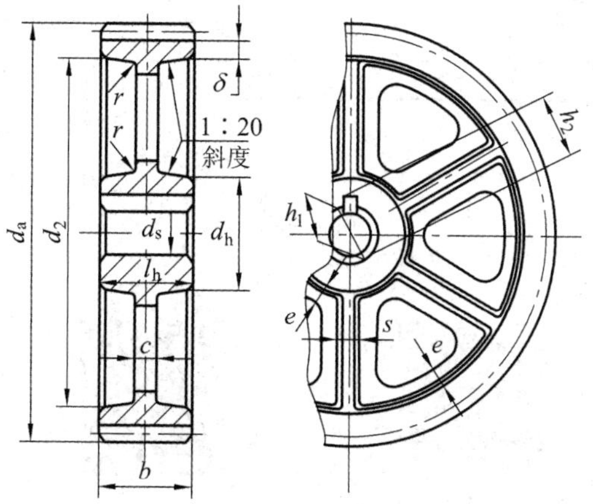

$d_1=1.6d_s$(钢)；$d_1=1.8d_s$(铸铁)；$d_2=d_a-(10\sim14)\,m$；$h_1=0.8d_s$；
$h_2=0.8h_1$；$c=0.2h$；$s=h/6$(不小于10 mm)；$l_h=(1.2\sim1.5)d_s$；$n=0.5\,m$。

(a)

(b)

图 2-2-43 轮辐式齿轮

2. 齿轮传动的润滑

1）润滑的作用

机床变速箱的润滑

从机床变速箱的润滑视频可知齿轮传动需要润滑。为什么要进行齿轮传动的润滑呢？因为齿轮传动时，齿面间的相对滑动会产生摩擦和磨损，进而影响齿轮传动的精度和齿轮的寿命，所以必须对齿轮传动进行润滑。这样不但可以减少磨损和发热，还可以防腐蚀和降低噪声，从而延长齿轮的使用寿命。

2）润滑方式

开式齿轮传动中，由于传动速度较低，通常采用人工定期加油润滑方式。

闭式齿轮传动一般可根据齿轮的圆周速度进行选择，有浸油润滑和喷油润滑两种。

(1) 浸油润滑：当齿轮的圆周速度 $v\leqslant12$ m/s 时，常将大齿轮浸入油池中进行润滑，如图 2-2-44(a)所示。此时，浸油的深度约为 1～2 个齿高，速度高时取小值，但不应小于 10 mm。对于圆锥齿轮应浸入全齿宽，至少浸入半个齿宽。在多级齿轮传动中，可采用带油轮将油带到未浸入油池内的齿轮齿面上，如图 2-2-44(b)所示，带油轮可将油甩到齿轮箱壁上，有利于散热。

(2) 喷油润滑：喷油润滑是用油泵将具有一定压力的润滑油经喷嘴喷到齿轮啮合的表面上进行润滑。当齿轮的圆周速度 $v>12$ m/s 时，由于圆周速度大，齿轮搅油剧烈，离心力较大，沾附于齿面上的油会被甩掉，所以不宜用浸油润滑，可采用喷油润滑，如图 2-2-44(c)所示。

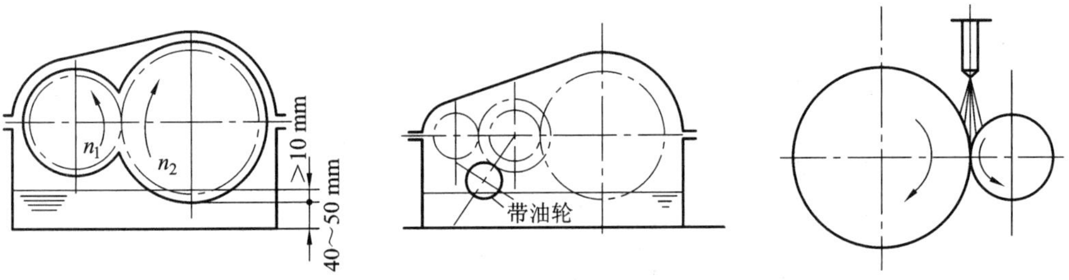

(a) 浸油润滑　　(b) 用带油轮带油润滑　　(c) 喷油润滑

图 2-2-44　齿轮润滑

浸油润滑　　带油轮润滑　　喷油润滑

3）润滑剂的选择

齿轮传动的润滑剂大多采用润滑油或润滑脂。低速时选择润滑脂，速度较高时选择润滑油。通常根据齿轮材料和圆周速度选取油的黏度，并由选定的黏度再确定润滑油的牌号（参看有关机械设计手册）。润滑油的黏度可参考表 2-2-14 选用。

表 2-2-14　齿轮传动润滑油黏度推荐用值

齿轮材料	强度极限 σ_b/MPa	圆周速度 v/(m/s)						
		<0.5	0.5～1	1～2.5	2.5～5	5～12.5	12.5～25	>25
		运动黏度 v/(m/s)(40℃)						
塑料、铸铁、青铜	—	350	220	150	100	80	55	—
钢	450～1000	500	350	220	150	100	80	55
	1000～1250	500	500	350	220	150	100	80
渗碳或表面淬火的钢	1250～1580	900	500	500	350	220	150	100

注：(1) 对于多级齿轮传动，采用各级传动圆周速度的平均值来选取润滑油的黏度。
(2) 对于 σ_b>800 MPa 的镍铬钢制齿轮，其润滑油黏度应取高一级的数值。

任务小结

（1）常见的齿轮结构形式：齿轮轴、实体式齿轮、腹板式齿轮、轮辐式齿轮四种。

（2）润滑的作用：减少磨损和发热，防腐蚀和降低噪声，延长使用寿命。

（3）润滑的方式：开式齿轮传动采用人工定期润滑；闭式齿轮传动采用浸油润滑和喷油润滑。

（4）润滑剂的选择：齿轮传动的润滑剂大多采用润滑油或润滑脂。低速时选择润滑脂，速度较高时选择润滑油。

模块知识小结

1. 带传动
   - 带传动的分类
     - 摩擦式(平带传动、V 带传动、多楔带传动、圆带传动)
     - 啮合式(同步带传动)
   - 普通 V 带及 V 带轮
     - 普通 V 带的结构(顶胶、抗拉体、底胶、包布)
     - 普通 V 带的型号(Y、Z、A、B、C、D、E)
   - 带传动工作能力分析
     - 带传动的受力分析
     - 带传动的应力分析(拉应力、离心应力、弯曲应力)
     - 带传动的弹性滑动及传动比
   - 带传动的设计
     - 带传动的失效形式(打滑、疲劳损坏)
     - 基本额定功率
     - 设计计算
2. 链传动
   - 滚子链的组成(内链板、外链板、销轴、套筒、滚子)
   - 链轮的结构
     - 实心式
     - 孔板式
     - 组合式
   - 链传动工作情况分析
   - 滚子链传动的设计计算
   - 链传动的布置与张紧
   - 链传动的润滑
     - 人工定期润滑
     - 滴油润滑
     - 油浴润滑
     - 飞溅润滑
     - 压力润滑
3. 齿轮传动基础知识
   - 齿轮传动的特点
   - 齿轮传动的类型
   - 渐开线齿廓及传动比——$i_{12}=\dfrac{\omega_1}{\omega_2}=\dfrac{r_{b2}}{r_{b1}}=\dfrac{z_2}{z_1}$
4. 渐开线标准直齿圆柱齿轮的基本参数
   - 齿轮各部分名称
     - 齿顶圆、齿根圆、分度圆
     - 基圆、全齿高、齿厚、
     - 齿槽宽
     - 齿距、齿宽
   - 齿轮基本参数
     - 齿数、模数、压力角、
     - 齿顶高系数
     - 顶隙系数
5. 渐开线标准直齿圆柱齿轮正确啮合条件
   - $m_1=m_2=m$
   - $\alpha_1=\alpha_2=\alpha$

6. 渐开线齿轮的切齿原理
   - 仿形法
     - 指状铣刀
     - 盘形铣刀
   - 展成法
     - 插齿
       - 齿轮插刀
       - 齿条插刀
     - 滚齿
     - （插齿、滚齿）根切现象与最少齿数

7. 齿轮传动的失效形式、材料选择
   - 齿轮传动的失效形式
     - 轮齿折断
     - 齿面点蚀
     - 齿面胶合
     - 齿面磨损
     - 塑性变形
   - 齿轮常用材料
     - 钢（锻钢、铸钢）
     - 铸铁

8. 圆柱齿轮传动设计（闭式传动）
   - 软齿面齿轮——根据齿面接触疲劳强度初估 d_1，确定几何尺寸后再校核齿根弯曲疲劳强度
   - 硬齿面齿轮——根据齿面弯曲疲劳强度初估 m，确定几何尺寸后再校核齿面接触疲劳强度

9. 斜齿圆柱齿轮传动
   - 斜齿圆柱齿轮齿廓的形成
   - 基本参数及几何尺寸
   - 斜齿圆柱齿轮正确啮合条件
   - 强度计算

10. 圆柱齿轮结构
    - 齿轮轴
    - 实体式齿轮
    - 腹板式齿轮
    - 轮辐式齿轮

11. 圆锥齿轮传动
    - 圆锥齿轮传动的特点和应用
    - 直齿圆锥齿轮基本参数和几何尺寸
    - 标准直齿圆锥齿轮正确啮合条件
    - 直齿圆锥齿轮受力分析

12. 蜗杆传动
    - 蜗杆传动的类型
    - 蜗杆传动的基本参数
    - 蜗轮转动方向的判别
    - 蜗杆和蜗轮材料的选择

项 目 练 习

一、选择题

1. 渐开线上不同点的压力角______，基圆上的压力角______。

A. 相等　　B. 不相等　　C. 等于零　　D. 不等于零

2. 齿轮齿廓曲线的形状取决于______。

A. 齿顶圆半径的大小　　B. 齿根圆半径的大小

C. 基圆半径的大小　　D. 分度圆半径的大小

3. 对于一个齿轮来说，______不存在。

A. 齿根圆　　B. 分度圆

C. 齿顶圆　　D. 节圆

4. 一对标准直齿圆柱齿轮要正确啮合，它们的______必须相等。

A. 直径　　B. 宽度

C. 模数　　D. 齿数

5. 一对齿轮啮合时，两齿轮的______始终相切。

A. 齿顶圆　　B. 基圆

C. 节圆　　D. 齿根圆

6. 当两齿轮中心距稍有改变时，______保持原值不变的性质称为中心距可分性。

A. 瞬时角速度之比　B. 啮合角　　C. 压力角　　D. 重合度

7. 渐开线齿轮的标准压力角为______。

A. 20°　　B. 30°　　C. 60°　　D. 40°

8. 渐开线在基圆上的压力角为______。

A. 20°　　B. 0°　　C. 15°　　D. 25°

9. 用标准齿条型刀具加工 $h_a^*=1$、$c^*=0.25$、$\alpha=20°$的渐开线标准直齿轮时，不发生根切的最少齿数为______。

A. 14　　B. 15　　C. 16　　D. 17

10. 圆柱齿轮传动中，在齿轮材料、齿宽和齿数相同的情况下，当增大模数时，轮齿的抗弯曲能力______。

A. 降低　　B. 提高

C. 不变　　D. 不确定

11. 闭式软齿面齿轮传动中，其主要失效形式是______。

A. 齿面磨损　　B. 齿面胶合

C. 轮齿折断　　D. 齿面点蚀

12. 闭式硬齿面齿轮传动中，其主要失效形式是______。

A. 齿面磨损　　B. 齿面胶合

C. 轮齿折断　　D. 齿面点蚀

13. 一般开式齿轮传动的主要失效形式是______。

A. 齿面磨损　　B. 齿面点蚀

C. 轮齿折断　　D. 齿面磨损和轮齿折断都可能发生

14. 设计一对减速软齿面齿轮传动时，从等强度要求出发，在进行大、小齿轮的齿面硬度选择时，应使______。

A. 两者硬度相等　　B. 小齿轮硬度高于大齿轮硬度

C. 大齿轮硬度高于小齿轮硬度　　D. 不确定

15. 在高速重载齿轮传动中，如果润滑不良，最容易出现的失效形式是______。

A. 齿面磨损　　B. 齿面胶合
C. 齿轮折断　　D. 齿面点蚀

16. 在设计闭式硬齿面齿轮传动时，当直径一定时，应取较少的齿数，使模数增大以______。
A. 提高齿面接触强度　　B. 减少加工切削量，提高生产率
C. 提高轮齿的抗弯曲疲劳强度　　D. 提高抗塑性变形能力

17. 圆柱齿轮传动中，当齿轮的直径一定时，减小齿轮的模数，增加齿轮的齿数，则可以______。
A. 提高齿轮的弯曲强度　　B. 提高齿面的接触强度
C. 改善齿轮传动的平稳性　　D. 减小齿轮的塑形变形

18. 一对圆柱齿轮，通常把小齿轮的齿宽做得比大齿轮宽些，其主要原因是______。
A. 为使传动平稳　　B. 为了提高传动效率
C. 为了提高齿面接触强度　　D. 为了便于安装，保证接触线长

19. 斜齿圆柱齿轮的标准参数是指其______位置的参数。
A. 端面　　B. 法面　　C. 轴切面　　D. 端面或法面

20. 斜齿圆柱齿轮的标准模数和标准压力角在______上。
A. 端面　　B. 轴切面　　C. 主平面　　D. 法面

21. 斜齿圆柱齿轮的齿数 z 与模数 m_n 不变，若增大螺旋角 β，则分度圆直径 d ______。
A. 增大　　B. 减小　　C. 不变　　D. 不一定增大或减小

22. 以下不是外啮合斜齿圆柱齿轮的正确啮合条件的是______。
A. $m_{n1}=m_{n2}=m$　　B. $\alpha_{n1}=\alpha_{n2}=\alpha$　　C. $\beta_1=-\beta_2$　　D. $\beta_1=\beta_2$

23. 圆锥齿轮的标准参数是指其______位置的参数。
A. 轴切面　　B. 小端　　C. 大端　　D. 以上都可以

24. 与齿轮相比较，______不能作为蜗杆传动的优点。
A. 传动平稳，噪声小　　B. 传动比可以较大
C. 可以产生自锁　　D. 传动效率高

二、判断题

1. 基圆直径越大，渐开线越平直。(　　)
2. 渐开线上各点的压力角大小不等。(　　)
3. 渐开线在基圆上的压力角等于零。(　　)
4. 渐开线的形状取决于基圆的大小。(　　)
5. 齿条的渐开线齿廓是直线齿廓。(　　)
6. 选择齿轮材料及热处理时，应使小齿轮的齿面硬度比大齿轮大一些。(　　)
7. 齿轮传动比带传动的精度高。(　　)
8. 国家标准规定，标准渐开线齿轮的分度圆压力角为22.5°。(　　)
9. 齿轮加工中是否出现根切，主要取决于齿轮齿数。(　　)
10. 齿轮齿数越多，加工时越易出现根切。(　　)
11. 加工渐开线标准直齿圆柱齿轮时，不产生根切的最少齿数是17。(　　)
12. 闭式软齿面齿轮传动的主要失效形式是齿面点蚀。(　　)

13. 开式齿轮传动中的失效只能是轮齿折断。(　　)

14. 齿轮传动的设计准则是由失效形式确定的。(　　)

15. 齿轮的轮齿折断是由过载引起的，可以避免。(　　)

16. 齿轮传动的齿数比 u 和传动比 i 相等。(　　)

17. 闭式齿轮传动的润滑，一般由齿轮的圆周速度确定。(　　)

18. 斜齿轮的螺旋角越大，传动越平稳，所以斜齿轮的螺旋角越大越好。(　　)

19. 加工斜齿轮时，不产生根切的最少齿数为 17。(　　)

20. 两个斜齿轮正确啮合时，它们的旋向相同、螺旋角相等。(　　)

21. 圆锥齿轮传动用来传递相交轴间的运动和动力。(　　)

22. 两个齿轮只要模数和压力角分别相等，就可以正确啮合。(　　)

23. 圆锥齿轮可以实现平行轴之间的动力传递。(　　)

24. 蜗杆传动可以实现相交轴之间的动力传递。(　　)

三、简答题

1. 与其他机械传动相比，齿轮传动有哪些优点和缺点？

2. 齿轮模数的含义是什么？它的大小说明什么？模数的单位是什么？

3. 齿轮的分度圆和节圆有什么区别？

4. 渐开线标准直齿圆柱齿轮正确啮合的条件是什么？连续传动的条件是什么？

5. 什么是齿轮加工的根切现象？产生根切现象的原因是什么？根切现象有什么危害？应该如何避免根切现象？

6. 齿轮传动的主要失效形式有哪些？齿轮传动的设计准则是什么？

7. 斜齿圆柱齿轮的法面参数和端面参数有什么不同？它们之间有什么关系？

8. 什么是斜齿圆柱齿轮的当量齿数？

9. 与齿轮传动相比，蜗杆传动有何优点？

10. 蜗轮为什么多用铸锡青铜材料制造？

11. 有一渐开线标准直齿圆柱齿轮，已知其模数 $m=4$，齿顶圆直径 $d_a=88$ mm。试求其齿数、分度圆直径、齿顶高、齿根高、基圆直径。

12. 已知一标准直齿圆柱齿轮的齿数 $z=50$，分度圆直径 $d=100$ mm，求该齿轮的模数、齿距和基圆直径。

13. 一对渐开线标准直齿圆柱齿轮传动，已知小齿轮的齿数 $z_1=26$，传动比 $i_{12}=2.5$，模数 $m=3$，试求大齿轮的齿数、主要几何尺寸及两齿轮的中心距。

14. 某传动装置采用一对外啮合的标准直齿圆柱齿轮传动，大齿轮已经丢失。现测得两轮轴孔中心距 $a=175$ mm，小齿轮齿数 $z_1=38$，小齿轮齿顶圆直径 $d_{a1}=100$ mm。试确定大齿轮的基本参数和主要几何尺寸。

15. 一对正确安装的标准直齿圆柱齿轮传动，其模数 $m=5$ mm，齿数 $z_1=20$，$z_2=100$。试计算这对齿轮的主要几何尺寸和中心距。

16. 一对渐开线标准直齿圆柱齿轮外啮合传动，已知传动比 $i=2.5$。现测得大齿轮的齿数 $z_2=60$，齿顶圆直径 $d_{a2}=124$ mm。求：(1) 齿轮的模数 m；(2) 小齿轮的齿数 z_1、分度圆直径 d_1、齿根圆直径 d_{f1}；(3) 该对齿轮传动的标准中心距 a。

17. 已知一对标准平行轴斜齿轮传动，其模数 $m_n=4$ mm，齿数 $z_1=22$，$z_2=55$，螺旋角 $\beta=16°30'$。试求这对斜齿轮的主要几何尺寸。

18. 设计一单级直齿圆柱齿轮减速器，已知传递的功率为 4 kW，小齿轮转速 $n_1=1450$ r/min，传动比 $i=3.5$，载荷平稳，使用寿命 5 年，两班制工作(每年工作 250 天)。

19. 试设计两级齿轮减速器中的低速级直齿轮传动，已知传递功率为 $P=10$ kW，小齿轮转速 $n_1=480$ r/min，传动比 $i=3.2$，载荷有中等冲击，单向转动，小齿轮相对轴承为非对称布置，使用寿命 $t_h=15\ 000$ h。

20. 标出图 2-2-45 中未注明的蜗杆或蜗轮的转向(蜗杆为主动件)。

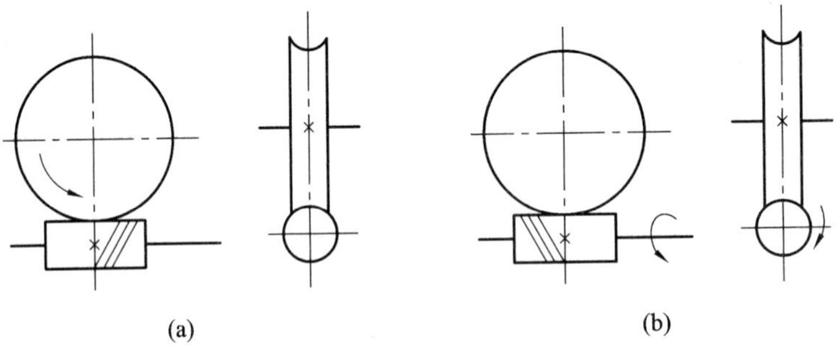

图 2-2-45　题 20 图

21. 图 2-2-46 所示为蜗杆传动和锥齿轮传动的组合。已知输出轴的锥齿轮 z_4 的转向为 n_4。试合理确定蜗杆和蜗轮的转向。

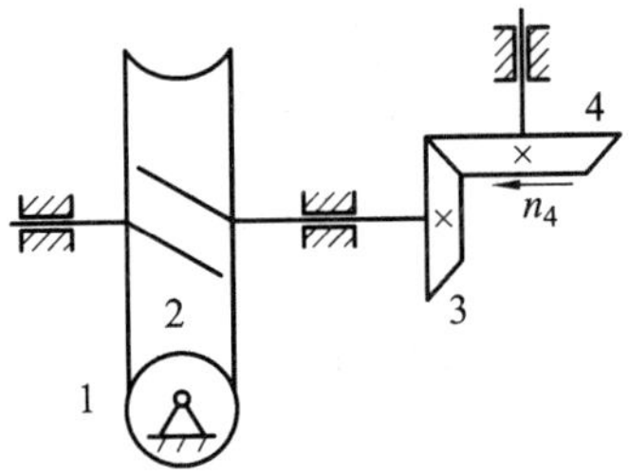

图 2-2-46　题 21 图

模块三　连　　接

在机械设计中，我们把两个构件结合在一起称为连接。连接可分为机械动连接和机械静连接。机械动连接是指被连接的构件之间可以有相对运动，如滑移齿轮和轴，还有模块一平面连杆机构中的各种运动副都是动连接；机械静连接是指被连接的构件之间不允许有相对运动。静连接又分为可拆连接和不可拆连接。焊接、铆接和粘接都是不可拆连接，一般的机械设计教材中所讲的连接通常是指可拆连接。

常见的连接有螺纹连接、键连接和销连接。本模块主要介绍机械静连接中可拆连接的几种情况。

项目一 螺纹连接

任务一 概 述

任务引入

从二维码中可以看到，螺纹连接通常是用螺栓、螺母、螺钉、紧定螺钉等紧固件把板件与板件、杆件与杆件连接起来，其工作原理是螺纹在拧紧时会产生很大的轴向力，使得螺纹实现自锁从而完成连接。

螺纹连接(见图 3-1-1)的结构简单、形式多样、连接可靠、装拆方便、成本低廉，因此成为应用最广泛的连接方式。

螺纹连接

图 3-1-1 螺纹连接

任务实施

1. 螺纹的常用种类

螺纹的种类很多，根据其用途可分为两大类，即传动螺纹和连接螺纹(见表 3-1-1)。

表 3-1-1 螺纹的种类

螺纹种类			特征代号	外形图	用 途
连接螺纹	普通螺纹	粗牙	M	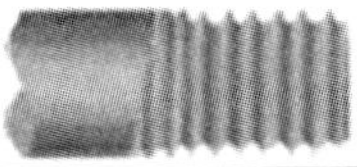	最常用的连接螺纹
		细牙			用于细小的精密或薄壁零件
	管螺纹		G	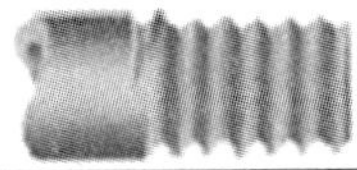	用于水管、油管、气管等薄型管子上，用于管路的连接
传动螺纹	梯形螺纹		Tr		用于各种机床的丝杠，作传动用
	锯齿形螺纹		B	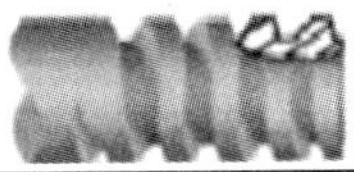	只能传递单方向的动力

传动螺纹（见本项目最后部分）用来传递运动和动力，其牙型（指螺纹轴线剖面的轮廓形状）常采用矩形、梯形和锯齿形等；连接螺纹的牙型则采用三角形，因为三角形螺纹之间产生的摩擦力大，自锁性能好，牢固可靠。

2. 螺纹的参数

1）螺纹牙型角

牙型角 α 是指轴向剖面内螺纹牙型两个侧边的夹角，如图 3－1－2 所示。对于连接螺纹，我国除管螺纹外，其他都采用公制螺纹。公制普通螺纹的牙型角 $\alpha = 60°$。管螺纹为英制，其牙型角 $\alpha = 55°$。

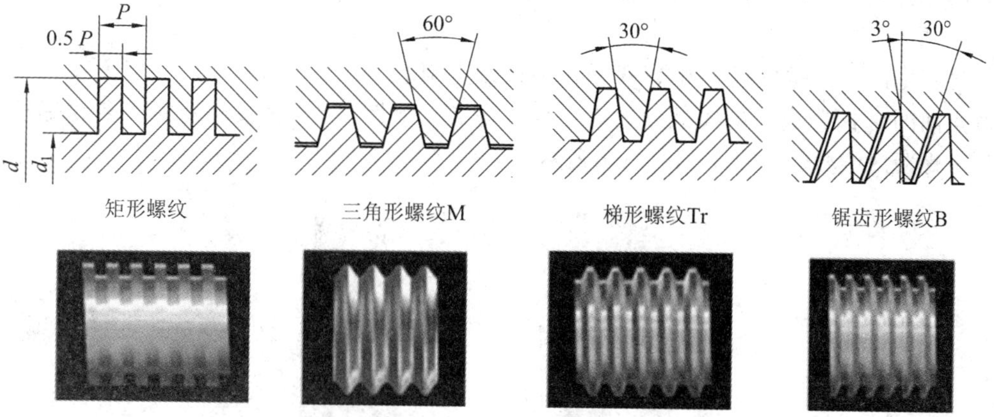

图 3－1－2　螺纹的牙型角比较

2）螺纹直径

（1）大径 d（或 D）：大径是螺纹的最大直径，即与外螺纹牙顶或内螺纹牙底相重合的假想圆柱面的直径，亦称螺纹的公称直径。外螺纹大径用 d 表示，内螺纹大径用 D 表示（见图 3－1－3）。

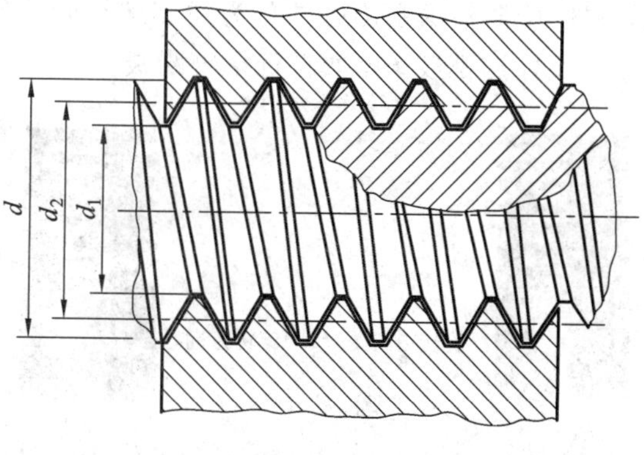

图 3－1－3　螺纹直径

（2）小径 d_1（或 D_1）：小径是螺纹的最小直径，即与外螺纹牙底或内螺纹牙顶相重合的假想圆柱面的直径。外螺纹小径用 d_1 表示，内螺纹小径用 D_1 表示（见图 3－1－3）。

（3）中径 d_2（或 D_2）：中径是一个假想圆柱面的直径，其间母线通过牙型的厚度和牙型间沟槽的宽度相等（见图 3－1－3）。

3）螺纹线数 n

螺纹线数指螺纹螺旋线的数目。一般情况下，$n\leqslant 4$。单线螺纹（$n=1$）的自锁性能好，如图 3-1-4(a)所示，多用于连接件；多线螺纹（$n>1$）的传动效率高，如图 3-1-4(b)所示，多用于传动件。

4）螺距 P

螺距指螺纹相邻两个牙型对应点的轴向距离。同一直径按螺距的大小分为粗牙和细牙两种，螺距最大的一种是粗牙，其余的均为细牙。

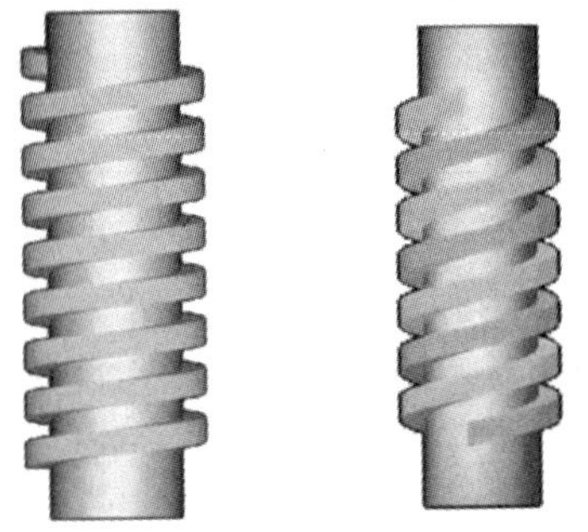

(a) 单线螺纹　　(b) 多线螺纹

图 3-1-4　螺纹线数

5）导程 S

导程指同一条螺旋线上相邻两牙在中径线上对应两点间的轴向距离。单线螺纹时，导程＝螺距，如图 3-1-5(a)所示；多线螺纹时，导程＝螺距×线数，如图 3-1-5(b)所示。

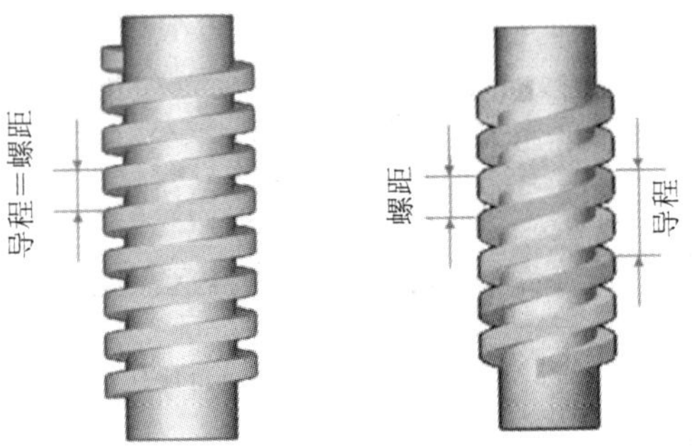

(a) 单线螺纹　　(b) 多线螺纹

图 3-1-5　螺纹的螺距与导程

6）螺纹旋向

如图 3-1-6 所示，螺纹旋向根据螺旋方向分为左旋螺纹和右旋螺纹，通常使用的是右旋螺纹，特殊情况下才使用左旋螺纹，比如自行车脚踏板。

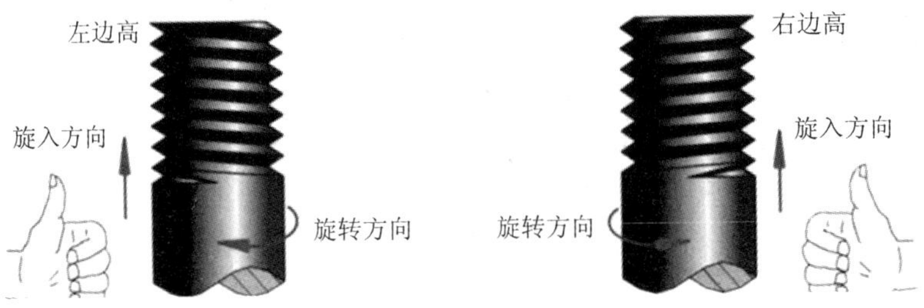

(a) 左旋螺纹　　(b) 右旋螺纹

图 3-1-6　螺纹旋向

3. 螺纹连接件

螺纹连接件通常有六角头螺栓、双头螺栓、内六角螺钉、紧定螺钉、六角螺母、圆螺母、垫圈等。

螺栓　　螺母　　常见连接件 1　　常见连接件 2

任务小结

(1) 螺纹的类型：连接螺纹和传动螺纹；矩形螺纹、梯形螺纹和锯齿形螺纹；左旋螺纹和右旋螺纹；单线(头)螺纹和多线(头)螺纹。

(2) 螺纹的参数：牙型角 α、大径 d、小径 d_1、中径 d_2、螺纹线数 n、螺距 P、导程 S、螺纹旋向。

知识拓展

据资料显示，早在公元前阿基米德就发明了螺纹。现代意义上的螺纹出现在 18 世纪后半期，当时英国人发明了螺纹加工机床和螺纹量规，并提出标准螺纹的概念，后来美国、法国都制定了自己的螺纹标准。米制普通螺纹来源于美制螺纹，它首先在欧洲大陆得到了广泛使用，并纳入了 ISO 标准，之后被确定为国际法定计量单位(即所谓的公制普通螺纹)，从而奠定了米制普通螺纹在国际上的主导地位。我国采用俄罗斯标准，其于 1956 年首次颁布了米制普通螺纹标准；1963 年采用 ISO 米制普通螺纹新牙型，第一次修订了米制普通螺纹标准；1981 年又采用 ISO 米制普通螺纹新公差制，第二次修订了米制普通螺纹标准；2003 年第三次修订的米制普通螺纹标准和 1981 年版的标准相比没有本质性变化。

任务二　螺纹连接的基本类型及其预紧和防松

任务引入

螺纹和螺纹连接件绝大多数已经标准化了，其连接设计的主要任务是根据经验选用合适的螺纹连接形式，并进行强度计算。在工程上，为了满足一些特殊的工程要求，有时也需要自制一些特殊的螺纹紧固件，因此我们的主要任务就是学会选用螺纹。

任务实施

1. 螺纹连接的基本类型

根据连接构件的方式，螺纹连接通常有以下四种基本类型。

1) 螺栓连接

螺栓连接分为普通螺栓连接和铰制孔用螺栓连接两种。如图 3-1-7(a)所示，当用普通螺栓连接时，被连接件的通孔与螺栓杆间有一定间隙，无论连接传递的载荷是何种形式，螺栓杆都受到拉伸的作用。由于这种连接的通孔加工精度低、结构简单、装拆方便，故应用广泛。如图 3-1-7(b)所示，当用铰制孔用螺栓连接时，螺栓的光杆和被连接件的孔多采用基孔制过渡配合(H7/m6 或 H7/n6)，这种连接的螺栓杆在工作时受到剪切和挤压作用，主要用来承受横向载荷，用于载荷大、冲击严重、要求良好对中的场合。

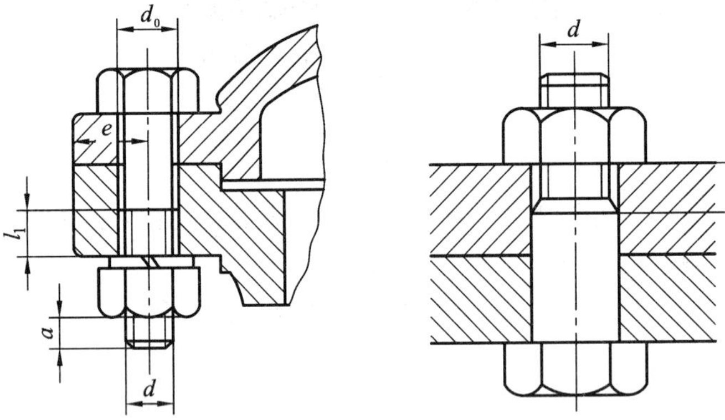

(a) 普通螺栓连接　　(b) 铰制孔用螺栓连接

螺栓连接

图 3-1-7　螺栓连接

2）双头螺柱连接

如图 3-1-8(a)所示，当被连接件之一较厚而不宜制成通孔且需经常拆卸时，可用双头螺柱连接。这种连接拆卸时，只需要将螺母拧下即可，而螺柱留在原位，以免因多次拆卸损坏内螺纹(磨损失效)。螺柱拧入深度的取值与被连接件的材料、螺柱的直径有关。

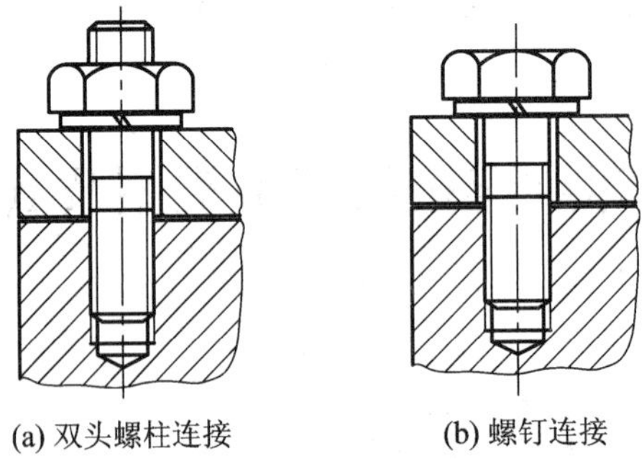

(a) 双头螺柱连接　　(b) 螺钉连接

图 3-1-8　双头螺柱连接和螺钉连接

3）螺钉连接

如图 3-1-8(b)所示，螺钉连接不需要用螺母，其用途和双头螺柱连接相似，多用于受力不大且不需经常拆卸的场合。

上述三种连接都是螺栓和螺母或机件结合的螺纹连接，这时不仅螺纹牙受力，而且螺栓头颈结合的位置(螺栓断裂通常发生在这个位置)及整个螺栓都要受拉力。

比较上面三种连接方式可以看出，一般情况下可使用螺栓连接，在空间位置尺寸受到限制时，不仅可以使用双头螺柱连接，也可以使用螺钉连接，其选择取决于拆卸的频繁程度。

4）紧定螺钉连接

图3－1－9所示为紧定螺钉连接，当将它旋入一零件的螺纹孔中，并以其末端顶住另一零件的表面或嵌入轴上相应位置已加工好的小锥坑中，以固定两个零件的相对位置，这种连接主要用来固定被连接件的相对位置。紧定螺钉在受力方面和上述三种连接相区别的是，其通过螺钉头使力将两个物体连接在一起。

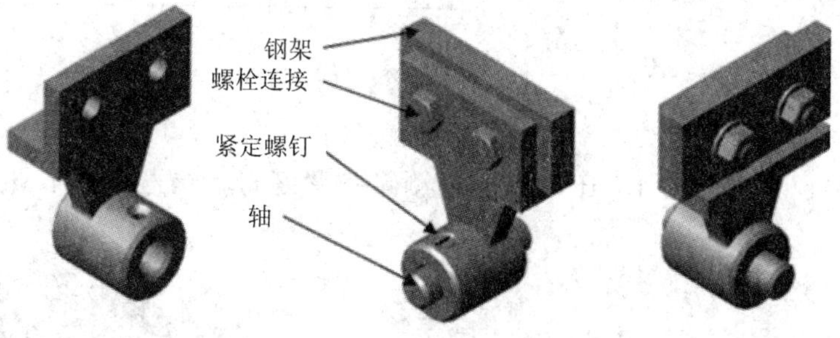

图3－1－9　紧定螺钉连接

此外，还有其他的螺纹连接方式，如地脚螺栓、吊环螺栓、T形螺栓等，如图3－1－10所示。

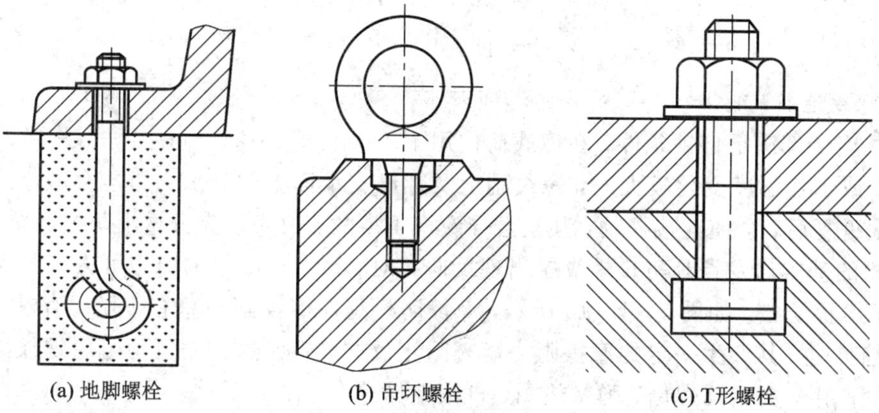

图3－1－10　其他螺纹连接方式

2. 螺纹连接的预紧与防松

1）螺纹连接的预紧

在实际工作中，大多数螺纹连接在装配时都需要拧紧，从而使连接在承受工作载荷之前各连接件已预先受到了力的作用，称之为预紧，这个预加的作用力称为预紧力。预紧的目的是增强连接的刚性、紧密性及防松能力。预紧力的大小根据连接工作的需要确定。装配时需要拧紧的连接称为紧连接，反之则称为松连接。

预紧力可以通过控制扳手的拧紧力矩(转矩)来实现。如图3－1－11所示，在拧紧螺母时，拧紧转矩 T 需克服螺纹副的阻力矩 T_1 和螺母环形支承面上的摩擦转矩 T_2，即 $T=T_1+T_2$。

随着对生产质量的要求越来越高，在装配过程中对预紧力的要求也越来越严格。目前生产中大多数场合使用力矩扳手，也称扭力扳手(见图3－1－12)，这种扳手可以控制拧紧

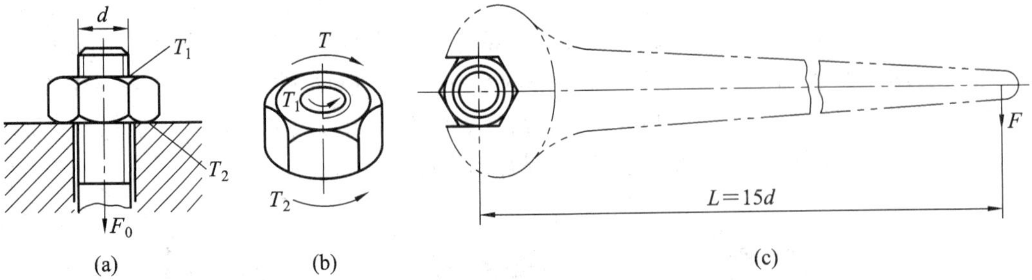

图 3-1-11 扳手转矩

转矩，从而控制预紧力。此外，还可以通过测量拧紧螺母后螺栓的伸长量等方法来控制预紧力。

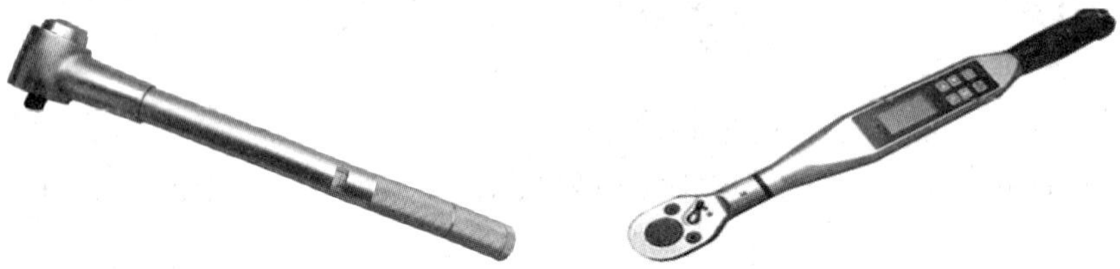

(a) 棘轮力矩扳手　(b) 数显力矩扳手

“大国工匠”管延安

图 3-1-12 力矩扳手

2）螺纹连接的防松

螺纹连接都满足自锁条件，在静载荷作用下不会自行松脱，但在冲击、振动及变载荷作用下，或工作温度变化较大时，螺纹副上及螺母支承面上的摩擦力可能会减小或瞬时消失。多次重复后，会使连接松动，甚至会导致严重事故，故必须充分重视防松问题。

防松的基本出发点是防止螺纹副出现反向相对转动。按防松的原理可将其分为三类。

（1）摩擦防松。如图 3-1-13 所示，摩擦防松是使螺纹副间总有正压力存在，当螺母有松动趋势时，其产生一定的摩擦阻力矩来阻止反向转动。这种正压力可由螺纹副纵向或横向压紧产生，如对顶螺母、弹簧垫圈、自锁螺母等。

弹簧垫圈在车间的使用

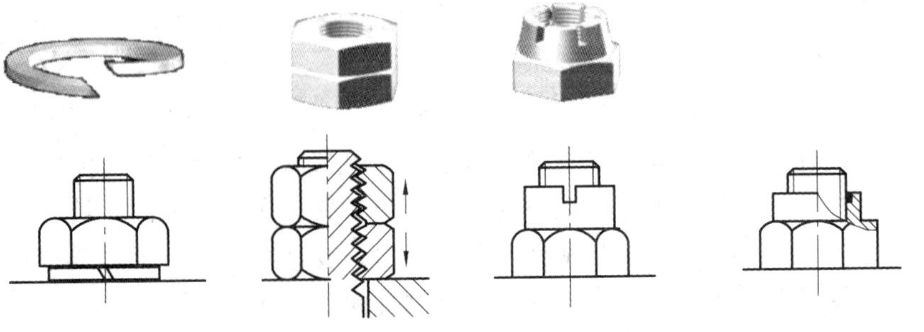

(a) 弹簧垫圈　(b) 对顶螺母　(c) 自锁螺母　(d) 尼龙圈锁紧螺母

图 3-1-13 摩擦防松

（2）机械防松。机械防松最常见的是槽螺母与螺杆带孔螺栓和开口销配合使用，以防止螺栓与螺母相对转动。另外，螺母拧紧后，将单耳或双耳止动垫圈分别向螺母和连接件的侧面折弯贴紧，也可将螺母锁住，还可以用串接钢丝防松的方法。

图 3-1-14 所示是几种机械防松示意图。机械防松比较可靠，适用于高速、冲击、振动的场合。

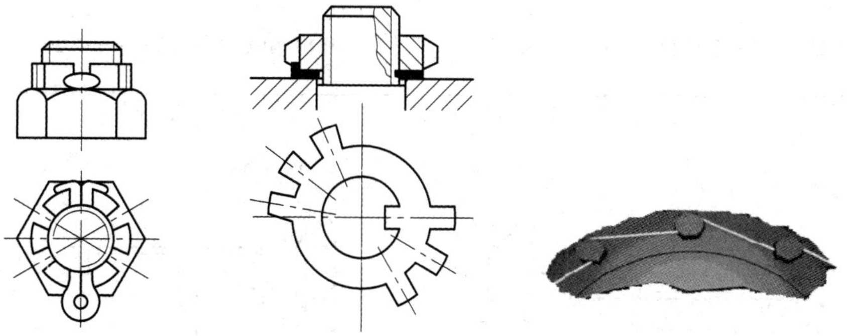

(a) 开口销与开槽六角螺母 (b) 止动垫圈 (c) 串联钢丝

图 3-1-14 机械防松示意图

（3）永久防松。永久防松是利用焊接、冲点、粘合等方法破坏螺纹副，使其成为不可拆连接，如图 3-1-15 所示。这种方法仅能用于装配后不再拆开的场合。

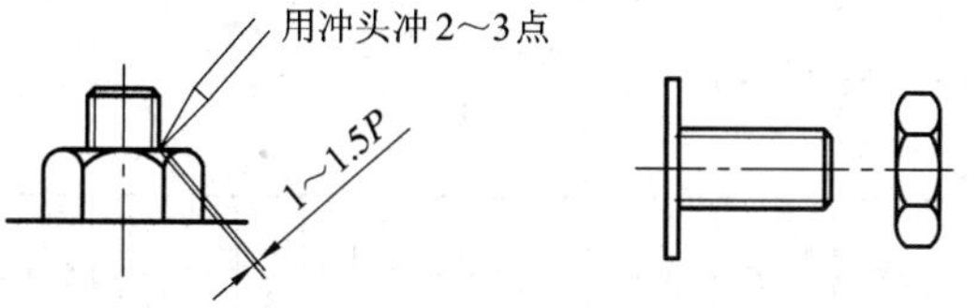

(a) 冲点法防松 (b) 粘合法防松

图 3-1-15 永久防松

3. 强度计算

通常情况下，可根据《机械设计手册》中 GB3098.1—2000 螺栓的保证载荷来确定螺栓的直径，但是重要螺栓直径的选择，要通过强度公式计算后才能确定。大多数螺栓在连接时有好几个在一起成组使用，一般情况下，我们需要先找出受力最大的那个来进行强度计算。没有预紧力的螺栓连接称为松螺栓连接，其强度公式为

$$\sigma=\frac{F}{A}=\frac{F}{\frac{\pi d_1^2}{4}}\leqslant[\sigma]$$

式中：A 为螺栓最细处面积；d_1 为螺纹小径；F 为外载荷；$[\sigma]$为螺栓材料的许用拉应力（《机械设计手册》中可以查出）。从式中可以看出，在确定外载荷后即可算出螺栓的螺纹小径，再考虑安全系数后，即可通过手册查出所需螺栓的规格。

受轴向载荷的预紧螺栓连接是工程上使用最多的一种连接方式，当螺栓被拧紧后受轴向外载荷时，其强度公式为

$$\sigma=\frac{1.3F_\Sigma}{\frac{1}{4}\pi d_1^2}\leqslant[\sigma]$$

式中：d_1为螺纹小径；F_Σ为预紧力和外载荷等的总和。

当轴向载荷 F 为静载荷时，$F_\Sigma=(1.2\sim1.6)F$；

当轴向载荷 F 为变载荷时，$F_\Sigma=(1.6\sim2)F$；

对于压力容器，$F_\Sigma=(2\sim2.5)F$。

螺栓直径最终确定以后，可在表 3-1-2 的 GB/T 5782—2000 和 GB/T 5783—2000 中选择螺栓。

表 3-1-2 机械设计手册 GB/T 5782—2000 和 GB/T 5783—2000 部分

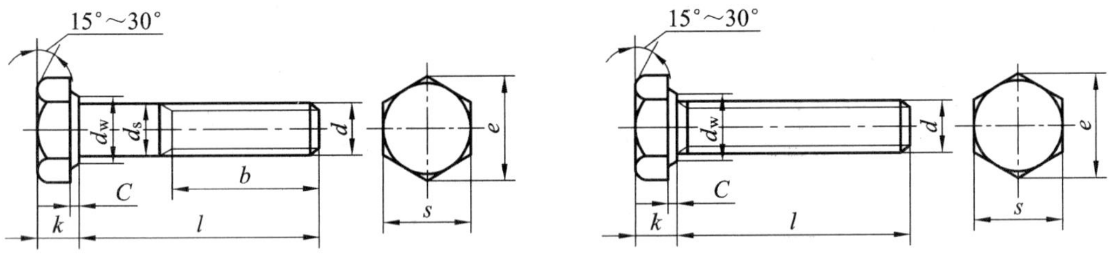

标记示例

螺纹规格 d=M12、公称长度 l=80 mm、性能等级为 8.8 级，表面氧化、产品等级为 A 级的六角头螺栓：

螺栓　GB/T 5782—2000　M12×80

mm

螺纹规格	d	M4	M5	M6	M8	M10	M12	M16	M20	M24	M30	M36	M42	M48
b 参考	$l\leq125$	14	16	18	22	26	30	38	46	54	66	78	—	—
	$125<l\leq200$	—	—	—	28	32	36	44	52	60	72	84	96	108
	$l>200$	—	—	—	—	—	—	57	65	73	85	97	109	121
c_{max}		0.4	0.5		0.6			0.8					1	
k_{max}		2.925	3.65	4.15	5.45	6.58	7.68	10.18	12.715	15.215	—	—	—	—
d_{max}		4	5	6	8	10	12	16	20	24	30	36	42	48
s_{max}		7	8	10	13	16	18	24	30	36	46	55	65	75
e_{min}	A	7.66	8.79	11.05	14.38	17.77	20.03	26.75	33.53	39.98	—	—	—	—
	B	7.50	8.63	10.89	14.20	17.59	19.85	26.17	32.95	39.55	50.85	60.79	72.02	82.6
d_{min}	A	5.88	6.88	8.88	11.63	14.63	16.63	22.49	28.19	33.61	—	—	—	—
	B	5.74	6.74	8.74	11.47	14.47	16.47	22	27.7	33.25	42.75	51.11	59.95	69.45
	GB/T 5782	25～40	25～50	30～60	35～80	40～100	45～120	55～160	65～200	80～240	90～300	110～360	130～400	140～400
	GB/T 5783	8～40	10～50	12～60	16～80	20～100	25～100	35～100	40～100				80～500	100～500
l 系列	GB/T 5782	20～65(5 进位)，70～160(10 进位)，180～400(20 进位)												
	GB/T 5783	8, 10, 12, 16, 18, 20～65(5 进位), 70～160(10 进位), 180～500(20 进位)												

另外，有时候螺栓还会受到横向的力，其会对螺栓产生剪切作用，此时我们还要对螺栓进行挤压和剪切强度的计算，计算方法和上述拉伸强度相似，这里就不再介绍了。

任务小结

（1）常见的螺纹连接件：螺栓、螺钉、螺母、垫圈。

（2）螺纹连接的种类：螺栓连接、双头螺柱连接、普通螺钉连接、紧定螺钉连接。

（3）常见的螺纹防松方法：摩擦防松—对顶螺母防松、弹簧垫圈防松；机械防松—槽形螺母和开口销防松、止动垫圈防松；其他防松法—冲点法防松、粘合法防松。

（4）强度计算：通过强度来确定螺栓尺寸或者校验所选螺栓是否符合强度要求。

知识拓展

螺旋传动的种类和应用

螺纹除了用于螺纹连接以外还用于螺旋传动。

螺旋传动是利用螺杆和螺母组成的螺旋副来实现传动的。它主要用于将回转运动转变为直线运动，同时传递动力。

螺旋传动常见的运动形式有螺杆固定、螺母转动并移动（见图 3-1-16(b)），或螺母固定、螺杆转动并移动（见图 3-1-16(a)）。

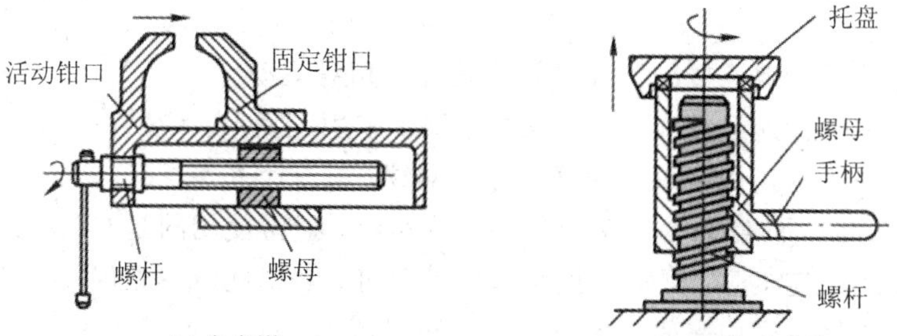

(a) 台虎钳 (b) 螺纹千斤顶

螺母固定不动，螺杆回转并作直线运动　螺杆固定不动，螺母回转并作直线运动

图 3-1-16　螺旋传动

螺旋传动按其用途不同，可分为传力螺旋、传导螺旋、调整螺旋三种类型。

螺旋传动按其螺旋副摩擦性质的不同，又可分为滑动螺旋、滚动螺旋、静压螺旋。

螺旋传动在机床的进给机构、起重设备、锻压机械、测量仪器、工具、夹具、玩具及其他工业装备中有着广泛的应用。

项 目 练 习

一、选择题

1. 下面连接形式中最常见的连接是______。

A. 螺纹连接　　　B. 键连接　　　C. 销连接

2. 最常用______螺纹作为连接螺纹。

A. 矩形　　　B. 梯形　　　C. 锯齿形　　　D. 三角形

3. ______是与外螺纹牙顶或内螺纹牙底相重合的假想圆柱面的直径。

A. 大径　　　B. 中径　　　C. 小径

4. 螺纹连接中______使用最为广泛。

A. 螺栓　　　B. 螺钉　　　C. 双头螺柱　　　D. 紧定螺钉

5. 当被连接件之一较厚而不宜制成通孔且需经常拆卸时，可用______连接。

A. 螺栓　　　B. 螺钉　　　C. 双头螺柱　　　D. 紧定螺钉

6. ______主要用来固定被连接件的相对位置的连接。

A. 螺栓　　　B. 螺钉　　　C. 双头螺柱　　　D. 紧定螺钉

7. 螺纹预紧的目的是______。

A. 增强防松能力　　　B. 使配合更加紧凑　　　C. 减小螺纹的刚性

8. 螺纹连接防松的根本问题在于______。

A. 增加螺纹刚度　　　B. 增加摩擦力　　　C. 防止螺纹副出现反向相对转动

9. 螺栓的强度计算主要针对螺纹的______来计算。

A. 大径　　　B. 中径　　　C. 小径　　　D. 螺距

10. 计算螺栓强度时的载荷包括______。

A. 预紧力　　　B. 外载荷　　　C. 预紧力和外载荷等的总和

二、判断题

1. 机械静连接是指被连接的构件之间不允许有相对运动。(　　)

2. 传动螺纹用来传递运动和动力，它的牙型常采用三角形。(　　)

3. 我们通常使用的连接螺纹称为公制普通螺纹，其牙型角＝55°。(　　)

4. 根据螺旋方向，螺纹分为左旋螺纹和右旋螺纹，通常使用的是左旋螺纹。(　　)

5. 拆卸双头螺柱连接时，只需要把螺母拧下即可，而螺柱留在原位。(　　)

6. 紧定螺钉连接主要用来固定被连接件的相对位置。(　　)

7. 弹簧垫圈和对顶螺母都属于机械防松。(　　)

8. 强度计算中只校核拉伸强度。(　　)

三、简答题

1. 为什么螺纹连接是应用最广泛的连接方式？

2. 到实训中心观察数控车床是如何固定在地面的？为什么要这样做？

3. 如图 3－1－17 所示的拉杆为螺纹连接，已知拉杆外载荷为 36 kN，试按照表 3－1－2 机械设计手册选用螺栓。

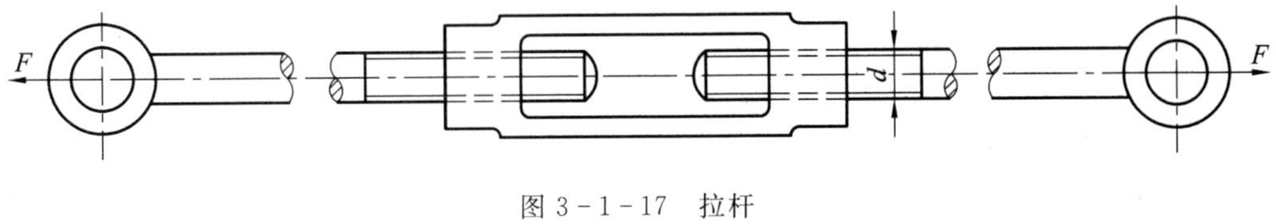

图 3－1－17　拉杆

4. 如图 3-1-18 所示为齿轮液压泵装配图，这种场合 1 号件应该采用什么螺纹连接方式？如何选用？

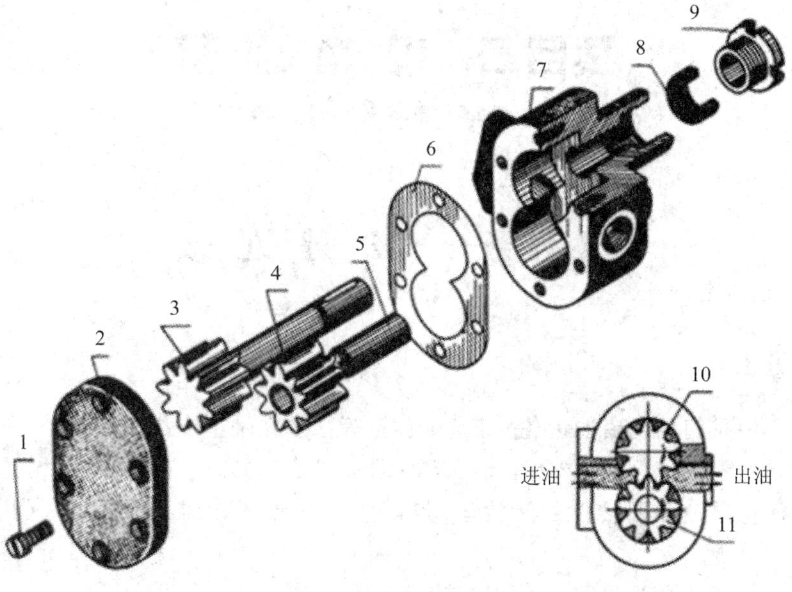

图 3-1-18 齿轮液压泵装配图

项目二 键销连接

任务一 松键连接

任务引入

日常生活中我们见到诸如齿轮、带轮、链轮等这些在轴上支撑并随轴一起回转的零件时，不禁要想：轴和回转件是怎么连接的？这种连接又是如何传递轴和回转件之间的运动和动力的？请看二维码中的视频。

本任务就是要结合常见机器认识键连接和花键连接，并能根据机械传动的需要正确地选择键连接的类型。

皮带轮与花键

任务实施

1. 键连接的类型和应用

键主要用于实现轴和轴上零件间的周向固定，以传递运动或扭矩；还可以实现轴和轴上零件间的轴向固定或导向移动。

键连接分为松键连接、紧键连接和花键连接。松键连接靠侧面受挤压传递运动和转矩，键两侧面是工作面；紧键连接靠键的楔紧作用传递运动和转矩，键上、下两面是工作面。

松键连接主要有平键连接、半圆键连接等，其中平键连接应用最广。紧键连接主要有楔键连接和切向键连接。也有人将花键连接归入到松键连接这一类中。下面主要介绍松键连接。

1）平键连接

平键连接结构如图 3-2-1 所示。平键端面呈长方形，键的上表面和轮毂槽底之间留有间隙，而键的两侧面与轴和轮毂上的键槽侧面是紧密接触的配合面，依靠这两侧的配合面受挤压来传递运动和转矩，所以称为工作面。装配时，由于键的顶面与轮毂有间隙，不会出现偏心现象，所以平键连接的对中性好，但只能对轴上零件作周向固定，不能轴向固定，所以不能承受轴向力。

按照使用场合的不同，平键可分为普通平键、薄型平键、导向平键和滑键，其中普通平键和薄型平键用于静连接，导向平键和滑键用于动连接。

电机平键

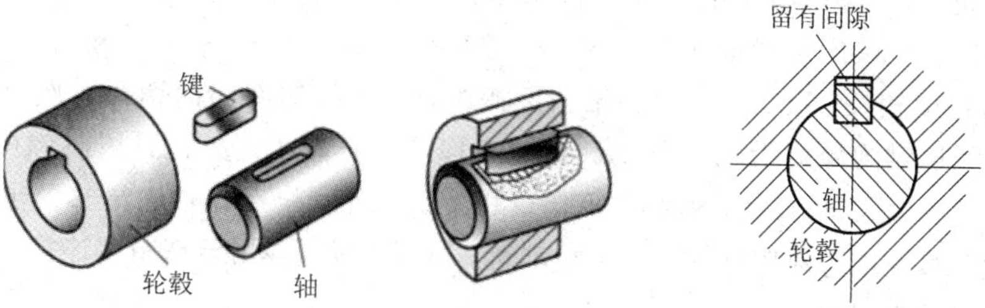

(a) 分解图　(b) 装配图　(c) 断面图

图 3-2-1 平键

(1) 普通平键。普通平键(GB/T 1096—2003)按构造又可分为圆头平键(A 型)、方头平键(B 型)、半圆头平键(C 型),如图 3-2-2 所示。

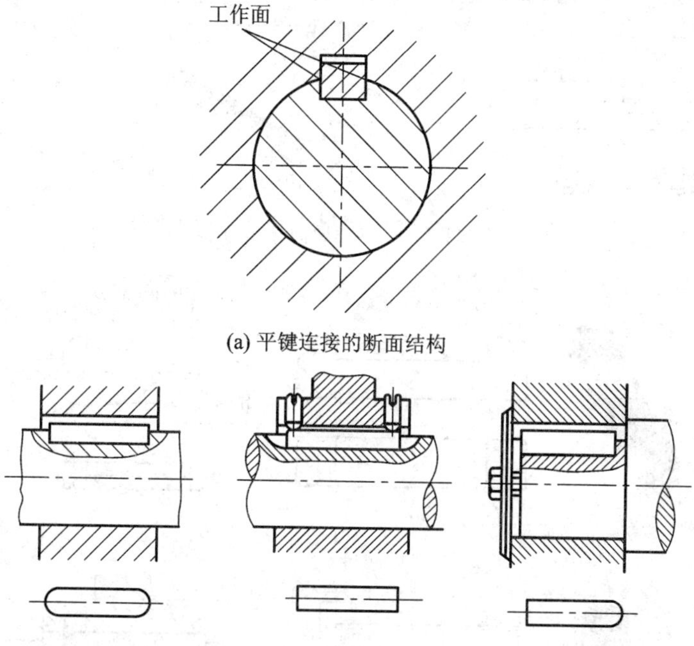

(a) 平键连接的断面结构

(b) 圆头(A型)　(c) 方头(B型)　(d) 半圆头(C型)

图 3-2-2 普通平键的类型

圆头平键(A 型)两端皆为圆头,键槽由指状铣刀加工,键的头部侧面与轮毂键槽不接触,键的圆头部分不能充分利用,且应力集中大。

方头平键(B 型)两端皆为方头,键槽由盘形铣刀加工,应力集中小,当尺寸较大时常用紧定螺钉固定在轴上的键槽中,以防松动。

半圆头平键(C 型)一端方头,一端圆头,用于轴端与轮连接。

(2) 薄型平键。薄型平键(GB/T 1567—2003)与普通平键基本相同,区别在于薄型平键的键高为普通平键的 60%~70%,传递转矩的能力低,常用于薄壁结构、空心轴等径向尺寸受限制的连接。

(3) 导向平键和滑键。当被连接零件工作过程中必须作轴向移动时，则需采用导向平键(GB/T 1097—2003)或滑键(GB/T 1568—2008)连接，如图 3-2-3 和图 3-2-4 所示。导向平键的长度较长，用螺钉固定在轴上键槽中，键中间制有起键螺孔以便拆卸，工作时键不动，轮毂以键为导路沿轴向移动。当轴向移动距离较大时，宜采用滑键(若用导向平键，键将很长，会增加制造的困难)，工作过程中键随轮毂一起作轴向滑移。导向平键和滑键装拆方便，对零件的对中性无影响，易制造，作用可靠，多用于高精度连接；但只能圆周固定，不能承受轴向力。

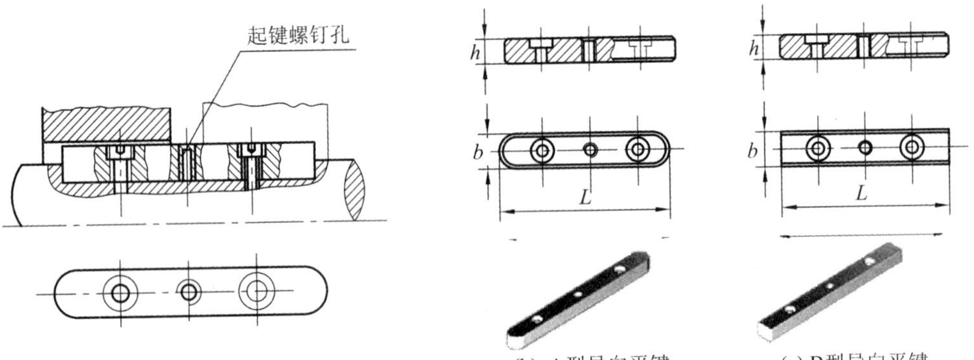

(a) 导向平键连接　　(b) A型导向平键　　(c) B型导向平键

图 3-2-3　导向平键连接

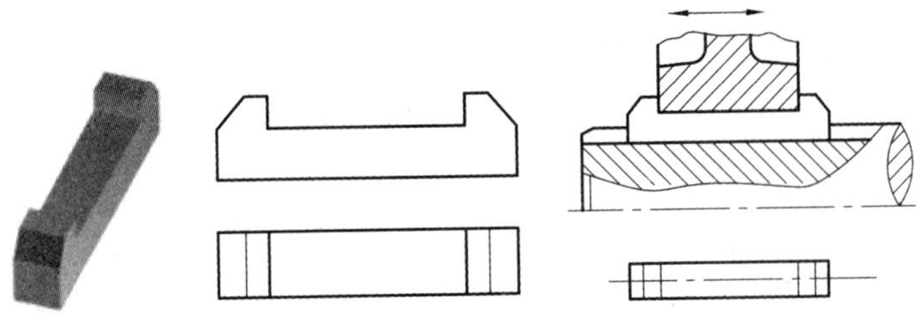

(a)

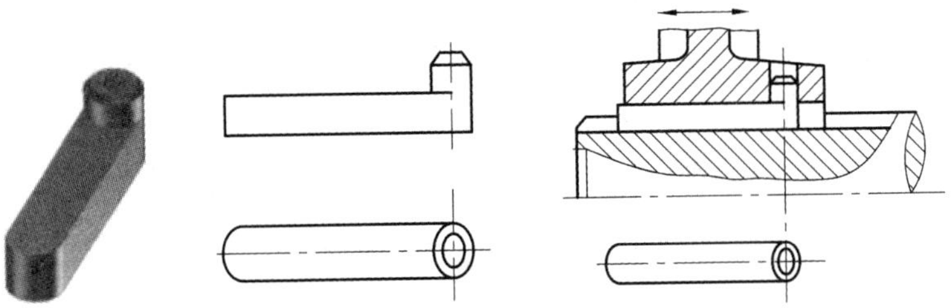

(b)

图 3-2-4　滑键连接

实际使用中，若采用一个平键不能满足轴所传递的扭矩要求或达到较高的动平衡精度时，可采用两键连接，并使两键错开 180°布置。

2) 半圆键连接

半圆键(GB/T 1099—2003)和平键具有相同的工作特点，工作面也是它的两个侧面。半圆键的形状像半个月亮，轴上键槽可用圆盘铣刀铣出，所以工艺性较好。半圆键连接的最大优点是容易装配，如图 3-2-5 所示。键能在轴的键槽中转动，可以自动适应轮毂中键槽的斜度，但半圆键槽严重削弱了轴的强度，所以只能传递较小的转矩，并常用于锥形轴轴端，如手轮与轴的连接等。同时要注意，同一轴段若需装两个半圆键时，只能装在同一母线上，而不能相隔 180°安装。

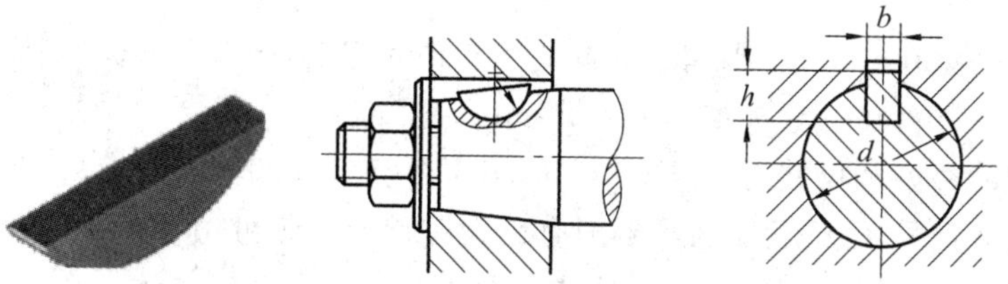

(a)　　(b)　　(c)

图 3-2-5　半圆键连接

半圆键的选用方法与平键一样，可查阅 GB/T 1098—2003 及 GB/T 1099—2003。

2. 键的选择

从广义上讲，键是一种标准件，在 GB/T 1096—2003 中规定了它的尺寸，如表 3-2-1 所示。通常设计人员通过查手册选用合适尺寸的键。根据轴的直径查得键的宽度及高度，即 $b\times h$，根据轮毂的宽度 B 确定键的长度 L，并使 $L<B$，通常不小于 5～10 mm。

表 3-2-1　普通平键和键槽的尺寸(摘自机械设计手册 GB/T 1096—2003)　mm

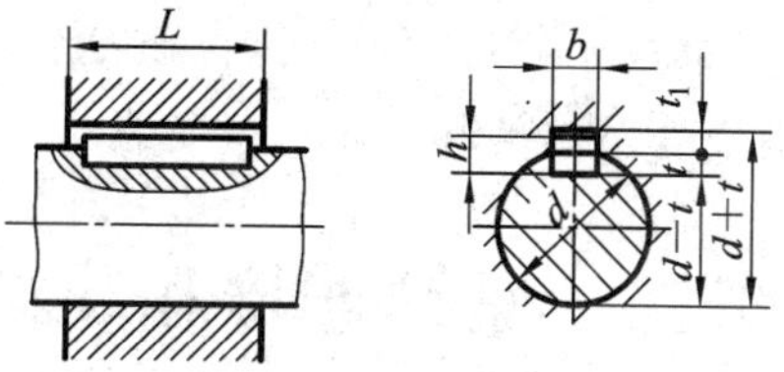

轴的直径 d	键		键槽		轴的直径 d	键		键槽	
	$b\times h$	L	t	t_1		$b\times h$	L	t	t_1
6～8	2×2	6～20	1.2	1	>30～38	10×8	22～110	5.0	3.3
>8～10	3×3	6～36	1.8	1.4	>38～44	12×8	28～140	5.0	3.3
>10～12	4×4	8～45	2.5	1.8	>44～50	14×9	36～160	5.5	3.8
>12～17	5×5	10～56	3.0	2.3	>50～58	16×10	45～180	6.0	4.3
>17～22	6×6	14～70	3.5	2.8	>58～65	18×11	50～200	7.0	4.4
>22～30	8×7	18～90	4.0	3.3	>65～75	20×12	56～220	7.5	4.9
>30～38	10×8	22～110	5.0	3.3	>75～85	22×14	63～250	9.0	5.4
键长 L 标准系列	6、8、10、12、14、16、18、20、22、25、28、32、36、40、45、50、56、63、70、80、90、100、125、140、160、180、200、250、280、320、360、400、450、500								

注：图中轴槽深用 $d-t$ 或 t 标注，毂槽深用 $d+t_1$ 标注。

例 3-1 钢轴与铸铁带轮采用键连接，已知轴径 $d=45$ mm，带轮轮毂长 $L_1=80$ mm，试选用键连接的类型和尺寸。

解 (1) 选择键连接的类型。由于带轮与轴连接的对中性高，故选普通平键 A 型。

(2) 确定尺寸。

按轴径 $d=45$ mm，查手册得：键宽 $b=14$ mm，键高 $h=9$ mm，键长 $L=[80-(5\sim10)]$mm$=(75\sim70)$mm，取标准长度$=70$ mm。

故选用键的类型和尺寸为：键 14×70 GB/T 1096—2003。

平键材料通常采用 45 钢，当轮毂为有色金属或塑料时可用 20 钢或 Q235 钢。必要时，需按所传递的转矩对键连接的挤压强度进行验算，这里不再赘述。

任务小结

(1) 键连接的类型及应用：平键连接(普通平键、薄型平键、导向平键和滑键)、半圆键连接。

(2) 键的选择。

知识拓展

所谓标准件是指结构、尺寸、画法、标记等各个方面已经完全标准化，并由专业厂生产的常用的零(部)件，如螺纹件、键、销、滚动轴承等。广义的标准件包括标准化的紧固件、连接件、传动件、密封件、液压元件、气动元件、轴承、弹簧等机械零件。狭义的标准件仅包括标准化紧固件。目前业内俗称的标准件一般是指标准紧固件。

任务二 紧键连接和花键连接

任务引入

在任务一里，我们介绍了松键连接，在松键连接时，键始终承受着剪切力，并且一段时间以后，键的工作面和轮毂之间由于挤压可能产生间隙，从而在启动运动时键对轮毂产生冲击。而且不管是平键连接，还是半圆键连接，在高速重载的情况下都会出现动平衡和强度问题，通常，工程师们用紧键连接和花键连接来解决这个问题。常用的紧键连接有楔键连接和切向键连接。

任务实施

1. 楔键连接

如图 3-2-6 所示，楔键分为普通楔键和钩头楔键两种。楔键的上、下表面为工作面，其上表面和轮毂槽底均有 1∶100 的斜度。装配时，将键沿轴向打入轴和轮槽内，工作表面上产生很大的正压力，工作时，依靠工作面上的正压力产生摩擦力传递转矩，其对中性差，冲击、变载下易松脱，所以适用于对中性要求不高、有单方向轴向力的低速场合。

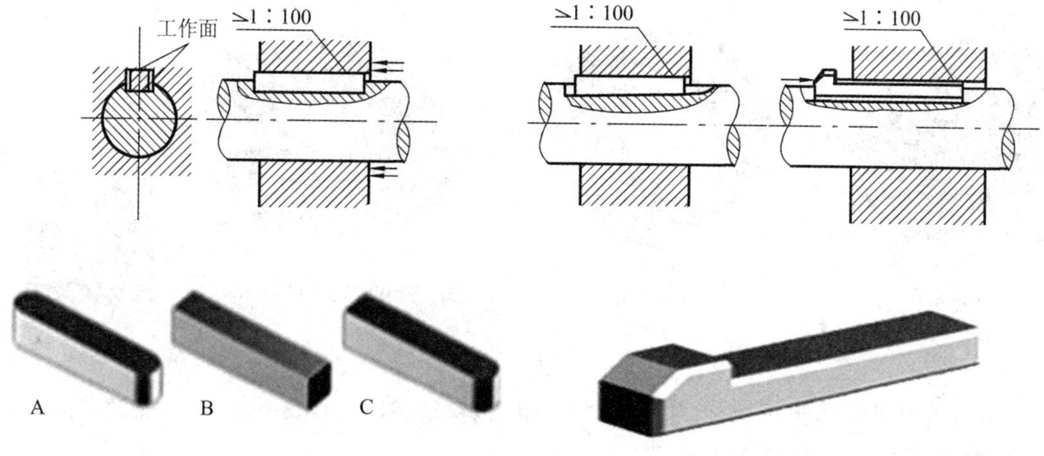

(a) 普通楔键 (b) 钩头楔键

图 3-2-6 楔键连接

除规定的斜度外，楔键的其他尺寸及所适用轴径范围和平键相同。

2. 切向键连接

如图 3-2-7 所示，切向键由两个具有 1∶100 斜度的楔键组成，装配时，两键以其斜面相互贴合，键分别从轮毂两端打入，使之楔紧。两键合并后，上、下两面平行，为工作面，故轴和轮毂键槽并无斜度，依靠工作面上的挤压力和轴与轮毂间的摩擦力传递转矩。一个切向键只能单向传动(见图 3-2-7(b))，若需双向传动时，必须用两个互成 120°分布的切向键(见图 3-2-7(d))。切向键和半圆键相似，键槽过深削弱了轴的强度，通常用于轴径较大的场合，如矿山机械等。

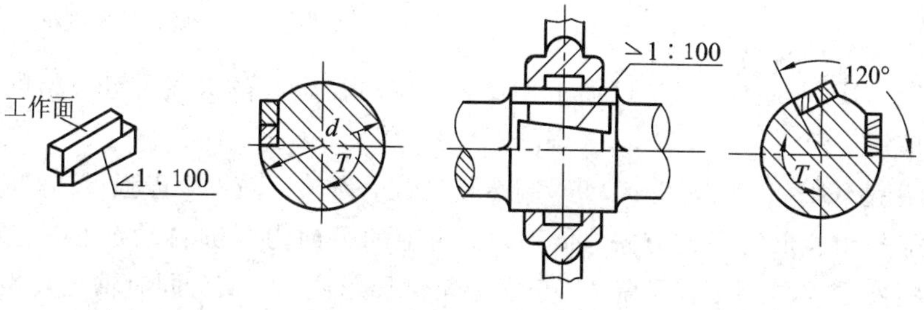

(a) (b) (c) (d)

图 3-2-7 切向键连接

3. 花键连接

如图 3-2-8 所示，轴和轮毂孔周向均布的多个键齿构成的连接称为花键连接。与平键相类似，在工作时，齿的工作面为齿的侧面，靠工作面的挤压传递扭矩，所以花键连接在结构上也可以近似看成多个均布的平键连接。由于多齿传递载荷，所以花键连接与平键连接相比，其具有承载能力高、对轴削弱的程度小(齿浅，应力集中小)、定心好和导向性能好等优点。它适用于定心精度要求高、载荷大或经常滑移的连接。

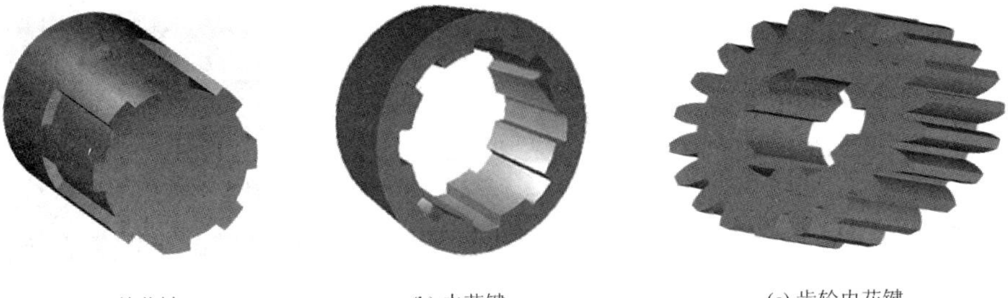

(a) 外花键　　(b) 内花键　　(c) 齿轮内花键

图 3－2－8　花键连接

齿轮与花键

花键连接按其齿形不同，一般可分为常用的矩形花键(见图 3－2－9)、强度高的渐开线花键(见图 3－2－10)和三角形花键。

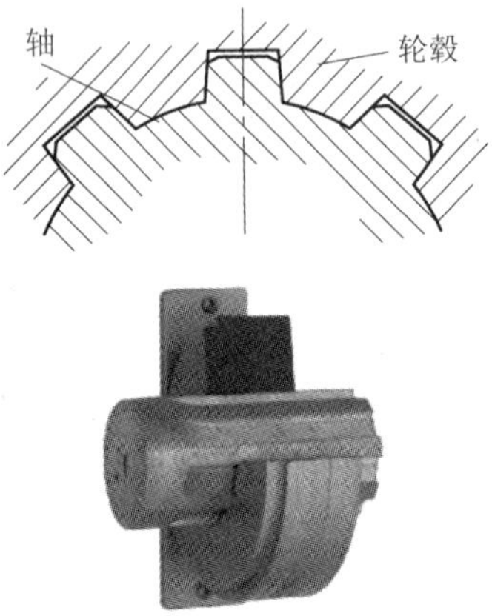

图 3－2－9　矩形花键

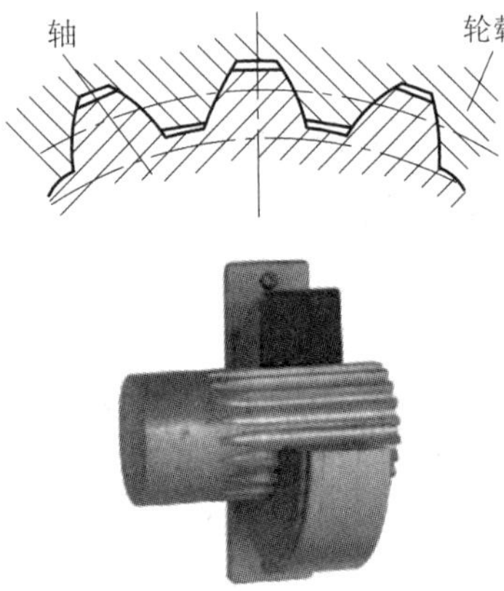

图 3－2－10　渐开线花键

矩形花键(GB/T 1144—2001)加工方便，采用内径定心的方式，定心精度高，定心稳定性也好，应用广泛。

渐开线花键(GB/T 3478.1—1995)制造精度高，齿根部较厚，齿强度高，应力集中小，承载能力大，采用齿形定心的方式。传动时，齿上的径向力能够自动定心，有利于各齿均载，但加工精度要求高，成本较高，用于定心精度要求高、重载，同时轴径较粗的场合。

三角形花键齿数多但齿较小，对轴强度的削弱也较小，适用于轻载、轴径较小及轴与薄壁零件的连接，应用较少。

花键的加工需要专用设备和工具，成本较高。

花键连接可以是静连接，也可以是动连接。它的选用方法与平键连接类似。

任务小结

(1) 松键连接的主要类型：平键连接和半圆键连接。

(2) 紧键连接的主要类型：楔键连接和切向键连接。

（3）平键的主要类型：普通平键、薄型平键、导向平键、滑键。

（4）花键连接的类型：矩形花键、渐开线花键、三角形花键。

任务三　销连接及其应用

任务引入

在机械装置中，零件定位、安全装置等经常会采用销连接。那么，销连接和键连接的区别是什么？销连接的作用有哪些？销连接的应用场合是什么？本任务要求结合常见连接，认识销连接的类型、特点和应用，并能正确选择销连接。

连接销与开口销

任务实施

用销使两个零件连接在一起，叫作销连接。常用的销有圆柱销、圆锥销、开口销等。销连接既可用作轴上零件的固定，也可用作定位或安全装置。

1. 销的类型

如图 3－2－11 所示，销按作用主要分为定位销、连接销和安全销。

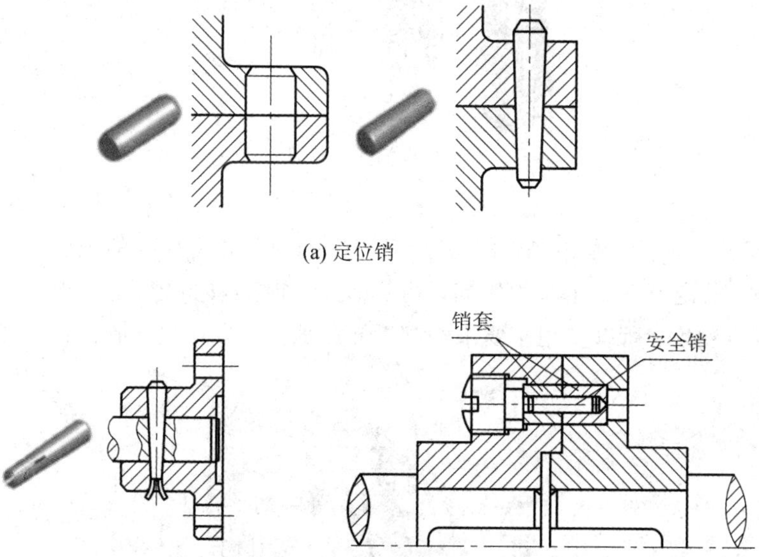

(a) 定位销

(b) 连接销

(c) 安全销

图 3－2－11　销连接

定位销主要用于固定零件间的相对位置，常用作组合加工和装配时的主要辅助零件，通常不受载荷或只受很小的载荷，故不作强度校核计算，其直径由结构确定，数目一般不少于两个。

连接销用于轴与轴套的连接或锁定，可传递不大的载荷，根据工作要求选定，其尺寸可根据连接的结构特点按经验或规范确定，必要时再按剪切和挤压强度条件进行校核计算。

安全销主要用于安全保护装置中的过载剪断元件，在过载时被剪断，必要时可在销上切出圆槽。销的直径应按剪切条件确定，为防止断销时损坏孔壁，通常可在安全销上加一个销套。

安全销

2. 销的种类

销按形状可分为圆柱销、圆锥销、开口销、槽销及特殊形式的销等，其中圆柱销、圆锥销、开口销已标准化。

如图 3-2-12 所示，圆柱销(GB/T 119—2000)靠过盈固定在孔中，用于固定零件、传递动力或作定位件。它具有多种直径公差，可根据不同要求配合使用。圆柱销定位较精确，但经多次拆卸可能损坏其配合的精确性，所以不宜多次拆卸，与其配合的销孔一般需要铰制。

图 3-2-12 圆柱销

如图 3-2-13 所示，圆锥销(GB/T 117—2000)通常是 1∶50 的锥度，便于安装对孔，主要用作定位。其定位精度比圆柱销高，在受横向力时能够自锁，连接牢固，虽经多次拆卸也能保证配合精度，所以多用于要求经常拆卸的地方，与其配合的销孔一般需要铰制。

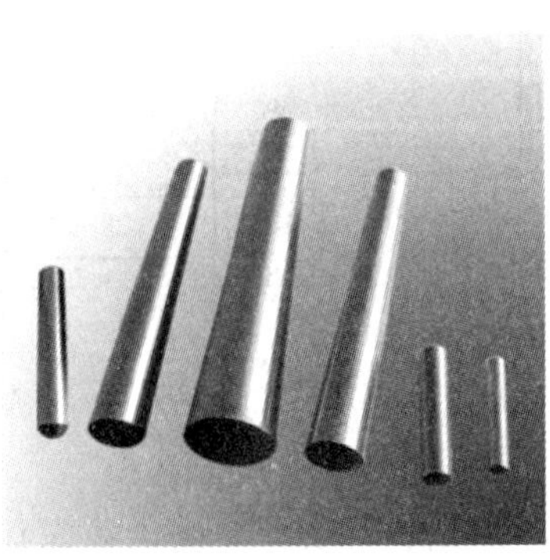

图 3-2-13 圆锥销

开口销(GB/T 91—2000)与槽型螺母或带孔销轴配合使用，防止螺母松动或销脱落

(见图 3-2-14)。如图 3-2-15 所示为销轴(GB/T 882—2008)与开口销的配合使用。由于开口销需要折弯，通常使用低碳钢；其他类型的销通常采用 35 钢或者 45 钢。

图 3-2-14　带孔销轴与槽型螺母

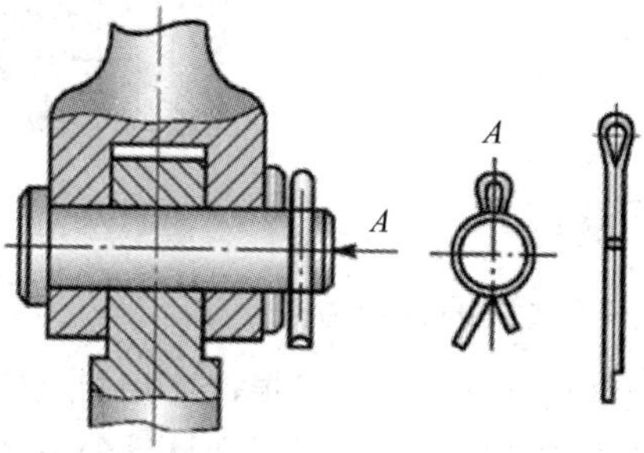

图 3-2-15　销轴与开口销

槽销(GB/T 13829—2004)上有碾压或模锻出的三条纵向沟槽(见图 3-2-16)，将槽销打入销孔时，由于材料的弹性变形使槽销挤压在销孔中，所以销孔无需铰光，也可多次装拆，并且不易松脱，因而能承受振动和变载荷，多用来传递载荷。

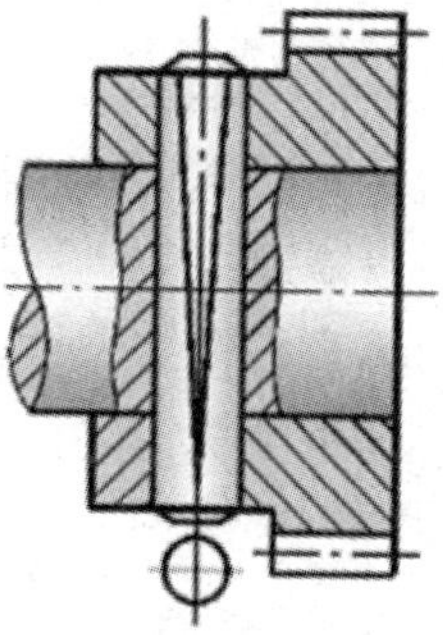

图 3-2-16　槽销

另外，还有开尾圆锥销(GB/T 877—2000)(见图 3-2-17)，将其装入销孔后，撑开尾部开口部分以防止脱落，开尾圆锥销防松效果好，多用于有冲击或振动场合的连接。

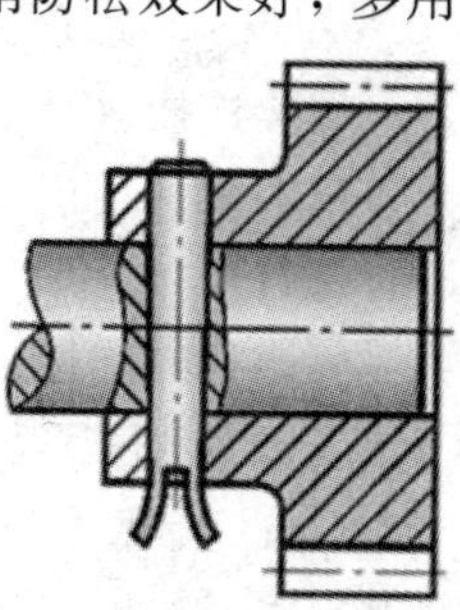

图 3-2-17　开尾圆锥销

端部带螺纹的圆锥销(GB/T 118—2000)(见图 3-2-18)适用于盲孔或拆卸困难的场合。

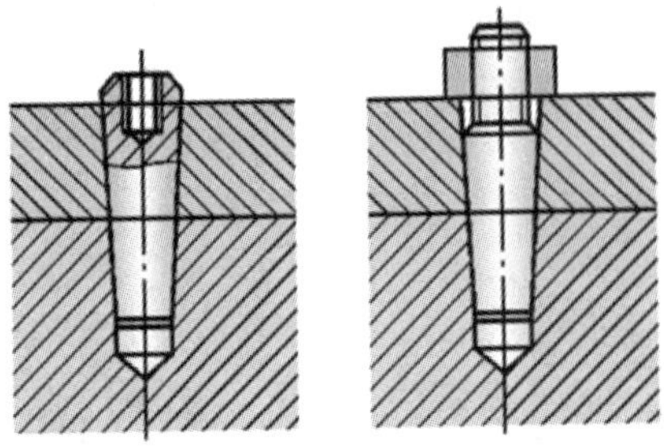

图 3-2-18　端部带螺纹的圆锥销

3. 销连接的设计方法

设计销连接时，可先根据连接的具体结构和工作要求选择销的类型、材料和尺寸，再进行适当的强度计算。选择和计算的方法与前述键连接相同，在此不再赘述。

任务小结

（1）销的类型：定位销、连接销和安全销。

（2）销的种类：圆柱销、圆锥销、开口销、槽销及特殊形式的销。

模块知识小结

- 1. 概述
  - 螺纹的种类
    - 连接螺纹
      - 三角形螺纹（普通螺纹）
      - 管螺纹
    - 传动螺纹
      - 锯齿形螺纹
      - 梯形螺纹
      - 矩形螺纹
  - 螺纹的参数
    - 牙型
    - 大径、中径、小径
    - 线数
    - 螺距、导程
    - 旋向
- 2. 螺纹连接
  - 螺纹连接的基本类型
    - 螺栓连接
    - 双头螺柱连接
    - 螺钉连接
    - 紧定螺钉连接
  - 螺纹连接的预紧和防松
    - 预紧（扭力扳手）
    - 防松
      - 摩擦防松（对顶螺母、弹簧垫圈、自锁螺母）
      - 机械防松（开口销与开槽六角螺母、止动垫圈、串联钢丝）
      - 永久防松（焊接、冲点、粘合）

3. 键连接
   - 松键连接
     - 平键连接
       - 普通平键(A 型、B 型、C 型)
       - 薄型平键
       - 导向平键
       - 滑键
     - 半圆键连接
   - 紧键连接
     - 楔键连接(普通楔键、钩头楔键)
     - 切向键连接
   - 花键连接
     - 矩形花键连接
     - 渐开线花键连接

4. 销连接
   - 圆柱销
   - 圆锥销
   - 开口销
   - 槽销

项 目 练 习

一、选择题

1. ______主要用于固定零件间的相对位置，常用作组合加工和装配时的主要辅助零件。

A. 安全销　　B. 连接销　　C. 定位销

2. ______用于轴与轴套的连接或锁定，可传递不大的载荷。

A. 安全销　　B. 连接销　　C. 定位销

3. ______主要用于安全保护装置中的过载剪断元件，在过载时被剪断。

A. 安全销　　B. 连接销　　C. 定位销

4. ______销孔无需铰光，也可多次装拆，并且不易松脱，因而能承受振动和变载荷，多用来传递载荷。

A. 圆柱销　　B. 圆锥销　　C. 槽销

5. ______既可用作轴上零件的固定，也可用作定位或安全装置。

A. 螺纹连接　　B. 销连接　　C. 键连接

二、判断题

1. 销连接既可用作轴上零件的固定，也可用作定位或安全装置。(　　)
2. 圆柱销靠过盈固定在孔中，用于固定零件、传递动力或作定位件。(　　)
3. 圆柱销定位精度比圆锥销高。(　　)
4. 由于开口销需要折弯，通常使用低碳钢。(　　)
5. 端部带螺纹的圆锥销适用于盲孔或拆卸困难的场合。(　　)

三、简答题

1. 键连接的种类有哪些?(在你所知道的机械设备中有哪些键连接方式，试举例)。
2. 怎样选择平键?

3. 各种键连接的工作面是什么(如普通平键、半圆键、花键、切向键等)?

4. 导向平键与滑键有什么区别?

5. 连接销有哪几种?销连接和键连接有何不同?

6. 如图 3-2-19 所示，指出销孔的位置。

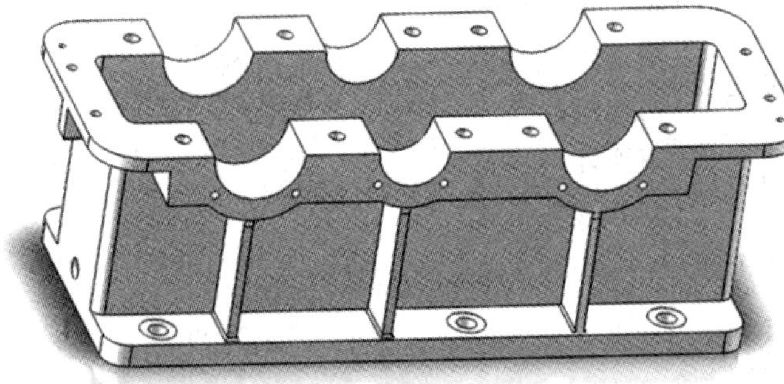

图 3-2-19 变速箱箱体

模块四　轮系与轴系零部件

前面介绍了由两个齿轮相啮合的最简单的齿轮传动机构，但在实际机械传动中，仅用一对齿轮往往不能满足生产上的多种要求，通常是采用一系列彼此相啮合的齿轮所组成的齿轮传动系统，将主动轴的运动传到从动轴，这种多齿轮的传动装置称为齿轮系(轮系)。本模块主要介绍轮系的种类、轮系传动比的计算及轮系的应用。在机械中，轴、轴承、联轴器和离合器等统称为轴系零部件。它们是机械的重要组成部分，其设计是否正确，选择是否合理，将直接影响整台机器的工作性能。本模块将分别介绍它们的设计、计算和选择等方面的内容。

项目一　轮　　系

任务一　轮系及轮系的传动比

任务引入

定轴轮系工作原理　　　　车床主轴箱工作视频

从二维码视频中可以看到，轮系是由多个齿轮构成的传动系统。例如，手表中的轮系用于实现大传动比的传动；抽油机中的减速器用于降低转速、增大转矩；车床主轴箱中的齿轮变速机构用于使主轴获得多级转速。

任务实施

1. 轮系的分类

根据轮系运转时各齿轮的轴线在空间的位置是否固定，轮系可分为定轴轮系（定轴线轮系或定轴齿轮系）、周转轮系（动轴线轮系或行星齿轮系）和混合轮系三类。

1) 定轴轮系

当轮系运转时，轮系中所有齿轮几何轴线的位置相对于固定件固定不变，这种轮系称为定轴轮系。

由轴线互相平行的圆柱齿轮组成的定轴轮系，称为平面定轴轮系，如图 4-1-1 所示。该轮系由齿轮 1 和齿轮 2、齿轮 2′和齿轮 3、齿轮 3′和齿轮 4、齿轮 4 和齿轮 5 共四对相互啮合的齿轮组成，并且每个齿轮的轴线都是相互平行的。

当定轴轮系中包含有相交轴齿轮、交错轴齿轮等时，称为空间定轴轮系，如图 4-1-2 所示。该轮系由锥齿轮 1 和锥齿轮 2、蜗杆 3 和蜗轮 4、齿轮 5 和齿轮 6 共三对相互啮合的齿轮组成，其中锥齿轮 1 和锥齿轮 2 的两个轴线是相交的，蜗杆 3 和蜗轮 4 的两个轴线是互相垂直交错的。

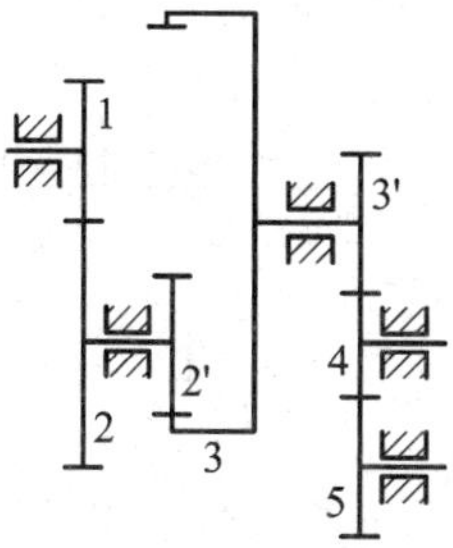

图 4-1-1　平面定轴轮系

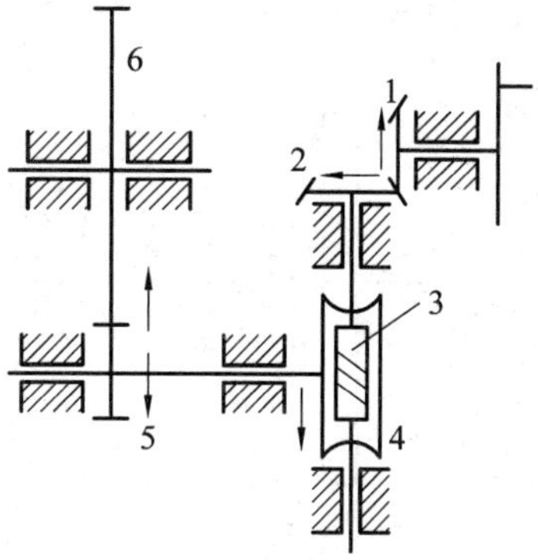

图 4-1-2　空间定轴轮系

2) 周转轮系

当轮系运转时，若至少有一个齿轮的轴线绕另一齿轮轴线转动，则该轮系称为周转轮系。

在图 4-1-3 所示的周转轮系中，齿轮 1、齿轮 3 和 H 杆均绕固定轴线 O(三个轴线重合)回转，而齿轮 2 除了绕自身轴线 O_1 回转(自转)外，同时还随 H 杆绕固定轴线 O 回转(公转)，所以齿轮 2 既作自转又作公转，故称为行星轮；支撑行星轮运动的构件 H 称为行星架(系杆或转臂)；轴线位置固定的齿轮 1 和齿轮 3 则称为中心轮(或太阳轮)。因此，周转轮系是由一个行星架、一个(或多个)行星轮以及与行星轮相啮合的数目不超过两个的太阳轮所组成的，并且行星架与太阳轮的几何轴线必须重合。

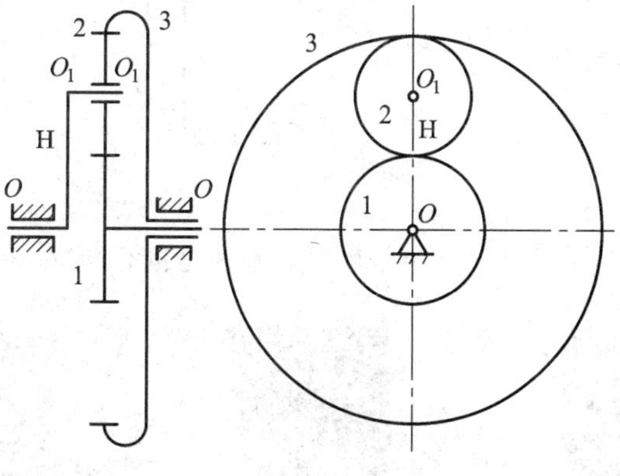

图 4-1-3　周转轮系

根据周转轮系自由度数目的不同，周转轮系可分为行星轮系与差动轮系。

(1) 行星轮系。如图 4-1-4(a)所示，太阳轮 1 可以转动、太阳轮 3 不能转动，所以 $n=3$，$P_L=3$，$P_H=2$，其自由度 F 为

$$F=3n-2P_L-P_H=3\times3-2\times3-2=1$$

即只需一个原动件就可以使轮系具有确定的相对运动。

(2) 差动轮系。如图 4-1-4(b)所示，太阳轮 1 和太阳轮 3 均能转动，所以 $n=4$，$P_L=4$，$P_H=2$，其自由度 F 为

$$F=3n-2P_L-P_H=3\times4-2\times4-2=2$$

即需要两个原动件才可以使轮系具有确定的相对运动。

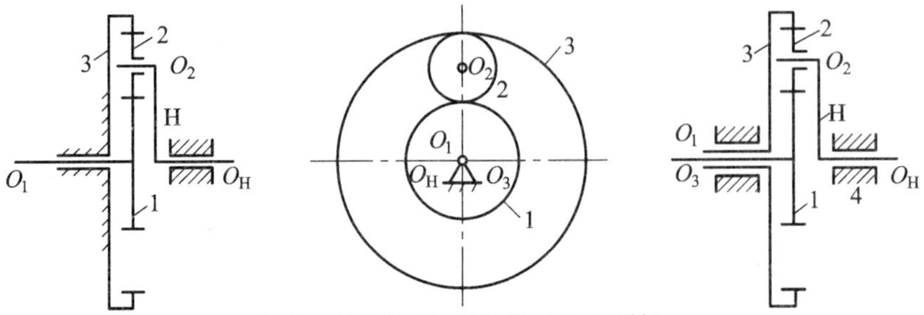

1、3—太阳轮；2—行星轮；H—行星架。

(a) 行星轮系　　　　(b) 差动轮系

图 4－1－4　周转轮系

3）混合轮系

既包含定轴轮系部分又包含周转轮系部分，或包含几个单一的周转轮系部分的复杂轮系，称为混合轮系，如图 4－1－5 所示。该轮系由齿轮 1、齿轮 2 构成的定轴轮系和齿轮 3、齿轮 4、齿轮 5 及行星架 H 构成的周转轮系组成。

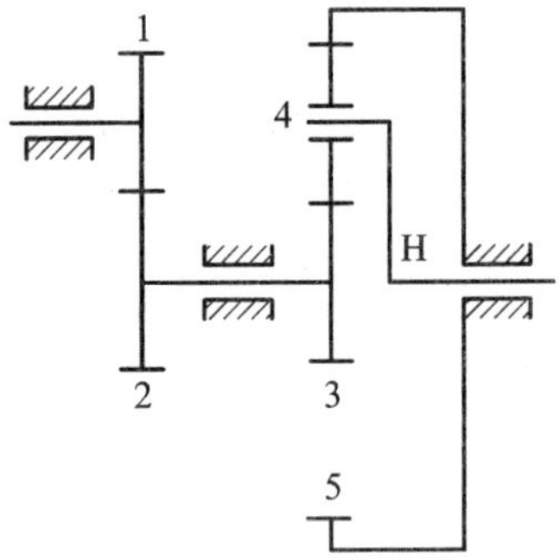

图 4－1－5　混合轮系

扫描下面的二维码，判断哪种是定轴轮系，哪种是混合轮系，哪种是周转轮系。

轮系的工作原理 1　　轮系的工作原理 2　　轮系的工作原理 3

2. 定轴轮系传动比

1）定轴轮系传动比的概念

在轮系中，输入轴和输出轴角速度（或转速）之比称为轮系的传动比，常用字母“i”表示，并在传动比符号右下角用下标表明其对应的两轴。如 i_{12} 表示轴 1 与轴 2 的传动比。

若齿轮 1 的旋转角速度为 ω_1，转速为 n_1，齿数为 z_1；齿轮 2 的旋转角速度为 ω_2，转速为 n_2，齿数为 z_2，则一对齿轮的传动比为

$$i_{12}=\frac{\omega_1}{\omega_2}=\frac{n_1}{n_2}=\pm\frac{z_2}{z_1}$$

其中，外啮合取负号，表示主、从动轮转向相反；内啮合取正号，表示主、从动轮转向相同。所以，轮系的传动比应包含以下两方面内容：

（1）传动比的大小；

（2）确定输出轴(轮)的转动方向。

有了以上两点内容，才能全面表达输入轴与输出轴间的关系。

2）定轴轮系传动比的计算

如图 4-1-6 所示为定轴轮系，已知各齿轮的齿数和转速，则组成轮系的每对齿轮的传动比为

$$i_{12}=\frac{\omega_1}{\omega_2}=\frac{n_1}{n_2}=-\frac{z_2}{z_1}$$

$$i_{2'3}=\frac{\omega_{2'}}{\omega_3}=\frac{n_{2'}}{n_3}=\frac{z_3}{z_{2'}}$$

$$i_{3'4}=\frac{\omega_{3'}}{\omega_4}=\frac{n_{3'}}{n_4}=-\frac{z_4}{z_{3'}}$$

$$i_{45}=\frac{\omega_4}{\omega_5}=\frac{n_4}{n_5}=-\frac{z_5}{z_4}$$

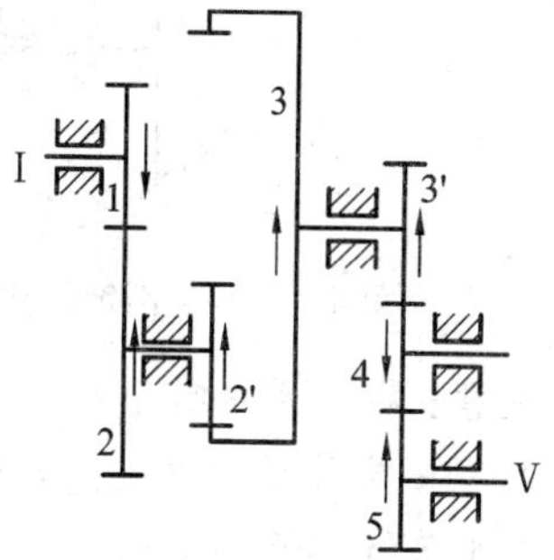

图 4-1-6　定轴轮系

分析以上各式，将各式两边分别相乘，得该定轴轮系的传动比 i_{15} 为

$$i_{15}=\frac{n_1}{n_5}=\frac{n_1}{n_2}\times\frac{n_{2'}}{n_3}\times\frac{n_{3'}}{n_4}\times\frac{n_4}{n_5}=\left(-\frac{z_2}{z_1}\right)\left(\frac{z_3}{z_{2'}}\right)\left(-\frac{z_4}{z_{3'}}\right)\left(-\frac{z_5}{z_4}\right)=(-1)^3\frac{z_2\ z_3\ z_5}{z_1\ z_{2'}\ z_{3'}}$$

此式说明定轴轮系的传动比就等于组成该轮系的各种啮合齿轮传动比的连乘积；其大小等于各对啮合齿轮中所有从动轮齿数的连乘积与所有主动轮齿数的连乘积之比。由此可推得定轴轮系传动比的一般计算公式为

$$i_{1N}=\frac{n_1}{n_N}=(-1)^m\frac{\text{齿轮 1 与 }N\text{ 间各级齿轮啮合中的所有从动轮齿数的连乘积}}{\text{齿轮 1 与 }N\text{ 间各级齿轮啮合中的所有主动轮齿数的连乘积}}$$

式中：N 为齿轮数；m 为轮系中外啮合齿轮的对数。

3）定轴轮系首、末轮转向关系的确定

定轴轮系首、末轮的转向可用两种方法判定，即画箭头方法和加正负号的方法。

（1）首、末两轮轴线平行：在首、末轮的轴线相互平行时，当两轮转向相同时，在其传动比前加“＋”来表示；两轮转向相反时，则在其传动比前加“－”来表示。

① 如果轮系中所有齿轮轴线是平行的，其传动比的正、负取决于外啮合齿轮的对数 m，因为经过一对外啮合齿轮，两轴方向即改变一次，所以可以在传动比前加上 $(-1)^m$ 来确定首、末轮的转向关系。

② 如果中间有轴线不平行的情况，则必须用画箭头的方法确定转向，然后再在传动比前加“±”表示转向关系。

（2）首、末两轮轴线不平行：首、末两轮轴线不平行时，仍可以用传动比的一般计算公式计算传动比的数值，但首、末轮的转动方向不能用 $(-1)^m$ 来确定，只能用画箭头的方法来确定它们的转向。

① 对于圆锥齿轮，表明一对齿轮转向的箭头或同时指向节点，或同时背离节点，如图4－1－7所示。

② 对于蜗轮蜗杆，应根据蜗杆的转向和螺旋线的方向来确定蜗轮的转向：右旋蜗杆用右手，左旋蜗杆用左手，使四指的弯曲方向与蜗杆转向一致，此时大拇指沿蜗杆轴线所指的相反方向即为蜗轮上节点速度的方向，由此即可决定蜗轮的转向，如图4－1－8所示。

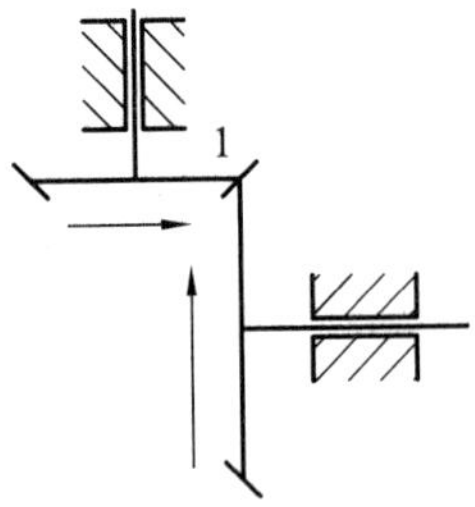

图4－1－7 圆锥齿轮传动

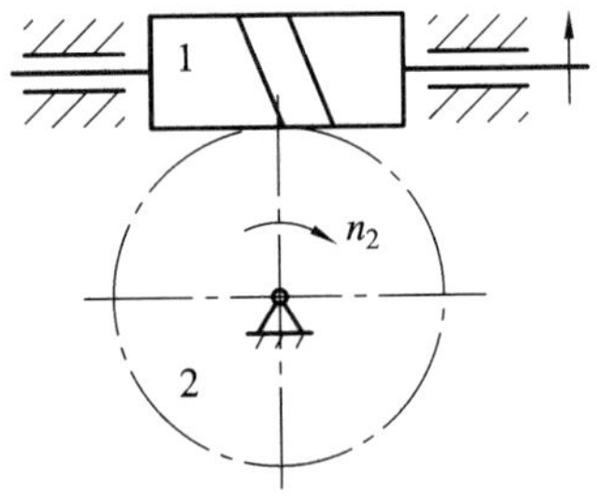

图4－1－8 蜗轮蜗杆传动

注意： 在轮系中有一些齿轮，它既是前一级的从动轮，又是后一级的主动轮，因而它的齿数不影响传动比的大小，但却增加了外啮合次数，改变了传动比的符号，使轮系的从动轮转向发生了改变。这种不影响传动比大小，但影响轮系从动轮转向的齿轮称为惰轮或过桥齿轮（过轮）。

3. 轮系传动比的计算

例4－1 如图4－1－9所示的定轴轮系，已知 $z_1=15$，$z_2=25$，$z_{2'}=14$，$z_3=20$，$z_4=14$，$z_{4'}=20$，$z_5=30$，$z_6=40$，$z_{6'}=2$，$z_7=60$ 均为标准传动齿轮。若已知齿轮1的转速为 $n_1=200$ r/min，从 A 向看为顺时针转动，试求蜗轮7的转速 n_7 及转动方向。

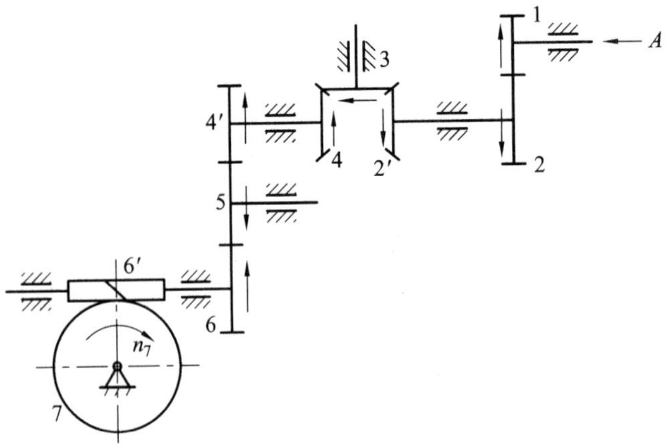

图4－1－9 定轴轮系

解 （1）计算该定轴轮系的传动比为

$$i_{17}=\frac{n_1}{n_7}=\frac{z_2z_3z_4z_5z_6z_7}{z_1z_{2'}z_3z_{4'}z_5z_{6'}}=\frac{25\times20\times14\times30\times40\times60}{15\times14\times20\times20\times30\times2}=100$$

（2）用画箭头的方法判断蜗轮的转向为顺时针。

(3) 计算蜗轮的转速 n_7。

$$n_7 = \frac{n_1}{i_{17}} = \frac{200}{100}\ \text{r/min} = 2\ \text{r/min}$$

故蜗轮以 2 r/min 的转速沿逆时针方向转动。

实例分析

图 4-1-10 所示为外圆磨床砂轮架横向进给机构的传动系统图。转动手轮可使砂轮架沿工件做径向移动，以便靠近和离开工件。其中齿轮 1、2、3 和 4 组成定轴轮系，各齿数 $z_1=25$，$z_2=60$，$z_3=30$，$z_4=50$。丝杠与齿轮 4 固连，丝杠转动时带动与螺母固连的砂轮架移动，丝杠螺距 $t=4$ mm。试求手轮转一圈时砂轮架移动的距离 L。

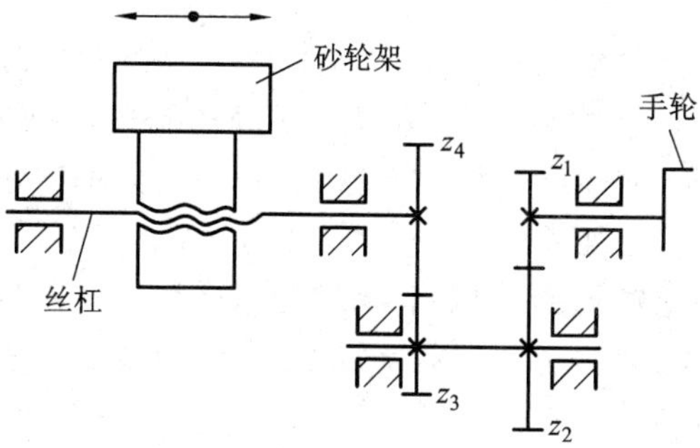

图 4-1-10 外圆磨床砂轮架横向进给机构传动系统

解 齿轮 1、2、3 和 4 组成的轮系为定轴轮系，丝杠的转速与齿轮 4 的转速一样，要想求出丝杠的转速，应先计算出手轮转一圈时(丝杠)齿轮 4 的转数。为了方便求出齿轮 4 的转速，设定齿轮 4 为定轴轮系的主动轮，列出计算公式：

$$n_{丝杠} = n_4$$

$$i_{41} = \frac{n_4}{n_1} = \frac{z_3 z_1}{z_4 z_2}$$

$$n_4 = n_1 i_{41} = 1 \times \frac{z_3 z_1}{z_4 z_2} = 1 \times \frac{30 \times 25}{50 \times 60} = 0.25\ \text{r/min}$$

因为丝杠转一圈，螺母(砂轮架)移动一个螺距，所以砂轮架移动的距离为

$$L = tn_{丝杠} = tn_4 = 4 \times 0.25 = 1\ \text{mm}$$

生产实践中，加工设备的进给机构都是应用这样的传动系统来完成的。例如，将外圆磨床中的手轮(进给刻度盘)等分为 100 份，则进给刻度盘转动 1 等份的刻度，进给机构的移动量为 0.01 mm。

任务小结

(1) 轮系的分类：定轴轮系、周转轮系(包含差动轮系和行星轮系)和混合轮系。

(2) 周转轮系的组成：一个行星架、一个(或多个)行星轮、与行星轮相啮合的数目不超过两个的太阳轮所组成，并且行星架与太阳轮的几何轴线必须重合。

(3) 定轴轮系传动比的计算，包含传动比的大小和转动方向的确定。

任务二　周转轮系及混合轮系的传动比

任务引入

周转轮系与定轴轮系的区别在于周转轮系中有转动的行星架 H，使得行星轮既有自转又有公转，所以周转轮系传动比不能直接用定轴轮系传动比的公式进行计算。

周转轮系的
工作原理

任务实施

1. 周转轮系传动比的计算

对于周转轮系传动比的计算，可以利用相对运动的原理，给整个周转轮系加上一个与行星架的转速大小相等、方向相反的公共转速($-n_H$)后，轮系中各构件之间的相对运动关系并不发生改变，但此时行星架变为固定不动，图 4－1－11 中齿轮 2 的轴线 O_2 也随之固定，此时周转轮系转化为定轴轮系。这种将周转轮系转化为假想的定轴轮系，然后利用定轴轮系传动比进行传动比计算的方法称为反转法或转化机构法。

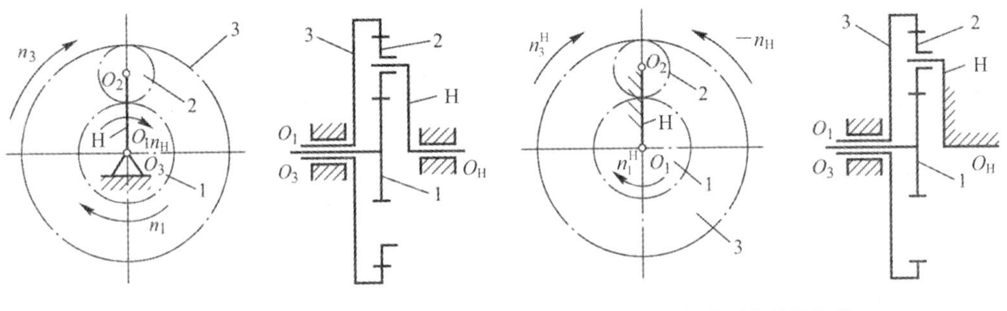

(a) 周转轮系　　　　(b) 转化后的周转轮系

图 4－1－11　周转轮系及其转化机构

转化机构中各构件的转速如表 4－1－1 所示。

表 4－1－1　转化机构各构件的转速

构件	周转轮系转速(原转速)	转化机构转速(相对于行星架的转速)
1	n_1	$n_1^H = n_1 - n_H$
2	n_2	$n_2^H = n_2 - n_H$
3	n_3	$n_3^H = n_3 - n_H$
H	n_H	$n_H^H = n_H - n_H = 0$

转化机构的传动比可按定轴轮系传动比的计算方法求得，即

$$i_{13}^{H}=\frac{n_1^H}{n_3^H}=\frac{n_1-n_H}{n_3-n_H}=(-1)^1\left(\frac{z_2}{z_1}\right)\left(\frac{z_3}{z_2}\right)=-\frac{z_3}{z_1}$$

在齿数已知的前提下，可由 n_1、n_3和 n_H求得周转轮系的传动比。以此类推，若周转轮系中包含有 K 个齿轮，主动轮 1 和从动轮 K 的转速分别为 n_1、n_K，行星架 H 的转速为 n_H，则

$$i_{1N}^{H}=\frac{n_1-n_H}{n_K-n_H}$$

$$=(-1)^m\frac{\text{轮 1 至轮 }K\text{ 间各级齿轮啮合中的所有从动轮齿数的连乘积}}{\text{轮 1 至轮 }K\text{ 间各级齿轮啮合中的所有主动轮齿数的连乘积}}$$

应用此式时应注意以下几点：

(1) 齿轮 1、齿轮 K 及行星架 H 的回转轴线必须相互平行或重合，否则两轮转速不能进行代数和运算。

(2) n_1、n_K及 n_H是代数量，将已知转速的数值代入计算时，必须将表示其转动方向的正负号一起代入。如已知两转速的方向相反，设其中之一转向为正，则另一个齿轮的转向为负，其他构件的转向根据计算结果的正负来确定。

(3) 转化机构的传动比应按照相应的定轴轮系传动比的计算方法求出。对于不含空间齿轮的轮系，可用$(-1)^m$来决定传动比的正负号；若轮系中含有空间齿轮，则必须采用画箭头法，为了与轮系中各构件的实际转向相区别，转化机构中构件转向一般应使用虚箭头。

2. 混合轮系传动比的计算

在混合轮系中，可能既包含定轴轮系部分，又包含周转轮系部分，或者包含几部分的周转轮系。对这样复杂的轮系，既不能用定轴轮系的公式来计算传动比，也不能按周转轮系的公式来计算传动比，而是将其所包含的各部分定轴轮系和周转轮系加以区别，并分别应用其各自的计算方法求出它们的传动比，然后联立求解，从而求出混合轮系的传动比，具体步骤如下：

(1) 正确划分轮系。先把周转轮系划分出来，即找出回转中心运动的行星轮，找出支撑行星轮的行星架(实际形状不一定呈现简单的杆状)，找出与行星轮啮合的所有太阳轮。每一个行星架，连同其上的行星轮，以及与行星轮相啮合的太阳轮就组成了一个周转轮系。将所有周转轮系找到后，剩下的即为定轴轮系。

(2) 分别写出各轮系传动比的计算公式。

(3) 找出各轮系间的联系条件。

(4) 联立求解各公式，得出所需的传动比或转速。

3. 轮系传动比的计算实例

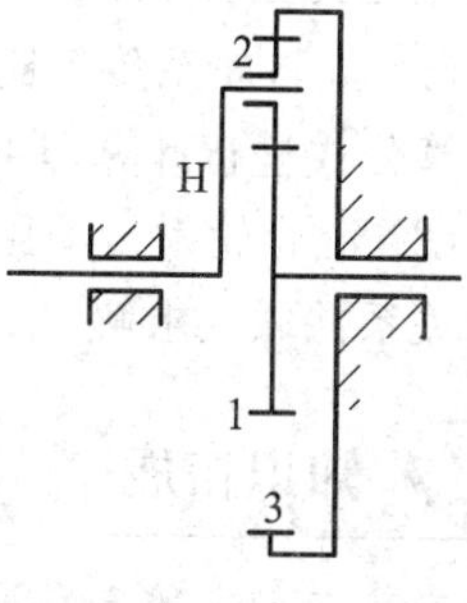

图 4-1-12　行星轮系

例 4-2　如图 4-1-12 所示为行星轮系，其中 $z_1=27$，$z_2=17$，$z_3=61$，已知 $n_1=6000$ r/min，试求传动比 i_{1H}和行星架 H 的转速 n_H。

解　此轮系转化机构的传动比为

$$i_{13}^{H}=\frac{n_1^H}{n_3^H}=\frac{n_1-n_H}{n_3-n_H}=-\frac{z_3}{z_1}$$

$$i_{13}^{H} = \frac{n_1^{H}}{n_3^{H}} = \frac{n_1 - n_H}{0 - n_H} = -\frac{61}{27}$$

$$i_{1H} = \frac{n_1}{n_H} = 1 + \frac{61}{27} \approx 3.26$$

$$n_H = \frac{n_1}{i_{1H}} = \frac{6000}{3.26} \approx 1840 \text{ r/min}$$

设 n_1转向为正，则 n_H的转向与 n_1的转向相同。

例 4-3 如图 4-1-13 所示为混合轮系，已知 $z_1=20$，$z_2=40$，$z_{2'}=20$，$z_3=30$，$z_4=60$，试求 i_{1H}。

解 (1) 分清轮系。由图可知，该轮系为一定轴轮系 1-2 与行星轮系 2′-3-H 组成的混合轮系。

(2) 分别列式。定轴轮系传动比的计算公式为

$$i_{12} = \frac{n_1}{n_2} = (-1)^1 \frac{z_2}{z_1} = -\frac{40}{20} = -2$$

$$n_1 = -2\,n_2$$

行星轮系传动比的计算公式为

$$i_{2'4}^{H} = \frac{n_{2'}^{H}}{n_4^{H}} = \frac{n_{2'} - n_H}{n_4 - n_H} = -\frac{z_4\ z_3}{z_3\ z_{2'}} = -\frac{60}{20} = -3$$

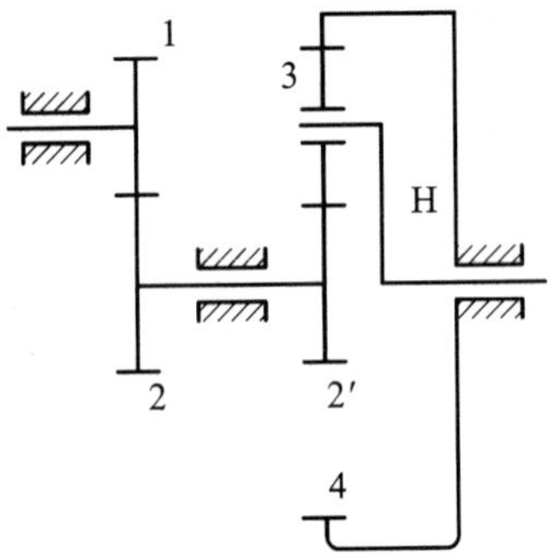

图 4-1-13 混合轮系

(3) 找出关系。由图可知 $n_4=0$，$n_2=n_{2'}$。

(4) 联立求解。将 $n_4=0$，$n_2=n_{2'}$代入步骤(2)中的第二式，得

$$\frac{n_2 - n_H}{0 - n_H} = -3$$

$$n_H = \frac{n_2}{4}$$

由于$n_1=-2n_2$，所以

$$n_{1H} = -\frac{n_1}{n_H} = -\frac{2n_2}{\frac{n_2}{4}} = -8$$

即齿轮 1 转 1 圈，行星架 H 转 8 圈，且二者的转动方向相反。

任务小结

(1) 周转轮系传动比的计算采用反转法将其转化为定轴轮系，从而按定轴轮系传动比的计算公式进行计算即可。

(2) 混合轮系传动比的计算首先要分清轮系各组成部分的种类，然后分别列式，最后找出关系并联立求解。

知识拓展

齿轮在轴上的三种固定方式如表 4-1-2 所示。

表 4－1－2 齿轮在轴上的三种固定方式

结构简图		齿轮与轴之间的关系
单一齿轮	双联齿轮	
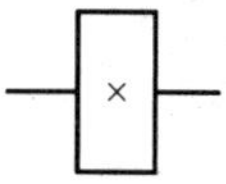	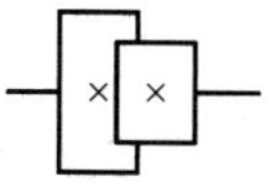	齿轮与轴之间固定（齿轮与轴固定为一体，齿轮与轴一同转动，齿轮不能沿轴向移动）
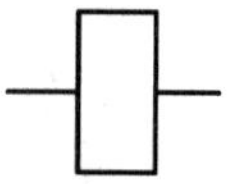	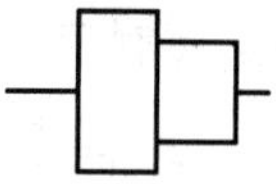	齿轮与轴之间空套（齿轮与轴空套，齿轮与轴各自转动，互不影响）
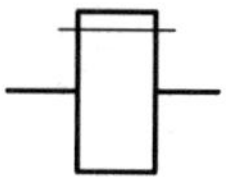	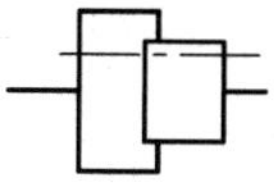	齿轮与轴之间滑移（齿轮与轴周向固定，齿轮与轴一同转动，但齿轮可沿轴向滑移）

任务三 轮系的应用

任务引入

轮系广泛应用于各种机械和仪表中，其与一对齿轮传动的区别是什么呢？其主要应用于哪些方面呢？

任务实施

轮系主要应用于以下几个方面。

1. 实现分路传动

利用轮系，使一个主动轴带动若干个从动轴同时转动，并将运动从不同的传动路线传递给执行机构。

滚齿机加工时，要求滚刀的转速和轮坯的转速满足一定的传动比关系。如图 4－1－14

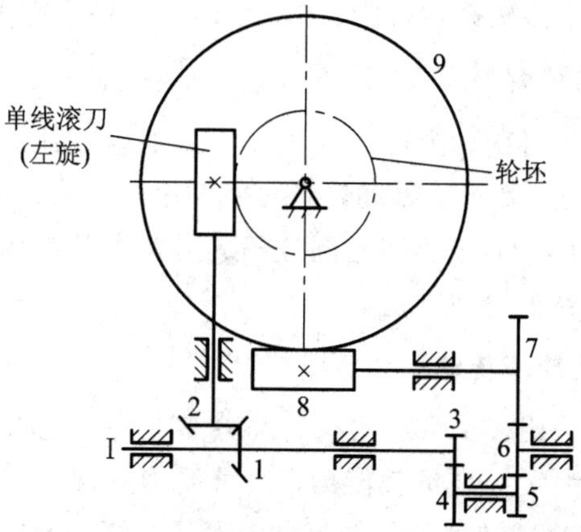

图 4－1－14 滚齿机滚刀与轮坯之间做范成运动简图

所示，主动轴Ⅰ通过锥齿轮1、2将运动传给滚刀；同时主动轴又通过直齿轮3经齿轮4、5、6、7传至蜗杆8，最后传给蜗轮9，蜗轮9带动被加工的轮坯转动，以满足滚刀和轮坯的传动比要求。

2. 实现相距较远的两轴之间的传动

如图4-1-15所示的定轴轮系，当输入轴和输出轴相距较远时，如果用一对齿轮传动，则两齿轮的尺寸必然很大，这样不仅浪费材料，而且占用的空间也比较大，制造、安装都不方便。若采用轮系传动，便可避免上述缺点，使制造、安装更方便。

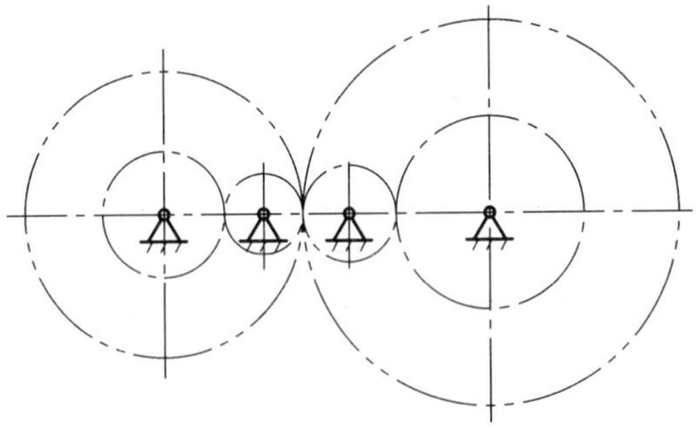

图4-1-15　中心距相距较远的齿轮传动

3. 实现较大的传动比

用一对相互啮合的齿轮传动，受结构的限制，传动比不能过大（一般 $i=5\sim7$，$i_{max}\leqslant8$），而采用轮系时只需很少的几个齿轮就可以获得很大的传动比（如行星轮系传动比高达10 000），从而满足低速工作的要求。

应当指出，这种类型的行星齿轮传动用于减速时，减速比越大，其机械效率越低。因此，它一般只适用于作辅助装置的减速传动机构，不宜传递大功率。若将它用作增速传动，则可能发生自锁。

4. 实现变速或变向传动

在主动轴转速、转向不变的条件下，采用滑移齿轮、离合器等变速机构，可使从动轴获得多种转速或反向转动。该轮系在机床、汽车、起重设备等许多机械中都有应用。

5. 实现运动的合成与分解

差动轮系有两个自由度，在三个基本构件中，必须给定任意两个基本构件的运动后，第三个构件的运动才能确定。因此，差动轮系可将两个运动合成为一个确定的运动。同理，差动轮系也可将一个主动转动，按所需比例分解成另两个基本构件的不同运动。汽车后桥的差速器就利用了差动轮系的分解功能。

6. 实现结构紧凑的大功率传动

在周转轮系中，通常采用多个行星轮均匀地分布在中心轮四周的结构形式，载荷通常由多对齿轮共同承受，可大大提高承载能力，改善受力状况。此外，采用内啮合齿轮可提高空间的利用率和减小行星减速器的径向尺寸，因此在结构紧凑的情况下，可实现大功率传动。

实例分析

图 4－1－16 所示为滚齿机工作台的传动系统，已知各齿轮的齿数为 $z_1=15$，$z_2=28$，$z_3=15$，$z_4=35$，$z_9=40$，蜗杆 8 和滚刀 A 均为单头，若被切齿轮的齿数为 64，试求传动比 i_{75} 及 z_5、z_7 的齿数。

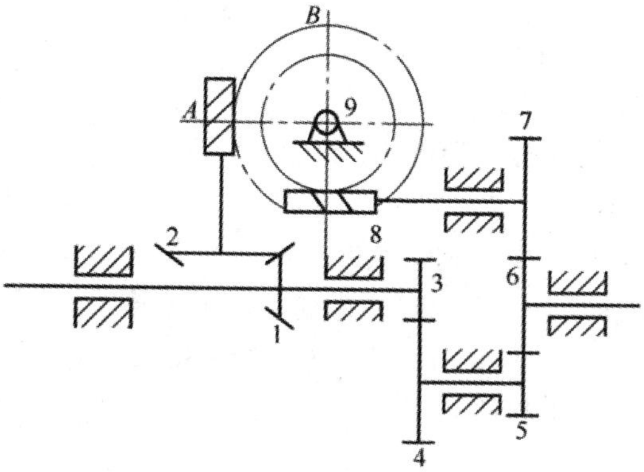

图 4－1－16 滚齿机工作台的传动系统

解 轮系为定轴轮系，滚刀 A 和蜗杆 8 的齿数都为 1，齿轮 1 和齿轮 3 同轴，即 $n_1=n_3$。根据齿轮的范成原理，滚刀 A 与轮坯 B 的转速关系应满足：

$$i_{AB}=\frac{n_A}{n_B}=\frac{z_B}{z_A}=\frac{64}{1}=64$$

这一速比应该由滚齿机工作台的传动系统加以保证，其传动路线为齿轮 2(A)→1(3)→4(5)→6→7(8)→9(B)，其中齿轮 6 为惰轮。因不需判断其传动的方向，故轮系的传动比为

$$i_{AB}=\frac{n_A}{n_B}=\frac{z_2z_4z_7z_9}{z_1z_3z_5z_8}=\frac{15\times35\times40}{28\times15\times1}\times\frac{z_7}{z_5}=50\times\frac{z_7}{z_5}$$

联立求解：

$$i_{75}=\frac{n_7}{n_5}=\frac{z_5}{z_7}=\frac{25}{32}$$

$$z_5=25,\quad z_7=35$$

本实例的实用价值是只要选用 $z_5=25$、$z_7=35$ 的一对齿轮，再按中心距搭配一个合适的齿轮 6，就能保证加工 64 个齿的齿轮。当被加工的齿轮的齿数 z_B 变化时，所需的传动比 i_{75} 也随之改变，这时只要根据 i_{75} 更换交换齿轮的齿数 z_5、z_7 和 z_6，就能保证滚齿机正确加工。例如，加工 80 个齿的齿轮，选用 $z_5=25$，$z_7=40$，再配一个 z_6 就可以加工了。

任务小结

轮系的主要功能有：实现分路传动、实现相距较远的两轴之间的传动、实现较大的传动比、实现变速或变向传动、实现运动的合成与分解、实现结构紧凑的大功率传动。

项 目 练 习

一、选择题

1. 周转轮系中行星轮系的自由度为______个。

A. 0　　B. 1　　C. 2　　D. 3

2. 周转轮系中差动轮系的自由度为______个。

A. 0　　B. 1　　C. 2　　D. 3

3. 周转轮系中，太阳轮和行星架 H 的轴线必须保证__________。

A. 相交　　B. 垂直　　C. 平行　　D. 以上选择均可

4. 根据轮系运转时各齿轮的几何轴线在空间的相对位置是否固定，轮系分为______。

A. 定轴轮系和空间轮系　　B. 空间轮系和平面轮系

C. 定轴轮系和行星轮系　　D. 定轴轮系和平面轮系

5. 在一轮系中，若各齿轮和传动件的几何轴线都是固定的，则此轮系为______。

A. 定轴轮系　　B. 动轴轮系

C. 周转轮系　　D. 行星轮系

6. 周转轮系中，几何轴线不固定的齿轮称为______。

A. 太阳轮　　B. 从动轮

C. 主动轮　　D. 行星轮

7. 定轴轮系的传动比大小与轮系中惰轮的齿数______。

A. 有关　　B. 成正比

C. 成反比　　D. 无关

8. 轮系不可实现______。

A. 大的传动比　　B. 较远距离的传动

C. 改变从动轴的回转方向　　D. 过载保护

二、判断题

1. 定轴轮系是指各个齿轮的轴是固定不动的。(　　)
2. 单一周转轮系具有一个转臂。(　　)
3. 平面定轴轮系中各圆柱齿轮的轴线互相平行。(　　)
4. 行星轮系中的差动轮系必须有两个主动件。(　　)
5. 定轴轮系和行星轮系的主要区别在于系杆是否转动。(　　)
6. 惰轮不但能改变轮系齿轮的传动方向，而且能改变传动比。(　　)
7. 行星轮系中的行星轮，既绕自身的轴线转动，又绕中心齿轮的轴线公转。(　　)

三、简答题

1. 什么是轮系？轮系有哪些类型？
2. 周转轮系中的行星轮系和差动轮系有何区别？
3. 怎样求定轴轮系的传动比？传动比的符号有什么意义？如何确定轮系的转向关系？
4. 周转轮系的转化机构是如何得到的？机构转化的目的是什么？

5. 何谓惰轮？它在轮系中有何作用？

6. 轮系有哪些应用？

7. 如图 4-1-17 所示，已知 $z_1=24$，$z_2=28$，$z_3=20$，$z_4=60$，$z_5=20$，$z_6=20$，$z_7=28$，齿轮 1 为主动件。分析该机构的传动路线；求传动比 i_{17}；若齿轮 1 的转向已知，试判定齿轮 7 的转向。

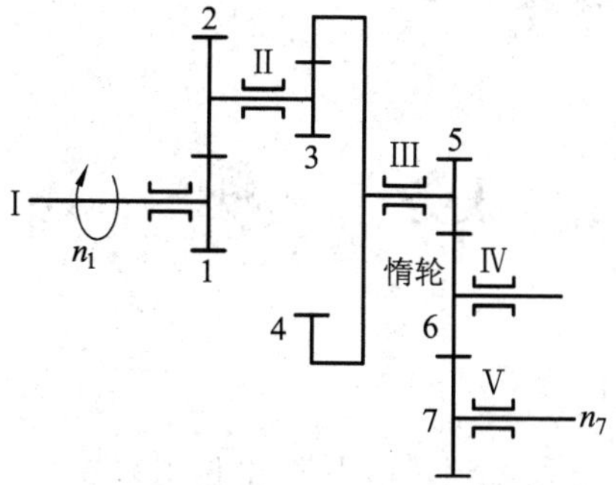

图 4-1-17

8. 在如图 4-1-18 所示的差动轮系中，已知各轮的齿数为 $z_1=30$，$z_2=25$，$z_{2'}=20$，$z_3=75$。齿轮 1 的转速为 210 r/min(箭头向上)，齿轮 3 的转速为 54 r/min(箭头向下)，求系杆转速的大小和方向。

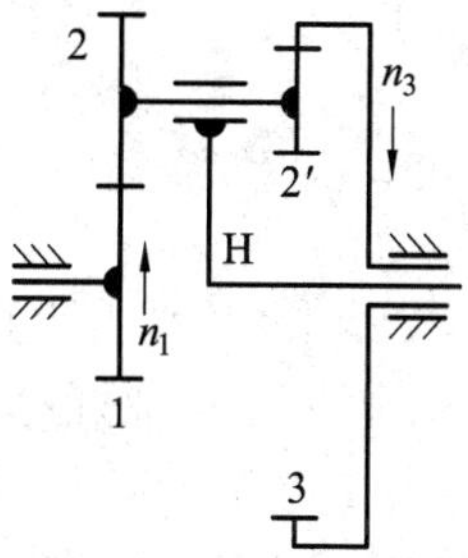

图 4-1-18　差动轮系

项目二 轴

任务一 概 述

任务引入

从减速器的结构图片中可以看到，轴Ⅰ和轴Ⅱ用来支承齿轮和轴承，进而将轴Ⅰ的运动和动力传递到轴Ⅱ。由此可见，轴是组成机器的重要零件，用来支承旋转的机械零件(如齿轮、轴承、带轮、蜗轮等)，并传递运动和动力。一切做回转运动的传动零件都必须安装在轴上才能进行运动和动力的传递。

减速器的结构

任务实施

1. 轴的分类

1）按轴所承受的载荷分类

按轴所承受的载荷，可将轴分为转轴、心轴和传动轴。

(1) 转轴：工作时既承受弯矩，又传递转矩的轴。它是机器中最常见的一种轴，机器中大多数轴都属于这类，如图 4-2-1 所示为减速器轴。

图 4-2-1 减速器轴

(2) 心轴：工作时只承受弯矩不传递转矩的轴。它又可分为固定心轴和转动心轴。固定心轴是指不随传动件一起旋转的轴，如图 4-2-2(a)所示的自行车前轴；转动心轴是指随转动件一起转动的轴，如图 4-2-2(b)所示的滑轮轴。

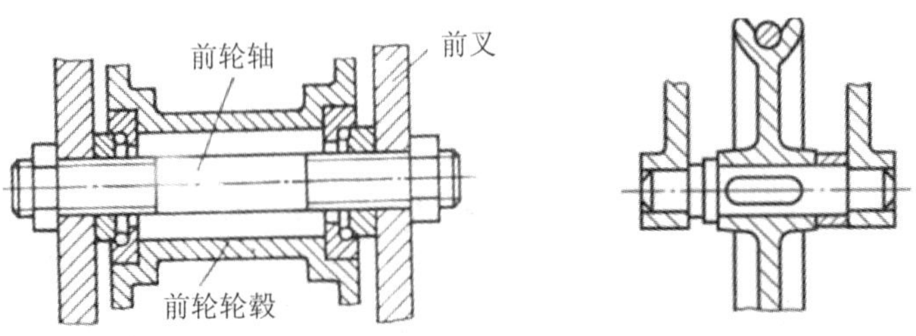

(a) 自行车前轴 (b) 滑轮轴

图 4-2-2 心轴

(3) 传动轴：工作时只传递转矩而不承受弯矩或承受很小弯矩的轴。如图 4-2-3 所示为用于将发动机的运动传递给汽车后桥的传动轴。

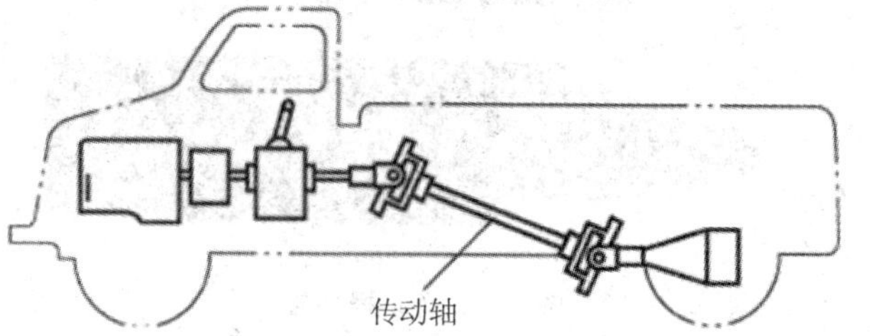

图 4-2-3　传动轴

2) 按轴线的形状分类

按轴线的形状，可将轴分为曲轴、直轴和挠性轴。

(1) 曲轴：各段轴线不在同一条直线上的轴，常用于活塞式动力机械、曲轴压力机、空气压缩机等机械中，它是一种专用零件，如图 4-2-4 所示。

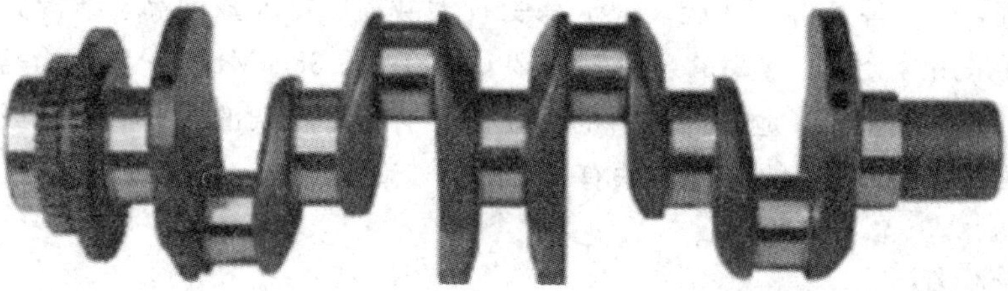

图 4-2-4　曲轴

(2) 直轴：各段轴线在同一直线上的轴。直轴根据外形，可分为光轴和阶梯轴两种。光轴是指各处直径相同的轴，如图 4-2-5(a)所示。光轴制造简单，但不便在轴上安装零件。阶梯轴是指各段直径不同的轴，如图 4-2-5(b)所示。阶梯轴上零件容易定位，便于装拆，且各截面强度近似相等，故在机械中很常用。此外，直轴又分为实心轴和空心轴。空心轴往往是大直径轴，可以减轻轴的重量，且相同重量下，空心轴比实心轴的刚度高，空心轴的内孔还可以输送液体或工件等。

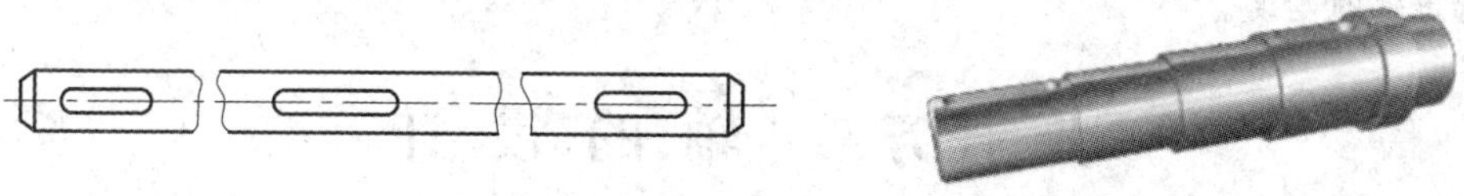

(a) 光轴　　(b) 阶梯轴

图 4-2-5　直轴

(3) 挠性轴：又称为软轴，通常由几层紧贴在一起的钢丝层构成，可以把转矩和运动灵活地传到任何位置，如图 4-2-6 所示。挠性轴常用于振捣器和医疗设备。

图 4-2-6 挠性轴

2. 轴常用的材料

轴的功用是承受弯矩和转矩，工作时产生的应力多为变应力，所以轴的失效一般为疲劳断裂。轴的材料是决定轴的承载能力的重要因素，选择轴的材料，应考虑工作条件对它提出的强度、刚度、耐磨性、耐腐蚀性等方面的要求，同时还应考虑制造的工艺性及经济性。

轴的主要材料是碳素钢、合金钢和球墨铸铁等。常用的碳素钢为 45 钢，一般应进行正火或调质处理，以改善其力学性能。对于承受较大载荷、要求强度高、结构紧凑或耐磨性较好的轴，可采用合金钢。常用的合金钢有 20Cr、40Cr、35SiMn 等。采用合金钢时必须进行相应的热处理，以便更好地发挥材料的性能。对于形状复杂的、不重要的或受载较小的轴，可采用球墨铸铁。常用的球墨铸铁有 QT400-15、QT400-3 等。

任务小结

（1）轴的分类：心轴（固定心轴和转动心轴）、传动轴和转轴；直轴、曲轴和挠性轴。

（2）轴的材料：碳素钢、合金钢和球墨铸铁。

知识拓展

在一般的工作温度下，各种钢的弹性模量相差不多，选择合金钢采取热处理的方法只能提高轴的疲劳强度和耐磨性，并不能提高轴的刚度，所以用合金钢代替碳素钢来提高轴的刚度是不可取的方法。此时可以选择强度较低的钢材，通过适当增大轴的截面面积的办法来提高轴的刚度。

任务二 轴的设计

任务引入

从二维码图片上可以看到，轴上装有齿轮、套筒、带轮、滚动轴承、轴承盖、轴端挡圈等，这些零件在工作过程中需要保持自身的相对位置才能保证机器的正常运转，那么轴的尺寸是如何确定的？轴上零件采用什么样的方法保持自身的相对位置呢？

任务实施

轴的结构

1. 轴的设计要求

设计轴时主要应满足轴的强度要求，以保证其在正常工作时不发生断裂；对于刚度要求高的轴(如机床主轴、电机转子轴)，要限制变形量；对于一些高速机械的轴(如汽轮机主轴)，要考虑满足振动稳定性的要求。除此之外，还要对轴的结构进行设计，即确定轴的结构形状和尺寸。进行轴的结构设计时，主要考虑轴和轴上零件的轴向和周向定位、固定在轴上的零件的装拆和调整、轴的受力情况、轴的加工工艺与装配工艺等。

2. 轴各部分的名称

如图 4－2－7 所示为单级减速器的主动轴。为便于轴上零件的装拆，将轴做成阶梯形。对于剖分式箱体，轴的直径自中间向两端逐渐减小。安装时，首先将平键 1 装在轴上，再从左端依次装入齿轮、套筒、左端轴承，其次从右端装入右端轴承，然后将轴置于减速器箱体的轴承孔中，装上左、右轴承盖，最后自左端装入平键 2 和联轴器。

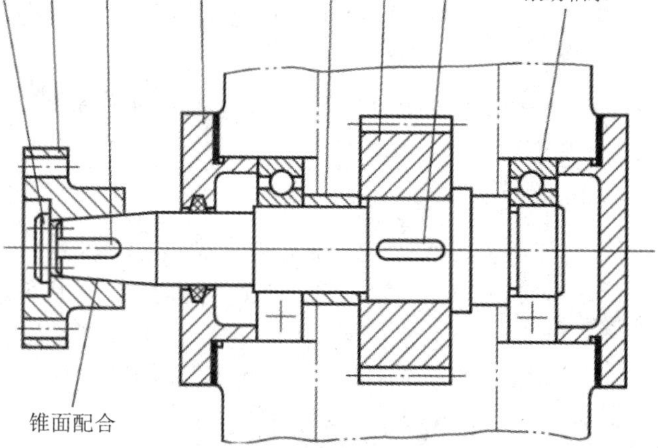

图 4－2－7　单级减速器的主动轴

因为各轴段在轴上所起的作用不同，所以将轴分为轴头、轴颈、轴身三部分。支承齿轮、带轮、联轴器等传动件，并与这些零件保持一定配合的轴段称为轴头；与轴承配合的轴段称为轴颈；连接轴头与轴颈的轴段称为轴身。轴肩或轴环是阶梯轴上截面尺寸变化的部位。

3. 最小轴径的估算

设计时，由于轴上零件的位置、轴的支承点没有确定，无法求出弯矩，因此一般先按转矩来估算轴径，再降低许用扭转切应力，以考虑弯矩的影响。

对于圆截面轴，扭转强度条件为

$$\tau=\frac{T}{W_{\mathrm{p}}}=\frac{9.55\times10^{6}P}{0.2d^{3}n}\leqslant[\tau]\ \mathrm{MPa}$$

式中：τ 为轴的扭转切应力(MPa)；T 为轴传递的转矩(N·mm)；P 为轴传递的功率(kW)；W_p 为轴抗扭截面系数(mm^3)；$[\tau]$为轴的许用扭转切应力(MPa)；n 为轴的转速(r/min)；d 为轴的直径(mm)。

上式可用作传动轴强度的计算。对转轴来说，可用来初步估算轴最细部分的直径，考虑到弯矩对轴强度的影响，应将许用扭转切应力$[\tau]$适当降低，其值可查表 4-2-1。改写上式，可推得轴直径设计公式为

$$d \geqslant \sqrt[3]{\frac{9.55 \times 10^6}{0.2 \times [\tau]}} \cdot \sqrt[3]{\frac{P}{n}} = C \cdot \sqrt[3]{\frac{P}{n}} \text{ mm}$$

式中：C 为由轴的材料和承载情况确定的常数，如表 4-2-1 所示。

表 4-2-1 常用材料的$[\tau]$值和 C 值

轴的材料	Q235、20	Q275、35	45	40Cr、35SiMn、38SiMnMo
$[\tau]$/MPa	12～20	20～30	30～40	40～52
C	160～135	135～118	118～107	107～98

注：(1) $[\tau]$的值是考虑了弯矩影响而降低的许用扭转切应力。

(2) 轴上所受弯矩较小或只受转矩时，C 取较小值，否则取较大值。

(3) 用 Q235、Q275、35SiMn 材料时，C 取较大值。

当截面开有键槽时，应增大轴径，以考虑键槽对轴强度的削弱。有一个键槽，轴径增大 5%；有两个键槽，轴径应增大 10%。

最小轴径确定后，可结合整体设计将所得轴径圆整为标准直径或与相配合零件(如联轴器、带轮等)的孔径相吻合。

4. 轴上零件的周向固定

为了保证轴可靠地传递动力和运动，轴上零件常通过平键连接、花键连接、圆锥销连接、型面连接、过盈配合等(见图 4-2-8)来实现周向固定。采用何种周向固定方式，要根据载荷的性质、大小、轮毂与轴的对中性要求和重要性等因素来决定。

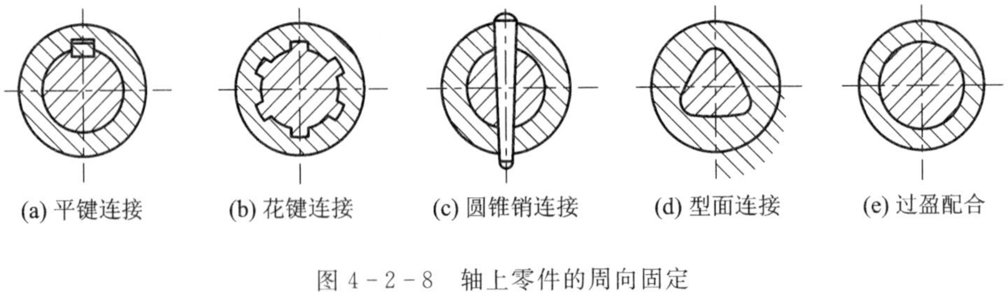

图 4-2-8 轴上零件的周向固定

齿轮与轴通常采用过盈配合与键连接；滚动轴承的内圈与轴采用较紧的过盈配合；受力小或光轴上的零件，可采用紧定螺钉固定；受力大且要求零件作轴向移动时，采用花键连接。

5. 轴上零件的轴向固定

轴上零件轴向固定的目的是保证其有准确的工作位置。

1) 轴肩与轴环

阶梯轴上截面变化处称为轴肩，起轴向定位和单向固定轴上零件的作用(见图 4-2-9)。

为使零件能紧靠定位面，轴肩的过渡圆角半径 r 应小于轴上零件的倒角 C_1(见图 4-2-9(a))或圆角半径 R(见图 4-2-9(b))。轴肩高度 $h\approx(0.07\sim0.1)d$(d 为配合轴径)，或取 $h=(2\sim3)C_1$，轴环宽度 $b\approx1.4h$。安装轴承处的轴肩高度 h 应小于或等于轴承内圈高度 h_1(h_1 由轴承标准规定的安装尺寸确定)。非定位轴肩的高度没有严格的规定，一般可取 $h=1.5\sim2$ mm。轴肩定位简单可靠，可承受较大的轴向力。

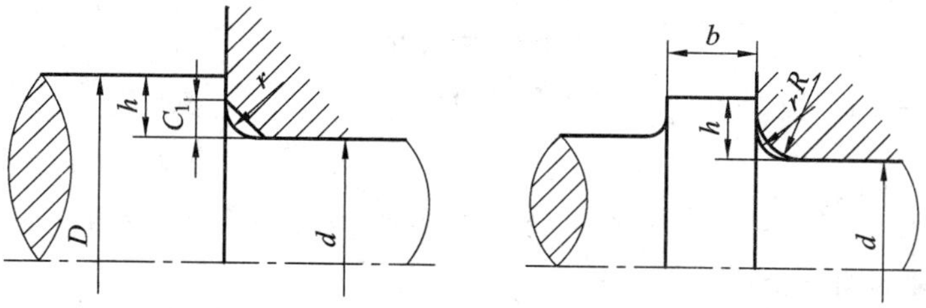

(a) 轴肩　　(b) 轴环

图 4-2-9　轴肩与轴环

2) 套筒和圆螺母

当轴中部的两个零件相距较近时，可用套筒做相对固定(见图 4-2-10)。套筒结构简单，装拆方便，无须在轴上开槽、钻孔、切螺纹，所以不会削弱轴的强度。当套筒太长时，可采用圆螺母加止动垫圈进行轴向固定(见图 4-2-11)，此时需要在轴上切制螺纹，从而使轴的强度降低，常用于轴的中部或端部。

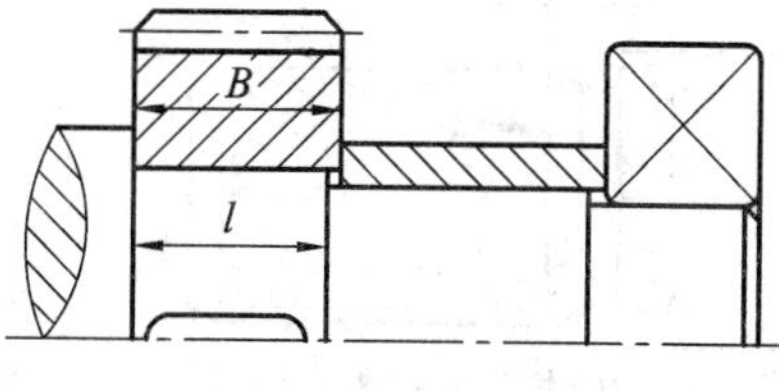

图 4-2-10　套筒

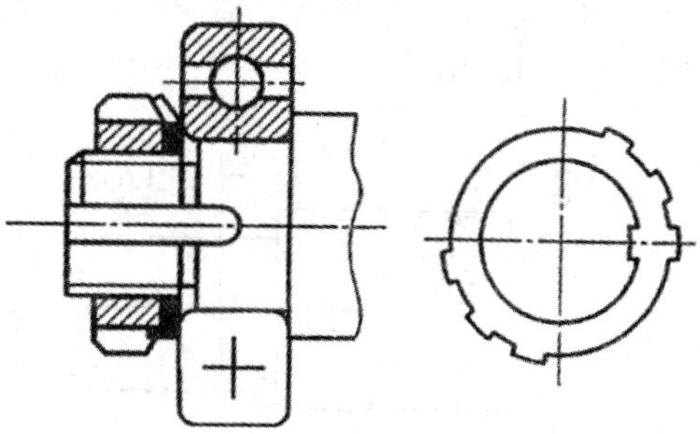
图 4-2-11　圆螺母与止动垫圈

3) 弹性挡圈和紧定螺钉

弹性挡圈(见图 4-2-12)和紧定螺钉(见图 4-2-13)这两种紧固方法结构简单、装拆方便，但只能用于承受较小轴向力的场合，而紧定螺钉常用于光轴上零件的固定。

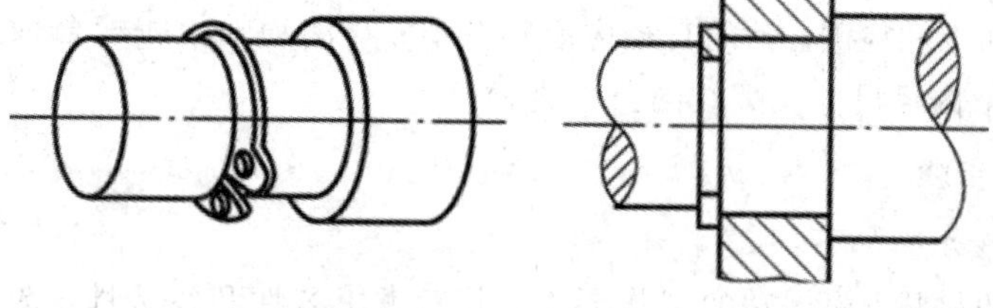
图 4-2-12　弹性挡圈

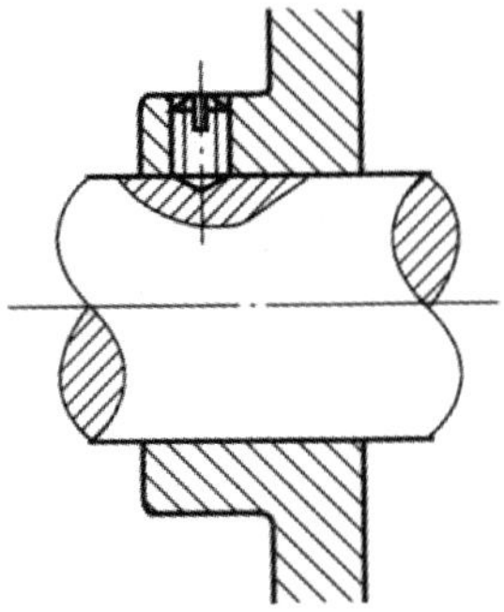

图 4-2-13 紧定螺钉

4）轴端挡圈和圆锥面

轴端挡圈和圆锥面（见图 4-2-7）常用于轴端零件的固定，能承受较大的冲击载荷。圆锥面配合多用于轴上零件与轴的对中性要求较高的场合。

用套筒、螺母和轴端挡圈进行轴向固定时，与轴上零件相配合的轴段长度应比零件轮毂长度短 2～3 mm，以保证轴向定位可靠。

6. 轴的结构工艺性

（1）在满足装配要求的前提下，阶梯轴的阶梯应尽量少一些，以减少加工过程中的刀具调整量，提高加工效率，并且能减少轴上的应力集中。

（2）轴上磨削和车螺纹的轴段应分别设砂轮越程槽（见图 4-2-14(a)）和螺纹退刀槽（见图 4-2-14(b)）。

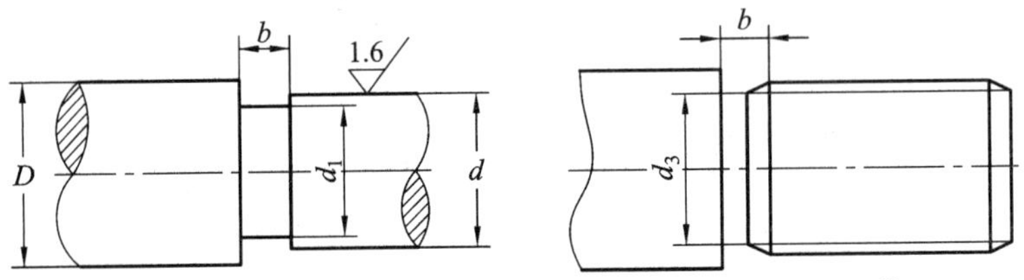

(a) 砂轮越程槽 (b) 螺纹退刀槽

图 4-2-14 砂轮越程槽和螺纹退刀槽

（3）不同轴段开设键槽时，应使键槽沿同一母线布置，且宽度尽可能相同。在同一轴段开设几个键槽时，各键槽应对称布置。

（4）为便于安装，轴端和各轴段端部都应倒角。直径相近处的倒角、圆角、退刀槽、越程槽和键槽尺寸应尽量相同，以减少加工所用刀具规格和换刀次数，提高加工效率。

（5）为便于加工和检测，轴的直径应取整数值；与滚动轴承相配合轴颈及有螺纹的轴段直径应符合轴承内径尺寸及螺纹的公称直径。

7. 轴的设计步骤

设计轴的一般步骤如下：

（1）选择轴的材料。根据轴的工作要求，并考虑工艺性和经济性，选择合适的材料及热处理方法。

(2) 初步确定轴的直径。根据轴设计公式，计算轴最细部分的直径。

(3) 设计轴的结构。根据轴上安装零件的数量、工作情况及装配方案，画出阶梯轴结构设计草图。由轴最细部分的直径递推各轴段的直径，相邻两轴段直径之差通常取 5～10 mm。各轴段的长度由轴上各零件的宽度及装配空间确定。

(4) 校核轴的强度。首先对轴上传动零件进行受力分析，画出轴弯矩图和转矩图，判断危险截面，然后用弯扭合成强度对危险截面进行强度校核，有刚度要求的轴还要进行刚度校核。当校核不合格时，要增大危险截面尺寸，重新校核，直至合格为止。

任务小结

(1) 轴上零件的周向固定：平键连接、花键连接、销连接、型面连接、过盈配合等。

(2) 轴上零件的轴向固定：轴肩与轴环、套筒和圆螺母、弹性挡圈和紧定螺钉、轴端挡圈和圆锥面。

(3) 轴的设计步骤：选择轴的材料、初步确定轴的直径、设计轴的结构、校核轴的强度。

知识拓展

轴的刚度计算

轴在承受载荷后都会发生变形，如果轴的刚度不够，在工作中会产生过大的变形，从而影响轴上零件的正常工作。例如，轴的变形会使轴上的齿轮啮合产生偏载(沿齿宽方向接触不良)，造成过大的载荷集中，或使滑动轴承产生不均匀的磨损等，故轴必须有足够的刚度。轴的刚度主要是指弯曲刚度和扭转刚度，前者用挠度 y 和偏转角 θ 来度量，后者用扭转角 φ 来度量，其值可按材料力学中的公式进行计算。

对于有刚度要求的轴，为使轴不因刚度不足而失效，设计时应根据轴的不同要求限制其变形量：$y\leqslant[y]$，$\theta=[\theta]$，$\varphi\leqslant[\varphi]$。$[y]$、$[\theta]$、$[\varphi]$分别为许用挠度、许用偏转角和许用扭转角，其值可参阅有关书籍。

项 目 练 习

一、选择题

1. ______主要用来传递转矩而不承受弯矩。

A. 传动轴　　B. 心轴　　C. 转轴　　D. 直轴

2. 安装滚动轴承处的轴肩，其高度应该______轴承内圈高度。

A. 等于　　B. 小于　　C. 大于　　D. 大于或小于

3. 下列各轴中，属于转轴的是______。

A. 减速器中的齿轮轴　　B. 自行车的前、后轴

C. 火车轮轴　　D. 汽车传动轴

4. 轴环的用途是______。

A. 作为加工时的轴向定位　　B. 使轴上零件获得轴向定位

C. 提高轴的强度　　D. 提高轴的刚度

5. 为了保证轴上零件的定位可靠，应使其轮毂长度______安装轮毂的轴头长度。

A. 大于　　B. 小于　　C. 等于　　D. 大于或等于

6. 在轴上连接轴头与轴颈的部分称为______。

A. 轴肩　　B. 轴环　　C. 轴身

7. 对轴上零件起周向固定的是______。

A. 轴肩与轴环　　B. 平键连接　　C. 套筒和圆螺母

8. 为了便于加工，在车削螺纹的轴段上应有______。

A. 砂轮越程槽　　B. 键槽　　C. 螺纹退刀槽

9. 在轴上用于装配轴承的部分称为______。

A. 轴颈　　B. 轴头　　C. 轴身

二、判断题

1. 增大轴在截面变化处的过渡圆角半径，可以降低应力集中，提高轴的疲劳强度。（　　）

2. 光轴和阶梯轴均属于直轴。（　　）

3. 轴在工作时产生的应力多为变应力，所以轴的失效形式一般为疲劳断裂。（　　）

4. 轴上有多处键槽时，应使各键槽位于轴的同一母线上，且尺寸尽量统一。（　　）

5. 阶梯轴为了便于拆装，常设计成中间小、两端大。（　　）

三、简答题

1. 自行车的前轴、中轴和后轴各是什么类型的轴？为什么？

2. 轴有哪些类型？各有什么特点？试举 2～3 个实例。

3. 轴上最常见的轴向定位结构是什么？轴肩和轴环有何区别？

4. 轴上零件的周向定位方式有哪些？各适用什么场合？

5. 在齿轮减速器中，为什么低速轴的直径要比高速轴粗得多？

6. 如图 4-2-15 所示，试指出结构不合理的地方，并改正。

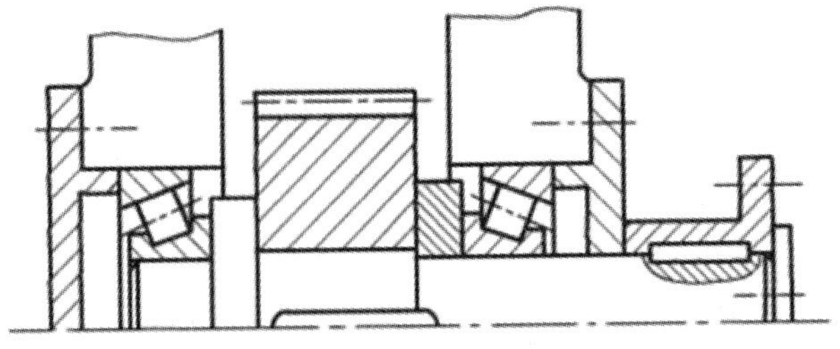

图 4-2-15　轴的结构

7. 已知一传动轴传递的功率为 40 kW，转速 $n=1000$ r/min，如果轴上的剪切应力不许超过 400 MPa，求该轴的直径。

项目三　轴　　承

任务一　概　　述

任务引入

从图片中可以看到，轴是靠着轴承的支承而高速旋转的。如果没有轴承，那么轴和机箱上的孔之间将产生摩擦，从而造成轴或机箱孔的磨损，为此，就有了轴承的产生和应用。轴承就是用来支承轴及轴上零件的部件，并保持轴的旋转精度，以及减少转轴与支承之间的摩擦和磨损。

根据工作时不同的摩擦性质，轴承可分为滑动轴承和滚动轴承两大类。滑动轴承工作时的摩擦为滑动摩擦；而滚动轴承依靠滚动体的滚动接触来支承零件转动或摆动，其相对运动表面间的摩擦是滚动摩擦。本书主要介绍滚动轴承。

轴承在减速器中的应用

我国曲折的高端轴承发展之路

任务实施

滚动轴承具有摩擦阻力小、启动灵敏、效率高、润滑简便及更换方便等优点，在各类机器中得到了广泛应用。滚动轴承已标准化，由专业厂家大批生产。

1. 滚动轴承的结构

滚动轴承的典型结构如图 4-3-1 所示，通常由内圈 1、外圈 2、滚动体 3 和保持架 4

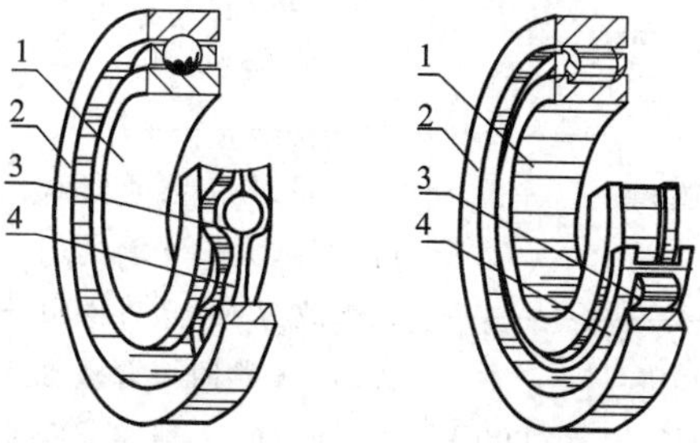

(a) 球轴承　　(b) 滚子轴承

图 4-3-1　滚动轴承的典型结构

组成。内圈装在轴颈上，外圈装在轴承座孔内或轮毂孔内，多数情况下内圈与轴一起转动，外圈保持不动(但有时也用于外圈回转而内圈不动，或内、外圈同时回转的机械中)。工作时，滚动体在内、外圈的滚道上滚动，保持架将滚动体均匀地隔开，以减少滚动体之间的摩擦和磨损。滚动轴承的内、外圈和滚动体采用强度高、耐磨性好的含铬合金钢制造，保持架多用软钢冲压而成，也有的采用铜合金或塑料保持架。

2. 滚动轴承的类型

滚动轴承中滚动体与外圈接触处的法线与垂直于轴承轴心线的径向平面之间的夹角 α 称为滚动轴承的公称接触角。它是滚动轴承的一个重要参数，如图 4-3-2 所示。α 反映轴承承受横向载荷的能力，α 越大，则轴承承受横向载荷的能力越强。

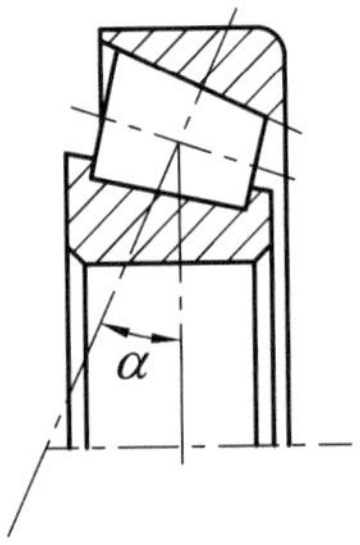

图 4-3-2 滚动轴承的公称接触角

滚动轴承按其所能承受的载荷方向，可分为向心轴承和推力轴承。

(1) 向心轴承：$0°\leqslant\alpha\leqslant45°$，主要承受径向载荷。其中，$\alpha=0$ 时称径向接触轴承；$0°<\alpha\leqslant45°$ 时称向心角接触轴承。

(2) 推力轴承：$45°<\alpha\leqslant90°$，主要承受轴向载荷，其中，$\alpha=90°$时称轴向接触轴承，$45°<\alpha<90°$ 时称推力角接触轴承。

按照滚动体的形状，滚动轴承可分为球轴承和滚子轴承。而滚动体又有球、圆柱滚子、圆鼓形滚子、圆锥滚子和滚针等，如图 4-3-3 所示。

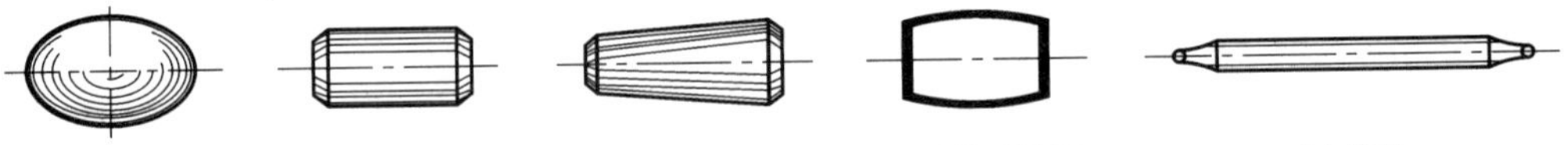

图 4-3-3 滚动体的种类

按轴承工作时能否调心，滚动轴承还可分为刚性轴承和调心轴承。

常用滚动轴承的类型、结构简图、性能和特点等如表 4-3-1 所示。

表 4-3-1 常用滚动轴承的类型、结构简图、性能和特点等

类型	结构简图	名称	基本代号	性能和特点	基本额定动载荷比	极限转速比	价格比
3(7)	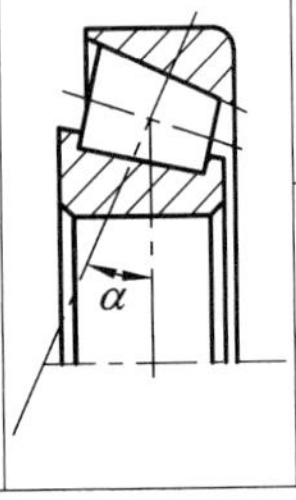	圆锥滚子轴承 $\alpha=10°\sim18°$	30 000	可同时承受径向载荷，α 越大，可承受的轴向载荷越大。外圈可分离，安装时可调整轴承的游隙。一般需成对使用	1.5～2.5	中	1.7
		大锥角圆锥滚子轴承 $\alpha=27°\sim30°$	30 000B		1.1～2.1	中	1.7

续表

类型	结构简图	名称	基本代号	性能和特点	基本额定动载荷比	极限转速比	价格比
5(8)	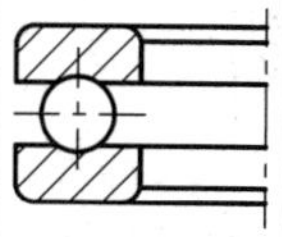	推力球轴承	51 000	只能承受单向轴向载荷，极限转速低，套圈可分离	1	低	1.1
	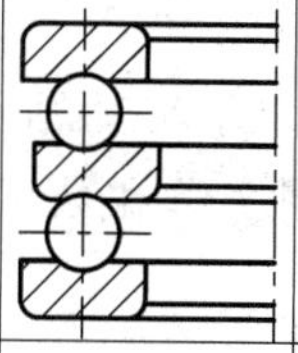	双向推力球轴承	52 000	能承受双向轴向载荷，极限转速低，套圈可分离	1	低	1.8
6(0)	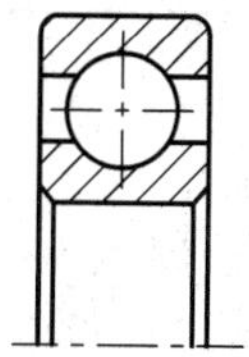	深沟球轴承	60 000	主要承受径向载荷，也可承受一定的双向轴向载荷，外圈轴线偏斜量≤16′，结构简单，价廉，极限转速高，应用最广	1	高	1
7(6)	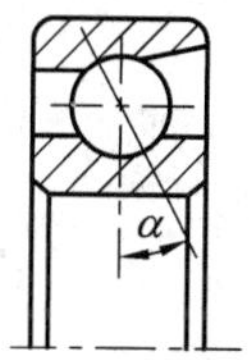	角接触球轴承	70 000C $\alpha=15°$	能同时承受径向和单向轴向载荷，极限转速较高，α 越大，可承受的轴向载荷越大。一般需成对使用	1.0～1.4	高	2.1
			70 000AC $\alpha=25°$		1.0～1.3		
			70 000B $\alpha=40°$		1.0～1.2		
N(2)	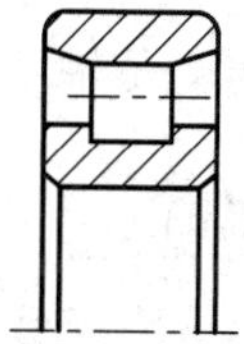	外圈无挡边的圆柱滚子轴承	N0 000	用于承受较大的径向载荷，内、外圈间可作自由轴向移动，不能承受轴向载荷，内外圈轴线的偏斜量很小	1.5～3.0	高	2
	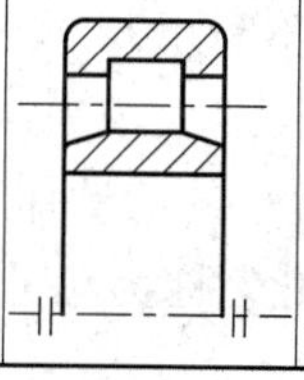	内圈无挡边的圆柱滚子轴承	NU0 000				

注：(1) 滚动轴承的类型名称、代号按 GB/T 271—2017 和 GB/T 272—2017 选取，括号内数字是 GB/T 272—1988 的轴承类型代号。

(2) 基本额定动载荷比、极限转速比、价格比都是指同一尺寸系列的轴承和深沟球轴承之比。极限转速比(脂润滑、0 级公差等级)大于 90%为高，在 60%～90%时为中，小于 60%为低。

(3) 圆锥滚子轴承和角接触球轴承在成对使用时，一定要对称安装。

扫描下面的二维码，观看常见滚动轴承的结构。

深沟球轴承　　滚针轴承　　圆锥滚子轴承

3. 滚动轴承的代号

由于滚动轴承已标准化，为了便于生产和使用，国家有关标准规定了滚动轴承的代号。滚动轴承的代号由前置代号、基本代号和后置代号三部分组成，用字母和数字表示，如表 4-3-2 所示。

表 4-3-2　滚动轴承的代号

<table>
<tr><td rowspan="4">前置代号</td><td colspan="5">基本代号</td><td colspan="9">后置代号</td></tr>
<tr><td>一</td><td>二</td><td>三</td><td>四</td><td>五</td><td rowspan="3">内部结构代号</td><td rowspan="3">密封、防尘与外部形状代号</td><td rowspan="3">保持架及其材料代号</td><td rowspan="3">轴承零件材料代号</td><td rowspan="3">公差等级代号</td><td rowspan="3">游隙代号</td><td rowspan="3">配置代号</td><td rowspan="3">振动及噪声代号</td><td rowspan="3">其他代号</td></tr>
<tr><td rowspan="2">类型代号</td><td colspan="2">尺寸系列代号</td><td colspan="2" rowspan="2">内径代号</td></tr>
<tr><td>宽度（或高度）系列代号</td><td>直径系列代号</td></tr>
</table>

（1）滚动轴承基本代号。基本代号表示轴承的基本类型、结构和尺寸，是轴承代号的基础，包括类型代号、尺寸系列代号、内径代号三部分。

① 类型代号：左起第一位表示轴承类型，其代号用数字或字母表示（见表 4-3-1）。当代号为 0 时不写出。

② 尺寸系列代号：左起第二、三位表示尺寸系列（第二位为 0 时可不写出）。尺寸系列代号由轴承的宽度（推力轴承指高）系列代号和直径系列代号组合而成。

为了适应不同承载能力的需要，同一内径尺寸的轴承可使用不同大小的滚动体，因此轴承的外径和宽度也随着改变。这种内径相同而外径或宽度不同的变化，称为尺寸系列，如表 4-3-3 所示。

③ 内径代号：右起第一、二位数字表示内径尺寸。内径为 10～20 mm 时，有 10 mm、12 mm、15 mm、17 mm 四个直径尺寸，它们的代号分别为 00、01、02、03；内径为 20～480 mm 时，代号为内径除以 5 的商数；公称内径为 500 以及 22、28、32 特殊值时，代号直接用内径尺寸表示，加“/”与尺寸系列代号隔开。

表 4-3-3　滚动轴承尺寸系列代号

直径系列代号	向心轴承							推力轴承			
	宽度系列代号							高度系列代号			
	窄 0	正常 1	宽 2	特宽 3	特宽 4	特宽 5	特宽 6	特低 7	低 9	正常 1	正常 2
	尺寸系列代号										
超特轻 7	—	17	—	37	—	—	—	—	—	—	—
超轻 8	08	18	28	38	48	58	68	—	—	—	—
超轻 9	09	19	29	39	49	59	69	—	—	—	—
特轻 0	00	10	20	30	40	50	60	70	90	10	—
特轻 1	01	11	21	31	41	51	61	71	91	11	—
轻 2	02	12	22	32	42	52	62	72	92	12	22
中 3	03	13	23	33	—	—	63	73	93	13	23
重 4	04	—	24	—	—	—	—	74	94	14	24

(2) 滚动轴承前置、后置代号。前置、后置代号是轴承在结构形状、尺寸、公差、技术要求等有改变时，在其基本代号前后添加的补充代号。

① 前置代号：前置代号用字母表示，如圆柱滚子轴承代号 LN207 中的 L 表示轴承的可分离内圈。

② 后置代号：后置代号用字母和数字表示轴承的结构、公差及材料的特殊要求等内容。后置代号中部分轴承内部结构的代号如表 4-3-4 所示。

表 4-3-4　轴承内部结构代号

代号	含　义
AC	角接触球轴承，$\alpha=25°$
B	角接触球轴承，$\alpha=40°$；圆锥滚子轴承，接触角加大
C	角接触球轴承，$\alpha=15°$；调心滚子轴承，C 型
E	加强型，改进内部结构设计，增大轴承承载能力

滚动轴承共有 6 个公差等级，其代号由高到低为/P2、/P4、/P5、/P6x、/P6、/P0。其中，/P0 级在代号中省略不标。

滚动轴承内圈相对外圈(或相反)沿径向或轴向移动的最大距离，称为轴承的径向或轴向游隙，共有 6 个组别；在轴承代号中，在组别号前面加“/”表示，如“/C2”表示第 2 组游隙，/C0 级在代号中省略不标。当公差等级和游隙组别代号需同时标出时，可进行简化，取公差等级代号加上游隙组号(0 组不表示)组合表示，如“/P52”表示轴承的公差等级为 5 级，径向游隙为 2 组。

有关后置代号中其他项目组的代号参见有关标准。

任务小结

(1) 轴承的分类：滚动轴承和滑动轴承。

(2) 滚动轴承的结构：通常由内圈、外圈、滚动体和保持架四部分组成。

(3) 滚动轴承按其所能承受的载荷方向可分为向心轴承和推力轴承；按照滚动体的形状，可分为球轴承和滚子轴承。而滚子又有圆柱滚子、圆鼓形滚子、圆锥滚子和滚针等。按工作时能否调心，滚动轴承还可分为刚性轴承和调心轴承。

(4) 滚动轴承的主要类型：圆锥滚子轴承、推力球轴承、深沟球轴承、角接触球轴承、圆柱滚子轴承。

(5) 滚动轴承的代号：由前置代号、基本代号和后置代号三部分组成，用字母和数字表示。

知识拓展

滑动轴承及其应用

滑动轴承工作时的摩擦为滑动摩擦，其按承受载荷的方向不同，主要分为径向滑动轴承和推力滑动轴承；按工作表面摩擦状态或润滑状态的不同，可分为液体摩擦滑动轴承和非液体摩擦滑动轴承。

剖分式径向滑动轴承的结构如图 4-3-4 所示。其轴承座 5 和轴承盖 4 剖分为两部分，并用螺栓 3 连为一体。在轴承座与轴承盖内装有剖分式轴瓦 1 和 2，它们是直接支承轴颈的零件。轴承盖上部的内螺纹孔用来装设润滑油杯，用于提供润滑油。

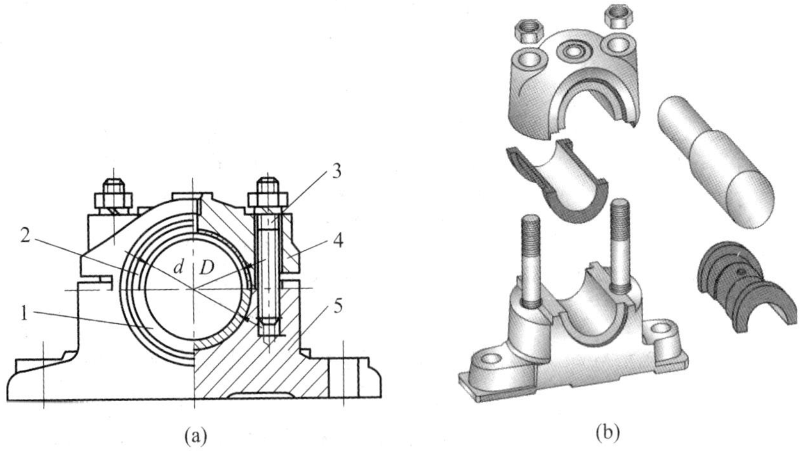

图 4-3-4 剖分式径向滑动轴承

剖分式径向滑动轴承的装拆、间隙调整和更换新轴瓦都很方便，故在低速、重载的场合中应用广泛。此种轴承的结构尺寸已经标准化。

任务二　滚动轴承的选择

任务引入

滚动轴承的种类繁多，在选择轴承型号时，除了要考虑各类轴承的性能特点外，还要考虑轴承工作时的各种工况。

任务实施

1. 滚动轴承的选择

滚动轴承需要综合考虑载荷、工作转速、轴径的偏角、轴的刚度等因素，结合各类型轴承的特性进行选择。

1）类型选择

选择轴承类型时，应对各类轴承的性能特点有充分的了解，在此基础上可遵循以下原则进行选择。

（1）载荷的大小和性质。通常，由于球轴承主要元件间的接触是点接触，适合于中小载荷及载荷波动较小的场合；滚子轴承主要元件间的接触是线接触，适用于较大载荷或冲击载荷的场合。

（2）载荷方向。若轴承承受纯轴向载荷，一般选用推力轴承；若承受的纯轴向载荷较小，可选用推力球轴承；若承受的纯轴向载荷较大，可选用推力滚子轴承。若轴承承受纯径向载荷，一般选用深沟球轴承、圆柱滚子轴承或滚针轴承。当轴承承受径向载荷的同时还承受不大的轴向载荷，可选用深沟球轴承或接触角不大的角接触球轴承或圆锥滚子轴承；当轴向载荷较大时，可选用接触角较大的角接触球轴承或圆锥滚子轴承，或选用向心轴承和推力轴承组合在一起的结构，分别承担径向载荷和轴向载荷。

（3）轴承的转速。通常，转速较高、载荷较小或要求旋转精度较高时，宜选用球轴承；转速较低、载荷较大或有冲击载荷时，宜选用滚子轴承。

推力轴承的极限转速很低。工作转速较高时，若轴向载荷不是很大，可采用角接触球轴承承受轴向载荷。

（4）当两轴孔的轴心偏差较大，或轴工作时变形过大时，会造成轴承的内、外圈轴线发生偏斜，这时宜选用调心轴承。

值得注意的是，各类轴承内圈轴线相对于外圈轴线的倾斜角是有限的，超过限制角度，会使轴承的寿命降低。同时还要注意调心轴承需成对使用，否则将失去调心作用。

（5）轴承的安装和拆卸。考虑拆装方便时，可选用轴承内外圈可分离的轴承，如圆柱滚子轴承、圆锥滚子轴承等。当轴承在长轴上安装时，为了便于装拆，可以选用内孔圈为1∶12的圆锥孔轴承。

（6）经济性要求。一般球轴承比滚子轴承便宜。轴承精度越高，价格也越高。选择轴承时，必须了解各类轴承的价格，在满足使用要求的前提下，尽可能降低成本。

2）尺寸系列、内径等的选择

尺寸系列包括直径系列和宽(高)度系列。选择轴承的尺寸系列时，主要考虑轴承承受载荷的大小。对于直径系列而言，载荷很小时，一般可以选择超轻或特轻系列；载荷很大时，可考虑选用重系列；一般情况下，可先选用轻系列或中系列，待校核后再根据具体情况进行调整。对于宽度系列，一般情况下选用正常系列，当结构上有特殊要求时，可根据具体情况选择其他系列。

轴承内径的大小与轴颈直径相关，一般根据轴颈直径初步确定。

公差等级，若无特殊要求，一般选用0级，若有特殊要求，可根据具体情况选用不同的公差等级。

2. 滚动轴承的失效形式和设计准则

1）失效形式

滚动轴承的主要失效形式为疲劳点蚀和塑性变形。

滚动轴承在工作时，滚动体和内外圈都处于周期性交变应力的作用下，经过一段时间的运转后，工作表面上的材料会逐渐出现局部脱落，从而导致失效，这就是疲劳点蚀。当轴承出现疲劳点蚀后，轴承的工作温度上升，振动、噪声加剧，旋转精度随之下降，以致失去正常工作能力。

对于在低转速或缓慢摆动条件下工作的滚动轴承，一般不会出现疲劳点蚀。但当载荷很大，滚动体和滚道接触处的局部应力超过材料屈服极限时，在滚动体或套圈滚道上会产生永久塑性变形，也会使轴承工作失效。此外，当轴承润滑不良、密封效果差或装配不当时，还会使轴承出现过度磨损、内外圈和保持架破损等失效；在高速条件下，甚至还会出现胶合失效等。

2）设计准则

对于一般转速的轴承($10\ \mathrm{r/min}<n<n_{\lim}$，$n_{\lim}$为极限转速)，如果轴承的制造、保管、安装、使用等条件均为良好，则轴承的主要失效形式为疲劳点蚀，因此应以疲劳强度计算为依据进行轴承的寿命计算。

对于高速轴承，除疲劳点蚀外，因工作表面过热而导致的轴承失效也是重要的失效形式，因此，除进行寿命计算外，还需校核轴承的极限转速。

对于低速轴承($n<10\ \mathrm{r/min}$)或只作摆动的滚动轴承，可近似地认为轴承各元件是在静应力作用下工作的，其失效形式为塑性变形，应进行静强度计算。

3. 滚动轴承的组合设计

为保证滚动轴承的正常工作，除了要合理选择轴承的类型和尺寸外，还必须正确、合理地进行轴承的组合设计，即正确解决轴承的轴向位置固定、轴承和其他零件的配合、轴承的调整与装拆等问题。

1）轴承支承的刚度和同轴度

轴和安装轴承的轴承座孔，以及轴承组合中的其他受力零件都必须有足够的刚度，这是因为这些零件的变形都会使滚动体滚动受阻而降低轴承的使用寿命。因此，轴承座孔壁应有足够的厚度，壁板上的轴承座的悬臂应尽可能短，并用加强筋来加强其刚度，如图4-3-5所示。

对于一根轴上的两个支承的座孔，必须尽可能保证其同轴度，以免轴承内、外圈间产生过大的偏斜而影响轴承的寿命。为此，应采用整体结构的机壳，并把安装轴承的两个孔一次镗出。如在一个轴上装有不同尺寸的轴承时，机壳上的轴承座孔仍一次镗出，这时可利用衬套来安装尺寸较小的轴承，如图4-3-6所示。若两个轴承座孔分别在两个机壳上，则应把两个机壳组合在一起镗孔，以保证其同轴度。

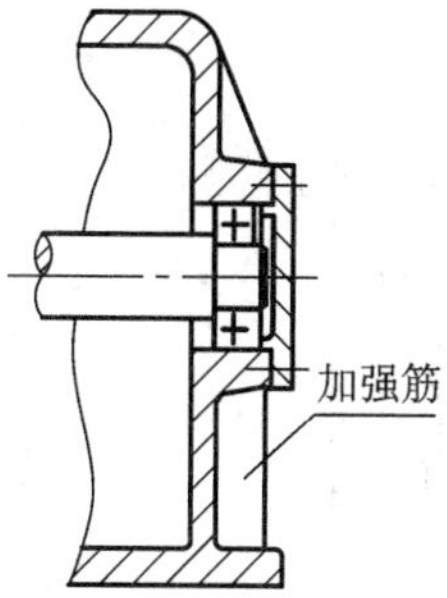

图4-3-5　用加强筋增强轴承座孔刚度

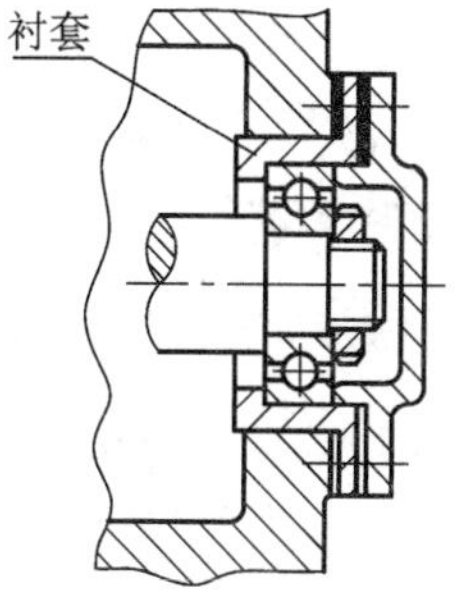

图4-3-6　使用衬套的轴承座孔

2）滚动轴承的轴向固定

滚动轴承在轴上的位置必须固定，并由轴承内圈与轴的锁紧、轴承外圈与座孔的固定来实现。轴承内圈一端通常以轴肩作为轴向定位(见图4-3-7(a))，另一端若需固定，常采用弹性挡圈(见图4-3-7(b))、压板(见图4-3-7(c))、锁紧圆螺母(见图4-3-7(d))等来固定。轴承外圈在轴承孔中常采用轴承盖(见图4-3-8(a))、弹性挡圈(见图4-3-8(b))、止动环(见图4-3-8(c))、机座台肩(见图4-3-8(d))等来实现轴向固定。

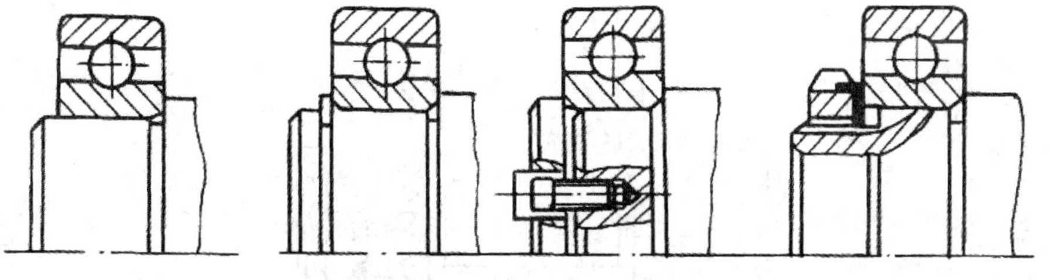

(a) 轴肩　(b) 弹性挡圈　(c) 压板　(d) 锁紧圆螺母

图4-3-7　内圈轴向固定

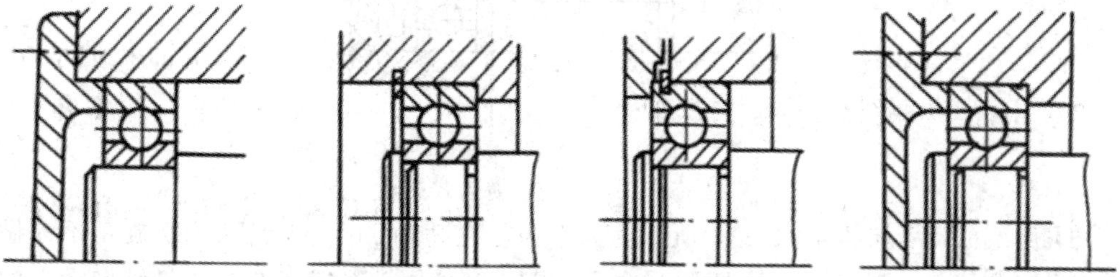

(a) 轴承盖　(b) 弹性挡圈　(c) 止动环　(d) 机座台肩

图4-3-8　外圈轴向固定

3）滚动轴承的支承结构形式

轴的位置是靠轴承来定位的，轴工作时，既要防止轴向窜动，又要保证滚动体不因轴受热膨胀而卡住，所以滚动轴承组成的支承结构必须满足轴组件轴向定位可靠、准确的要求，并要考虑轴在工作中有热伸长时伸长量能够得到补偿。常用轴的轴向固定的方式有以下三种。

(1) 两端单向固定：两端轴承各限制一个方向的轴向移动，如图 4－3－9 所示。这种支承形式结构简单，适用于普通工作温度下的短轴(跨距≤350 mm)。考虑到轴受热后伸长，一般在轴承端盖与轴承外圈端面间留有补偿间隙 c(0.25～0.4 mm)。间隙量的大小通常用一组垫片来调整。

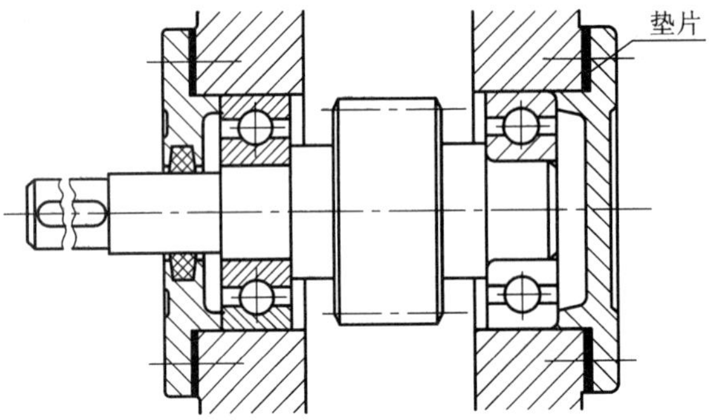

图 4－3－9　两端单向固定式支承

(2) 一端双向固定，一端游动：当轴的跨距较长或工作温度较高时，轴的伸缩量大，可采用一端轴承双向固定，另一端轴承游动的形式，如图 4－3－10 所示。固定端轴承可承受双向轴向载荷，游动端可选用深沟球轴承或圆柱滚子轴承。选用深沟球轴承时，应在轴承外圈与端盖之间留有间隙，允许轴与机座作相对移动；选用圆柱滚子轴承时，轴承外圈应作双向固定，以免外圈同时移动造成过大错位。

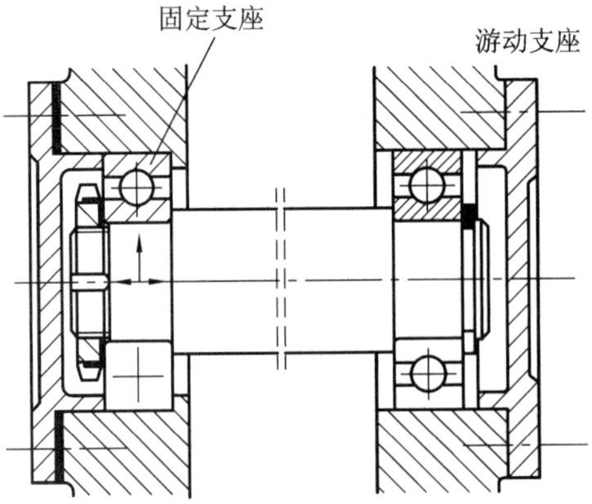

图 4－3－10　固定—游动式支承

(3) 两端游动：如图 4－3－11 所示为人字齿轮主动轴，由于轮齿两侧螺旋角不易做到完全对称，为了防止轮齿卡死或两侧受力不均匀，应采用轴系能有左右微量轴向游动的结构。图中两端都选用圆柱滚子轴承，滚动体与外圈间可轴向移动。与其相啮合的另一轴系则必须两端固定，以使该轴系在箱体中有固定位置。

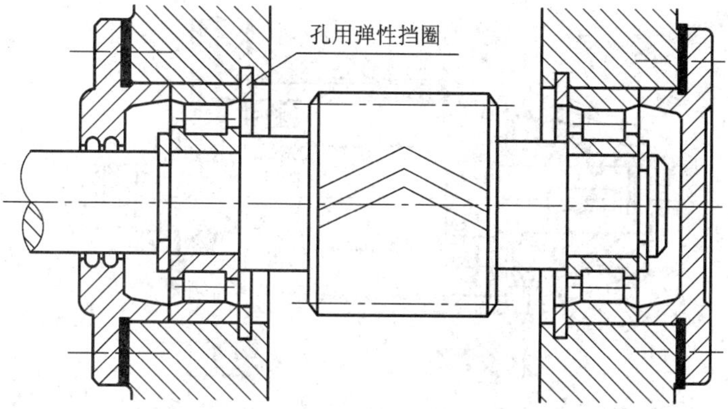

图 4-3-11　两端游动式支承

4）滚动轴承轴向位置的调整

为保证轴承正常运转，在装配轴承时，一般都要留有适当的间隙，常用调整方法有以下三种。

（1）调整垫片：通过增减轴承端盖与箱体结合面之间的垫片厚度来调整轴承间隙，如图 4-3-12(a)所示。

（2）调节压盖：利用端盖上的调节螺钉可调整调节压盖的轴向位置，如图 4-3-12(b)所示。

（3）调整环：通过增减轴承端面与轴承端盖间的调整环厚度以调整轴承间隙，如图 4-3-12(c)所示。

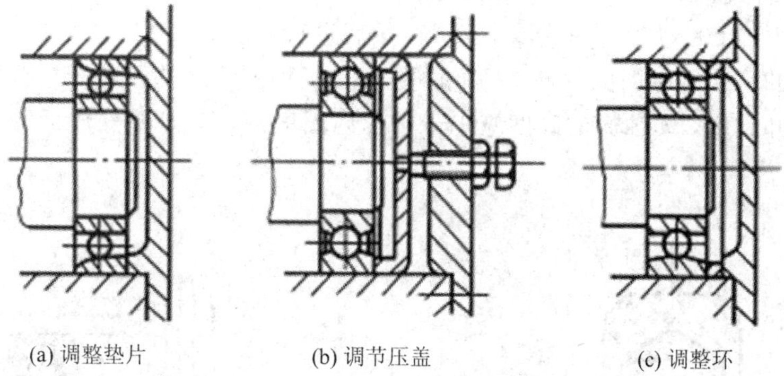

图 4-3-12　轴承间隙的调整

有时轴上零件在安装时要有准确的工作位置，如锥齿轮传动要求两齿轮的锥顶重合于一点，蜗杆传动要求蜗轮中间平面通过蜗杆的轴线，这些都要求轴的轴向位置应能调整。如图 4-3-13 所示的锥齿轮，是利用增、减套杯与箱体间的一组垫片来实现套杯轴向位置调整的，由于轴承组合可随套杯作轴向移动，从而实现齿轮啮合位置的调整。端盖和套杯间的另一组垫片则用来调整轴承的游隙。

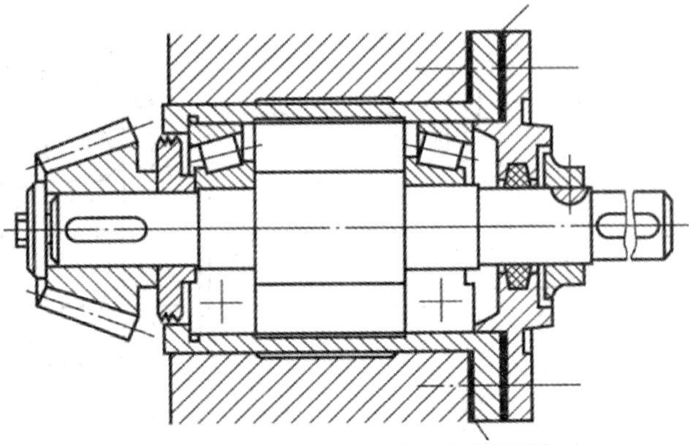

图 4-3-13 调整垫片

5) 滚动轴承的配合和装拆

(1) 滚动轴承的配合。滚动轴承是标准件，其内圈与轴颈的配合采用基孔制，外圈与轴承座孔的配合采用基轴制，由于轴承配合内外径的上极限偏差均为零，因而相同的配合种类，内圈与轴颈的配合较紧，外圈与轴承座孔的配合较松。

滚动轴承的配合类型和公差应根据轴承类型、转速、工作条件以及载荷大小、方向和性质来确定。对于转速较高、载荷及振动较大、旋转精度较高的滚动套圈(通常为内圈)，应采用较紧的配合；固定套圈(通常为外圈)、游动套圈或经常拆卸的轴承应采用较松的配合。有关滚动轴承配合的详细资料可参考标准 GB/T 275—2015。

(2) 滚动轴承的装拆。轴承的内圈与轴颈的配合一般都较紧，对于小型轴承一般可采用压力法，直接将轴承的内圈压入轴颈，如图 4-3-14 所示。对于尺寸较大的轴承，可先将轴承放在温度为 80～100℃的热油中预热，然后进行安装。

轴承的拆卸应使用专门的拆卸工具，如图 4-3-15 所示。为了便于拆卸轴承，轴的设计中应留有拆卸高度，即轴肩的高度应小于轴承内圈的厚度，以便安放拆卸工具，使钩爪能钩住内圈。

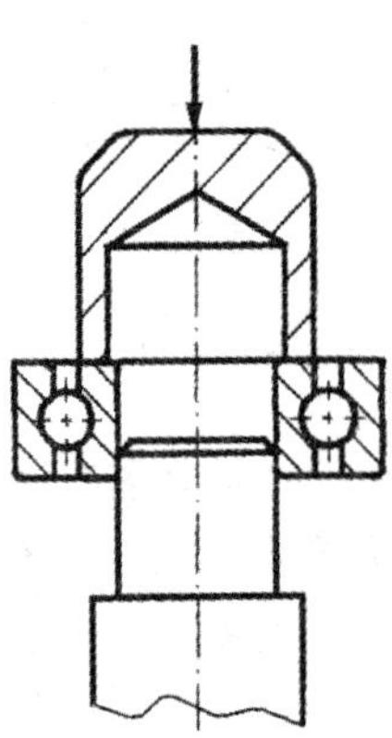

图 4-3-14 轴承的安装

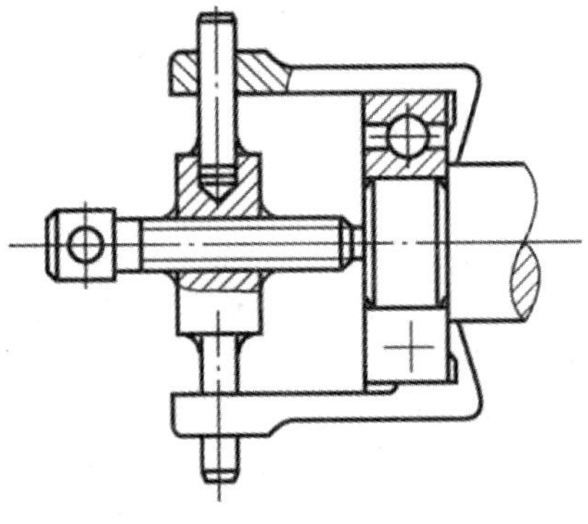

图 4-3-15 轴承的拆卸

6）滚动轴承润滑与密封

根据滚动轴承的实际工作条件选择合适的润滑方式并设计可靠的密封结构，是保证滚动轴承正常工作的重要条件，对滚动轴承的使用寿命有着重要的影响。

（1）滚动轴承的润滑。滚动轴承润滑的主要目的是减少摩擦与磨损，同时起到冷却、吸振、防锈及降低噪声等作用。

滚动轴承常用的润滑剂有润滑油、润滑脂及固体润滑剂。一般情况下，轴承采用润滑脂润滑，但在轴承附近已经具有润滑油源时（如变速箱内本来就有润滑齿轮的油），也可采用润滑油润滑，具体选择可按速度因数 dn 值来确定。其中，d 代表轴承内径（mm），n 代表轴承转速（r/min），dn 值间接地反映了轴颈的圆周速度。当 $dn<(1.5\sim2)\times10^5$ mm·r/min 时，一般滚动轴承可采用润滑脂润滑，超过这一范围宜采用润滑油润滑。

脂润滑因润滑脂不易流失，故便于密封和维护，且一次充填润滑脂可运转较长时间。油润滑的优点是其摩擦阻力比脂润滑小，并能散热，主要用于高速或工作温度较高的轴承。

润滑油的黏度可由轴承的速度因数 dn 和工作温度 t 来确定。油量不宜过多，如果采用浸油润滑，则油面高度不超过最低滚动体的中心，以免产生过大的搅油损耗和热量。高速轴承通常采用滴油或喷油方法润滑。

用具有润滑作用的固体粉末取代润滑脂或润滑油来实现摩擦表面的润滑，称为固体润滑。常用的固体润滑剂有石墨、二硫化钼、聚四氟乙烯等。固体润滑剂适用于速度、温度和载荷非正常的条件下，或不允许有油、脂污染及无法加润滑油的场合。

（2）滚动轴承的密封。轴承的密封是为了阻止灰尘、水分等杂物进入轴承，同时也为了防止润滑剂的流失。密封方法的选择与润滑剂种类、工作环境、温度、密封处的圆周速度等有关。密封按其原理的不同可分为接触式密封和非接触式密封两大类。

接触式密封常用的有毛毡圈密封和密封圈密封。如图 4-3-16 所示为毛毡圈密封，在轴承端盖上的梯形断面槽内装入毛毡圈，使其与轴在接触处径向压紧达到密封。密封处轴颈的速度 $v\leqslant4\sim5$ m/s。如图 4-3-17 所示为密封圈密封，密封圈由耐油橡胶或皮革制成，密封效果比毛毡圈好，密封处轴颈的速度 $v\leqslant7$ m/s。接触式密封要求轴颈接触部分的表面粗糙度 $Ra<1.6\sim0.8$ μm。

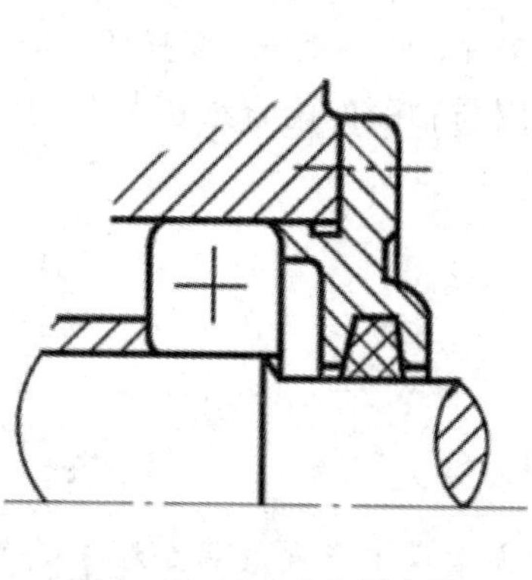

图 4-3-16　毛毡圈密封

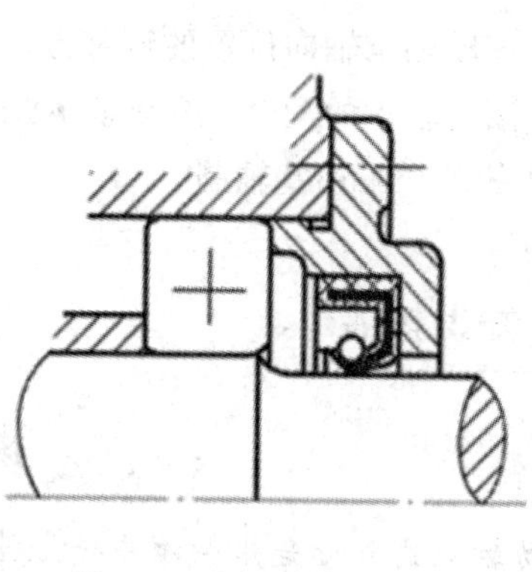

图 4-3-17　密封圈密封

非接触式密封有油沟密封(见图 4－3－18)，在油沟内填充润滑脂，端盖与轴颈的间隙约为 0.1～0.3 mm。油沟密封结构简单，多用于轴颈速度 $v \leqslant$ 5～6 m/s 的场合。除此之外，还有迷宫式密封(见图 4－3－19)。这种密封静止件与转动件之间有几道弯曲的缝隙，缝隙宽度约为 0.2～0.5 mm，缝中填满润滑脂。迷宫式密封可用于高速场合。

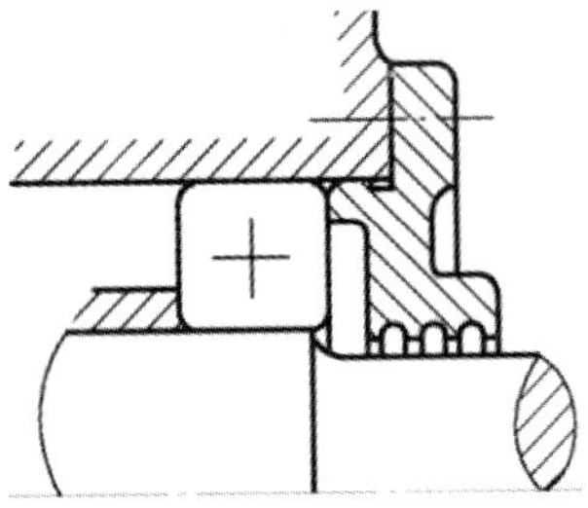

图 4－3－18 油沟密封

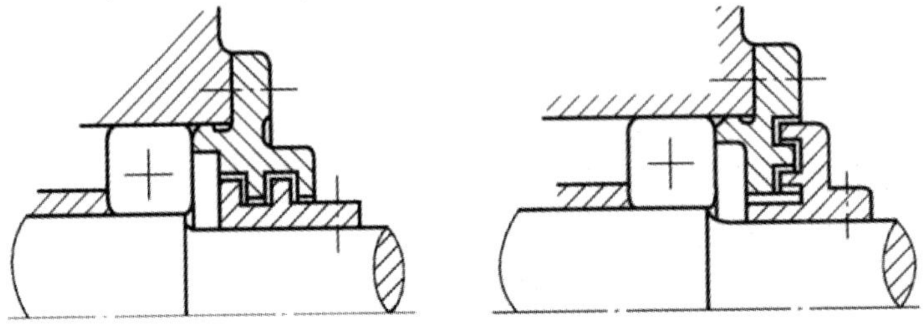

图 4－3－19 迷宫式密封

任务小结

(1) 滚动轴承类型的选择需要综合考虑载荷、工作转速、轴径的偏角、轴的刚度等因素，并结合各类轴承的特性进行。

(2) 对于一般转速的轴承，应以疲劳强度计算为依据进行轴承的寿命计算；对于高速轴承，除进行寿命计算外，还需校核轴承的极限转速；对于低速轴承，应进行静强度计算。

(3) 滚动轴承的定位：滚动轴承的轴承内圈一端通常以轴肩作为轴向定位，另一端采用弹性挡圈、压板、锁紧圆螺母等来固定。轴承外圈常采用轴承盖、弹性挡圈、止动环、机座台肩等实现轴向固定。

(4) 滚动轴承的支承结构形式有两端单向固定，一端双向固定、一端游动，两端游动三种。

(5) 滚动轴承轴向位置的调整方法有三种：调整垫片、调节压盖、调整环。

(6) 滚动轴承的配合：滚动轴承是标准件，其内圈与轴颈的配合采用基孔制，外圈与轴承座孔的配合采用基轴制。

知识拓展

滚动轴承的寿命

滚动轴承的寿命是指轴承中任一滚动体或内、外圈滚道上出现疲劳点蚀失效前所经历的总转数(以 10^6 r 为单位)，或轴承在某一给定的恒定转速下的总工作小时数。

基本额定寿命是指一批同型号的轴承在相同条件下运转时，10%的轴承发生疲劳点蚀失效，而90%的轴承未发生疲劳点蚀失效前运转的总转数(以10^6 r为单位)，或在恒定转速下运转的总工作小时数，分别用L_{10}和L_h表示，其可靠度为90%。

基本额定动载荷是指基本额定寿命为10^6 r时，轴承所能承受的最大载荷，即轴承在基本额定动载荷作用下不发生疲劳点蚀失效的轴承寿命，可靠度为90%，用C表示。

项目练习

一、选择题

1. 根据工作表面摩擦性质的不同，轴承分为滑动轴承和______两大类。

A. 滚动轴承　　B. 向心轴承　　C. 推力轴承

2. 滚动轴承代号由前置代号、基本代号和后置代号组成，其中基本代号表示______。

A. 轴承的类型、结构和尺寸　　B. 轴承组件

C. 轴承内部结构变化和轴承公差等级　　D. 轴承游隙和配置

3. 滚动轴承的类型代号由______表示。

A. 数字　　B. 数字或字母　　C. 字母　　D. 数字加字母

4. ______只能承受径向载荷。

A. 深沟球轴承　　B. 调心球轴承　　C. 圆锥滚子轴承　　D. 圆柱滚子轴承

5. 一个圆锥滚子轴承内径是90 mm，其代号可能是______。

A. 71918　　B. 31918　　C. 71990　　D. 31990

6. 30212/P5中的“P5”表示轴承的______。

A. 内径代号　　B. 公差等级代号　　C. 类型代号　　D. 尺寸系列代号

二、判断题

1. 滚动轴承内圈与轴颈配合应采用基轴制。(　　)
2. 轴承公称接触角越大，承受轴向载荷的能力也越大。(　　)
3. 滚动轴承是标准件。(　　)
4. 球轴承承载能力及抗冲击能力均比滚子轴承高。(　　)
5. 滚动轴承的径向尺寸比滑动轴承大。(　　)

三、简答题

1. 滚动轴承的主要类型有哪几种？试举出1～2个实例说明。
2. 说明轴承代号7208AC、6308/P63、30316的意义。

项目四 轴系零部件

任务一 联 轴 器

任务引入

联轴器是日常生活和生产中比较常用的一种连接方式。扫描下面的二维码，观看联轴器的应用实例。

联轴器应用实例 1　　　　联轴器应用实例 2

从图片中可以看到，电动机输出轴和减速器输入轴之间有个零部件，这个零部件就是联轴器。那么，减速器靠联轴器连接之后，输入轴获得的转速的大小和方向与电动机输出轴的转速的大小和方向一样吗？传递的功率有损耗吗？联轴器有哪些类型？工作中应怎么选用？带着这些问题我们去学习联轴器的一些基本知识。

任务实施

1. 联轴器的功用

联轴器主要用于连接两轴，使两轴共同回转以传递运动和转矩。有时也可作为一种安全装置来防止被连接机件承受过大的载荷，起到过载保护的作用。

在机器工作时，联轴器始终把两轴连接在一起，只是在机器出现故障时，才考虑通过拆卸的方法使两轴分离。

常用的联轴器已经标准化。使用时，可根据工作条件和要求选择合适的类型，然后按轴的直径、传递的转矩和转速由标准中选定具体尺寸。

2. 联轴器的种类

扫描二维码的图片可以看到联轴器的种类很多。根据联轴器补偿两轴相对位移能力的不同，可将其分为刚性联轴器和挠性联轴器两大类。

联轴器

刚性联轴器无弹性元件，用于两轴能严格对中并在工作中不发生相对位移的场合。刚性联轴器可分为固定式和可移式两种。

挠性联轴器具有一定的补偿被连接两轴轴线相对偏移的能力，可分为无弹性元件联轴器和有弹性元件联轴器两类。弹性元件联轴器利用弹性元件的弹性变形来补偿两轴的相对偏移。

下面介绍较为常见的联轴器。

1）刚性联轴器

常用的刚性联轴器有套筒联轴器和凸缘联轴器。

（1）套筒联轴器。套筒联轴器利用套筒和销、键等连接方式使联轴器与两轴相连接。如图4－4－1(a)所示的套筒联轴器通过键与两轴连接，并用紧定螺钉固定套筒的位置。图4－4－1(b)所示的套筒联轴器通过圆锥销固定轴和套筒的位置，圆锥销在超载时可被剪断，起到安全保护的作用，故适用于需要过载保护的场合。

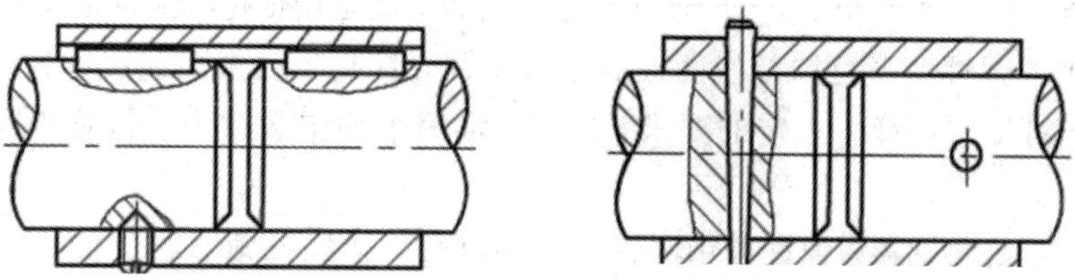

(a) 键连接　　(b) 圆锥销连接

图4－4－1　套筒联轴器

套筒联轴器结构简单、制造容易、径向尺寸小，但装拆时需要两轴沿轴向移动，适用于低速轻载、两轴对中性较好，并要求联轴器径向尺寸小的场合。

（2）凸缘联轴器。扫描下面的二维码，观看凸缘联轴器。

凸缘联轴器1　　凸缘联轴器2

凸缘联轴器已标准化，是应用最广的一种刚性联轴器，它由两个带凸缘的半联轴器和一组螺栓组成。

凸缘联轴器结构简单，传递转矩较大，但要求两轴的同轴度要好，适用于刚性大、振动小和低速大转矩的连接场合。

2）挠性联轴器

扫描下面的二维码，观看常见挠性联轴器的结构及工作原理。

十字滑块联轴器　　齿式联轴器　　弹性套柱销联轴器　　弹性柱销联轴器

（1）十字滑块联轴器。十字滑块联轴器是由两个端面带的半联轴器以及一个两面具有凸榫的浮动盘所组成的。两凸榫互相垂直并分别嵌在两半联轴器的凹槽中。浮动盘的凸榫可在半联轴器的凹槽中滑动，利用其相对滑动来补偿两轴之间的位移。十字滑块联轴器只适用于低速场合。

(2) 齿式联轴器。齿式联轴器已标准化。齿式联轴器是由齿数相同的内齿圈和带外齿的半联轴器等零件组成的。它利用内、外齿的啮合来传递运动和转矩，外齿分为直齿和鼓形齿两种齿形。鼓形齿是将外齿制成球面，球面中心在齿轮轴线上，其齿侧间隙较一般齿轮大。

齿式联轴器工作可靠，承载能力大，具有补偿综合位移的能力，安装精度要求不高。与其他类型联轴器相比，在尺寸相同时，齿式联轴器传递的转矩最大，但其构造复杂、制造困难、成本高，主要用于重型机械。

(3) 弹性套柱销联轴器。弹性套柱销联轴器已标准化。弹性套柱销联轴器的结构近似于凸缘联轴器，但是两个半联轴器的连接不是用螺栓，而是用带橡胶或皮革套的弹性柱销。

弹性柱销的弹性变形可以补偿两轴的相对位移，具有吸收振动和缓和冲击的作用，但其容易磨损，对工作环境有一定的要求，因此，常用于冲击载荷小、起动和换向频繁的中小功率传动。

(4) 弹性柱销联轴器。弹性柱销联轴器已标准化。弹性柱销联轴器的结构也近似于凸缘联轴器，只是将连接螺栓换成了尼龙柱销。尼龙柱销起着补偿所连两轴相对位移的作用，同时又可以靠储存的弹性变形达到缓冲作用。

弹性柱销联轴器结构更简单，安装制造方便，能传递较大的转矩，但补偿两轴的相对位移量较小，适用于轴向窜动较大、正反转或起动频繁的场合。

3) 万向联轴器

扫描下面的二维码，观看万向节的结构和类型。

万向节 1　　　　万向节 2

万向节也称万向联轴器，最常用的为十字轴式的万向联轴器。万向联轴器具有较大的补偿能力，结构紧凑，传动效率高，主要应用在扭矩大、两轴同心度较差的场合。

3. 联轴器的选用

1) 选择联轴器的类型

根据机器的工作条件和使用要求，参照表 4-4-1 选择联轴器的类型。

表 4-4-1　联轴器的特点

刚性联轴器	挠性联轴器
(1) 结构简单； (2) 传递扭矩大，寿命长； (3) 对冲击载荷敏感； (4) 安装要求精度高	(1) 具有缓冲吸震性，可频繁起动和正反转； (2) 弹性元件比较薄弱，传递扭矩不大，寿命短； (3) 可以补偿两轴的相对位移

2）选择联轴器的型号

联轴器的类型确定后，根据轴端直径、转矩大小、转速、空间尺寸等确定联轴器型号。具体步骤如下：

（1）计算联轴器的转矩 T_c：

$$T_c = K_A T$$

式中：T 为理论转矩(Nm)；K_A为工况系数。

（2）根据转矩 T_c 及所选的联轴器类型，按照 $T_c \leqslant [T_n]$、$n \leqslant [n]$的条件从联轴器标准中选定联轴器型号。$[T_n]$为许用转矩，$[n]$为许用转速。

例 4-4　电动机与增压油泵间用联轴器相连。已知电动机的功率 $P=7.5$ kW，转速 $n=960$ r/min，电动机直径 $d_1=38$ mm，油泵轴直径 $d_2=42$ mm，试选择联轴器型号。

解　因为轴的转速较高，起动频繁，载荷有变化，宜选用缓冲性较好，同时具有可移动性的弹性套柱销联轴器。

根据 $T_c=K_A T$ 计算转矩。

查表 4-4-2 得工况系数 $K_A=1.7$，则

$$T = 9550 P_n = 9550 \times 7.5 \times 960 = 74.6\ (\text{Nm})$$

$$T_c = K_A T = 1.7 \times 74.6 = 126.8\ (\text{Nm})$$

查机械设计相关手册知，可以选用弹性套柱销联轴器：TL6YA38×82JB42×82(GB/T 4323—2002)，其公称转矩为 250 Nm。

表 4-4-2　工况系数 K_A

原动机	工作机					
	Ⅰ	Ⅱ	Ⅲ	Ⅳ	Ⅴ	Ⅵ
电动机、汽轮机	1.3	1.5	1.7	1.9	2.3	3.1
单缸内燃机	2.2	2.4	2.6	2.8	3.2	4.0
双缸内燃机	1.8	2.0	2.2	2.4	2.8	3.6
多缸内燃机	1.5	1.7	1.9	2.1	2.5	3.3

任务小结

（1）联轴器的功用是连接两轴，使两轴共同回转以传递运动和转矩。

（2）机器工作时，联轴器始终把两轴连接在一起，只是在机器出现故障时，才考虑通过拆卸的方法使两轴分离。

（3）常用的联轴器已经标准化。使用时，可根据工作条件和要求选择合适的类型，然后按轴的直径、传递的转矩和转速从标准中选定具体尺寸。

知识拓展

我国联轴器技术的发展历程

我国的联轴器技术经历了一个长期曲折的过程：从20世纪50～60年代开始，我国为了配合各种机械设备的制造生产，自行研究并配套制造传动连接件，这些传动连接件功率较小，品种少，不成套。70～80年代，随着对外开放政策的实施，我国引进了一些技术，也进口了各种机械设备。许多进口的大型挖泥船及其他船舶，对大功率弹性联轴器和弹性离合器的消化吸收及发展应用也起了很大作用。近十几年来，各工业部门根据发展配套的需要，在工业和信息化部的统一规划下开展了一系列传动连接件的标准化工作，进行了大量基础标准和产品标准的工作，为传动连接件的通用化、系列化、标准化发展打下了坚实的基础。

任务二　离　合　器

任务引入

日常生活中经常会听到"踩离合"，那么到底什么是离合？离合是做什么用的？离合有哪些类型？工作中应怎么选用？带着这些问题我们去学习离合器的一些基本知识。扫描下面的二维码，观看离合器结构。

踏板离合器　　踏板摩擦离合器

任务实施

1. 离合器的功用

离合器也是用来连接两轴并传递运动和转矩的。离合器可根据需要使两轴接合或分离，以满足机器变速、换向、空载起动、过载保护等方面的要求。

2. 离合器的种类

常用的离合器可分为操纵式离合器和自动式离合器。这里介绍较为常见的离合器。扫描下面的二维码，观看不同类型的离合器。

牙嵌离合器　　单片摩擦离合器　　多片摩擦离合器　　超越离合器

1）牙嵌离合器

牙嵌离合器由两个端面带牙的半离合器组成。主动半离合器用平键与轴连接，从动半离合用导向平键或花键与轴连接，并借助操纵机构作轴向移动，使主、从半离合器端面的爪牙嵌合或分离，对中环的作用是使两轴对中。

牙嵌离合器结构简单，主、从动轴能同步回转，外形尺寸小，传递转矩大，在嵌合时有刚性冲击，适用于停机或低速时接合。

2）摩擦离合器

摩擦离合器按其结构不同可分为片式离合器、圆锥离合器等。与牙嵌离合器相比，摩擦离合器的优点是接合或分离不受主、从动轴转速的限制，接合过程平稳，冲击、振动小，过载时可发生打滑，以保护其他重要零件不致损坏；其缺点是在接合、分离过程中会产生滑动摩擦，故发热量较大，磨损较大，有时其外形尺寸较大。

（1）单片摩擦离合器。该种离合器主要由主、从动摩擦片组成，分别与主、从动轴相连接，操纵环可以使从动摩擦片沿从动轴移动，从而实现接合与分离。接合时靠轴向力将主、从动摩擦片相互压紧，在接触面间产生摩擦力矩来传递转矩。

（2）多片摩擦离合器。多片摩擦离合器有两组摩擦片：一组是外摩擦片，一组是内摩擦片。当滑环左移时，曲臂压杆通过压板将所有内、外摩擦片压紧在调节螺母上，离合器即处于接合状态。调节螺母可调节内、外摩擦片的压力。内摩擦片可以制成碟形，使其具有一定的弹性，接合时在轴向压力的作用下可被压紧，与外摩擦片贴紧；脱开时，由于内摩擦片的弹力作用可以迅速与外摩擦片分离。

3）超越离合器

超越离合器主要由星轮、外壳、滚柱和弹簧组成，它能根据两轴角速度的相对关系自动接合和分离。星轮和外壳分别安装在两根轴上，滚柱被弹簧压向楔形槽的狭窄部分，当星轮相对于外壳顺时针转动时，滚柱在摩擦力的作用下被进一步装紧，外壳借助与滚柱的摩擦力和星轮一起转动，被连接两轴处于接合状态；若星轮相对于外壳逆时针转动，滚柱在外壳的摩擦力作用下被带到楔形槽较宽的地方，外壳可超越星轮的转速在顺时针方向上自由转动，被连接两轴处于分离状态。由于离合器的接合和分离与星轮和外壳之间的转速差有关，因此称为超越离合器。

3. 联轴器、离合器的区别

联轴器与离合器主要用于连接两轴，使两轴共同回转以传递运动和转矩。联轴器在机器工作时，始终把两轴连接在一起，只有在机器出现故障时，才考虑通过拆卸的方法使两轴分离。离合器在机器工作时随时可将两轴连接或分离。

常用的联轴器与离合器已经标准化。使用时，可根据工作条件和要求选择合适的类型，然后按轴的直径、传递的转矩和转速从标准中选定具体尺寸。

任务小结

（1）离合器的功用是连接两轴，以满足机器变速、换向、空载起动、过载保护等方面的要求，在机器工作时，随时可将两轴连接或分离。

（2）离合器的种类很多，常用的离合器已经标准化。常用的离合器可分为操纵式离合器和自动式离合器。使用时，可根据工作条件和要求选择合适的类型，然后按轴的直径、传递的转矩和转速从标准中选定具体尺寸。

模块知识小结

1. 轮系
   - 定轴轮系
   - 周转轮系
   - 混合轮系
2. 轴
   - 轴的分类
     - 按轴所承受载荷分（心轴、传动轴、转轴）
     - 按轴线的形状分（直轴、曲轴、挠性轴）
   - 轴的设计
     - 阶梯轴的结构（轴头、轻颈、轴身）
     - 轴上零件的定位
       - 周向固定（平键、花键、圆锥销等）
       - 轴向固定
         - 轴肩与轴环
         - 套筒和圆螺母
         - 弹性挡圈和紧定螺钉
         - 轴端挡圈和圆锥面
     - 轴的设计
       - 确定各轴段的直径和长度
       - 轴的强度校核
3. 滚动轴承
   - 滚动轴承的组成
     - 内圈
     - 外圈
     - 滚动体（球形、圆柱形、圆锥形、圆鼓形、滚针形）
     - 保持架
   - 滚动轴承的分类
     - 按滚动体形状分（球轴承、滚子轴承）
     - 按滚动轴承受载荷方向分（向心轴承、推力轴承）
   - 滚动轴承的代号
     - 前置代号
     - 基本代号
       - 类型代号（圆锥滚子轴承 3、深沟球轴承 6 等）
       - 尺寸系列代号
         - 宽（高）度系列代号
         - 直径系列代号
       - 内径代号
     - 后置代号
   - 滚动轴承的选择
   - 滚动轴承的组合设计
     - 支承的刚度和同轴度
     - 轴向固定（内圈固定、外圈固定）
     - 支承结构（两端单向固定，一端双向固定、一端游动，两端游动）
     - 轴向位置的调整（调整垫片，调节压盖、调节环）
     - 配合与装拆
     - 润滑与密封

4. 轴系零部件
- 联轴器
  - 刚性联轴器
    - 套筒联轴器
    - 凸缘联轴器
  - 挠性联轴器
    - 十字滑块联轴器
    - 齿式联轴器
    - 弹性套柱销联轴器
    - 弹性柱销联轴器
  - 万向联轴器
  - 联轴器的选用
- 离合器
  - 牙嵌离合器
  - 摩擦离合器
  - 超越离合器

项 目 练 习

一、选择题

1. 联轴器和离合器的主要作用是______。

A. 连接两轴一同旋转并传递转矩　　B. 补偿两轴的相对位移

C. 防止机器发生过载　　D. 缓和冲击减少振动

2. 若两轴刚性较大，对中性较好，不发生相对位移，工作中载荷平稳且转速稳定，则宜选用______联轴器。

A. 刚性凸缘　　B. 十字滑块

C. 弹性套柱销　　D. 齿式

3. 对于轴线相交的两轴间，宜选用______联轴器。

A. 十字轴式万向节　　B. 十字滑块

C. 弹性套柱销　　D. 套筒

4. 若两轴径向位移较大、转速较低、载荷平稳无冲击，则宜选用______联轴器。

A. 凸缘　　B. 齿式

C. 尼龙柱销　　D. 十字滑块

5. 牙嵌离合器的常用牙型有矩形、梯形、锯齿形和三角形等，当传递较大的转矩时，常采用的牙型为梯形，因为______。

A. 强度高，容易结合和分离且能补偿磨损

B. 接合后没有相对滑动

C. 牙齿结合面间有轴向力作用

二、判断题

1. 联轴器的类型确定后，可根据计算转矩、转速及轴端直径确定其型号和结构尺寸。(　　)

2. 当受载较大，两轴较难对中时，应选用刚性联轴器来连接。(　　)

3. 用联轴器连接的两轴可随时实现分离或接合。(　　)

4. 用离合器连接的两轴，只有在机器停止运转后，经过拆卸才可以分离。(　　)

三、简答题

1. 已知某往复式压缩机用电动机驱动。电动机额定功率为 4 kW，转速为 1440 r/min，轴端直径为 28 mm，轴伸长 60 mm；压缩机轴端直径为 28 mm，轴伸长 42 mm，你能为此选用合适的联轴器吗？

2. 扫描下面的二维码，简述该联轴器的类型和特点。

学后测评(联轴器)

模块五　机械设计应用及发展

现代机械设计是以产品为总目标的一系列种类繁多的现代设计法和技术的综合运用。生产技术的需要和先进设计手段的出现，必将促进设计领域的改革和发展，对于机械设计来说几乎是更新换代，传统的常规设计方法受到很大冲击，用科学的设计方法代替经验的、类比的设计方法已势在必行。缩短设计周期、提高设计质量、发展设计理论、改进设计技术及方法已成为当前机械设计的必然趋势。

项目一　机械设计方案制定

任务一　机械系统方案设计

任务引入

机械设计的任务是围绕着开发新的机械产品或改进老的机械产品来进行的，是形成机械产品的第一道工序。机械设计的最终目的是提供满足人们需求，具有一定功能、优质高效、价廉物美，并具有市场竞争力的机械产品。那么大家知道缝纫机是怎样设计出来的吗？

缝纫机是我们日常生活中常见的机械，1790 年英国制造了链式缝纫机，1800 年德国人在日常工作中产生灵感，发明环线链式缝纫机，1814 年奥地利人制造出手工缝纫机，在机器上用射点的针可以缝出双线回式打结针迹，1830 年法国裁缝发明的链式缝纫机，已经能达到 200 链式针脚/分钟，1846 年美国人制造出第一台双线锁式缝纫机，1852 年美国出现第一台带中央卷线轴的双线锁式缝纫机。扫描下面的二维码，观看缝纫机发展过程。

缝纫机发展(1800 年)　缝纫机发展(1814 年)　缝纫机发展(1830 年)

缝纫机发展(1846 年)　缝纫机发展(1852 年)　缝纫机发展(1870 年)

那么机械系统方案设计的过程是什么？具体内容有哪些？基于功能原理的机械执行系统的方案设计怎样进行？

任务实施

1. 机械系统的组成

较为复杂的机械系统基本上是由如图 5－1－1 所示的子系统构成的。

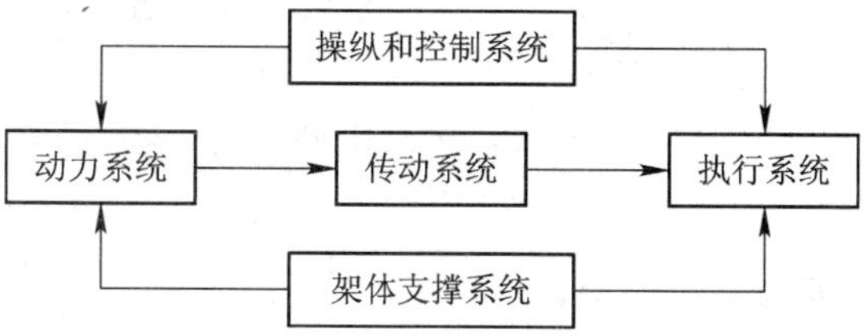

图 5－1－1　机械系统的组成

(1) 动力系统。动力系统是机械系统的动力源，如内燃机、电动机、液压马达、气动马达等。

(2) 执行系统。执行系统包括执行机构和执行构件，其主要功能是利用机械能来改变作业对象的性质、状态、形状和位置，或对作业对象进行检测度量等。执行系统工作性能的好坏，直接影响整个系统的性能。

(3) 传动系统。传动系统是把原动机的动力和运动传递给执行系统的中间装置，其主要功能是改变运动速度、运动方向、运动规律或者传递动力，把原动机输出的动力传递给执行系统。

(4) 操纵和控制系统。操纵和控制系统是使原动机、传动系统和执行系统间彼此协调运动，并准确完成整机功能的装置。良好的控制系统可使机械系统处于最佳工作状态，提高其稳定性和可靠性，并有较好的经济性。

(5) 架体支撑系统。架体支撑系统是用于安装和支撑动力系统、传动系统和操作系统等的构件或部件。

此外，根据机械系统的功能要求还可以有冷却、润滑、计数、行走等系统。

2. 机械设计的一般程序

机械设计的一般程序可以分为设计规划、方案设计、技术设计、施工设计和试制投产等阶段。

(1) 设计规划阶段。设计规划阶段的主要任务是在深入调查研究的基础上，对所开发的产品进行需求分析、市场预测和可行性分析，提出进行产品开发设计的可行性报告，拟出设计任务书，列出产品要求实现的功能和各项设计要求。

(2) 方案设计阶段。方案设计阶段包括产品的功能分析、功能原理求解、方案的综合及评价决策，最后得到一个优化的功能原理方案，并绘制产品的原理方案图或初步总体方案，即在功能分析的基础上，通过创新构思、优化筛选，最后获得较为理想的功能原理方案。

(3) 技术设计阶段。技术设计阶段的任务是将功能原理方案具体化，寻求机器及其零部件的合理结构，完成产品的总体设计、部件的结构设计，并绘制装配草图。

(4) 施工设计阶段。施工设计阶段的主要内容是完成产品制造所需的全部图样和技术文件，包括将装配草图分拆成零件图，绘制全部生产图纸；根据审核后的零件图绘制出总装配图；编制设计说明书，标准件、外购件、备用件和专用工具明细表，产品试车大纲和验收大纲，包装和运输设计等。

(5) 试制投产阶段。试制投产阶段的主要任务是通过试制、试验发现问题，加以改进。

其中，机械系统的方案设计是本章讨论的内容，而机械执行系统的方案设计是机械系统方案设计中最具创造性的工作，因此本章将对机械执行系统方案设计的过程及其创新设计方法作重点介绍。

3. 执行系统的功能原理及运动设计

要设计一部新的机器，首先应明确它的总功能，再将总功能分解成一系列独立的工艺动作，并配置相应的运动规律，据此选择合适的执行机构，然后进行各机构的运动协调设计，最后形成执行系统的运动方案。这就是执行系统方案设计的主要内容。

1) 机械的功能原理设计

设计机械产品时，首先应根据使用要求、技术条件及工作环境等，明确提出机械所要达到的总功能；然后拟定实现这些功能的工作原理及技术手段；最后设计出机械系统方案。功能原理方案设计的优劣决定了机械设计水平和综合性能，因此，如何确定最优的功能原理方案是一件十分困难而又复杂的设计、创新工作。

所谓机械产品的功能，是根据人们生产或生活的需要提出来的。在确定机械产品的功能指标时应进行科学分析，以保证产品的先进性、可行性和经济性。

实现同一种功能要求，可以采用不同的工作原理。例如，螺栓的螺纹可以车削、套丝，也可以搓丝。再如齿轮加工设备预期实现的功能是在轮坯上加工出轮齿，为了实现这一功能要求，既可以选择仿形原理，也可以采用范成原理。若选择仿形原理，工艺动作除了有切削运动、进给运动外，还需要准确的分度运动；若采用范成原理，则工艺动作除了有切削运动、进给运动外，还需要刀具与轮坯对滚的范成运动等。选择的工作原理不同，所设计的机械在工作性能、工作品质和适用场合等方面会有很大差异。

家用缝纫机的发明是一个成功的案例。请扫码了解缝纫机的结构。

缝纫机的结构

设计缝纫机的目的是缝连布料，这是缝纫机预期实现的功能要求，如果将模仿人手穿针引线的缝纫动作作为发明、创造缝纫机的起点，那么发明缝纫机的梦想将很难实现。发明家突破了模仿人手的动作，采用摆梭使底线绕过面线将布料夹紧的工作原理，才成功地发明了家用缝纫机，使梦想成真。它的工艺动作很简单：针杆作往复移动，拉线杆和摆梭作往复摆动，送布牙的轨迹由复合运动实现，这几个动作的协调配合，便实现了缝连布料的功能要求。

不同工作原理的机械，其运动方案也不同，而且即使采用同一种工作原理，也可以拟定出几种不同的机械运动方案。例如，在滚齿机上用滚刀切制齿轮和在插齿机上用插刀切制齿轮，虽同属范成加工原理，但由于所用的刀具不同，两者的机械运动方案也就不一样。

机械的工作原理确定之后，为了便于设计，应将机械的总功能分解为许多分功能，并形成机械的工艺动作过程。

2) 执行构件的运动设计

根据拟定的工作原理和工艺动作过程，构思出能够实现该工艺要求的各种运动规律，确定执行构件的数目、运动形式、运动参数，然后从中选取最为简单适用的运动规律作为机械执行构件的运动方案。运动方案选择得是否合适，直接关系到机械运动实现的可能性、整机的复杂程度以及机械的工作性能，对机械设计质量具有决定性的影响，因此，它是机械执行系统方案设计中十分关键的一步。

首先是执行构件的数目。执行构件的数目取决于机械分功能或分动作数目的多少，但两者不一定相等，要针对机械的工艺过程及结构复杂性等进行具体分析。

然后是执行构件的运动形式和运动参数。执行构件的运动形式取决于要实现的工艺动作的运动要求。常见的运动形式有回转(或摆动)运动、直线运动、曲线运动及复合运动等。当执行构件的运动形式确定后，还要确定其运动参数，如直线运动的速度、行程及行程速度比值系数等。

4. 执行系统机构形式设计

依据工艺动作分解，确定了执行机构运动规律后，需要选择或创造合适的机构形式来实现这些动作或运动规律，这一工作称为执行系统机构的形式设计，又称为机构的形式设计。在进行机构形式设计时，设计者需要在熟悉各基本机构和常用机构的运动形式、功能特点、适用场合等的基础上，综合考虑执行系统机构的运动要求、动力特性、机械效率、制造成本、外形尺寸等因素，通过机构组合或结构变异等构思出结构简单、性能优良、成本低廉的机构。这是一项极具创造性的工作。

1）按执行构件的运动形式选择机构类型

通常原动机的运动形式和运动参数与执行构件的各种运动形式和运动参数不尽相同，因此，必须在原动机与执行构件之间采用具有不同功能的机构来进行运动参数和运动形式的转换，以实现执行构件的预期动作。表 5－1－1 列出了按实现执行构件各种运动形式分类的部分常用机构，供选用时参考。

表 5－1－1　按运动形式分类的部分常用机构

运动	机构类型	常用机构	特　点
传递连续回转运动	摩擦传动机构	带传动、摩擦轮传动	优点是结构简单、传动平稳、易于实现无级变速、有过载保护作用；缺点是传动比不准确、传动功率小、传动效率较低等
	啮合传动机构	齿轮传动、蜗杆传动、链传动及同步带传动	齿轮传动的效率高、传动比准确、传递功率范围大。蜗杆传动传动比大、传动平稳但传动效率较低。链传动通常用在传递距离较远，传动精度要求不高而工作条件恶劣的地方。同步带传动兼有能缓冲减振和传动比准确的优点，且传动轻巧
	连杆机构	双曲柄机构和平行四边形机构	低副机构、制造容易、承载能力大，但难以准确地实现任意指定的运动规律，多用于有特殊需要的地方

续表

运动	机构类型	常用机构	特　　点
单向间歇回转运动	槽轮机构		槽轮每次转过的角度与槽轮的槽数有关，要改变其转角的大小必须更换槽轮，所以槽轮机构多用于转角为固定值的转位运动
	棘轮机构		主要用于要求每次的转角较小或转角大小需要调节的低速场合
	不完全齿轮机构		转角在设计时可在较大范围内选择，且可大于360°，故常用于大转角而速度不高的场合
	凸轮式间歇机构		运动平稳，分度、定位准确，但制造困难，多用于速度较高或定位精度要求较高的转位装置中
	齿轮一连杆组合机构		主要用于有特殊需要的输送机中
往复移动和往复摆动	连杆机构	曲柄滑块机构、正弦机构、正切机构、六连杆机构	低副机构，制造容易、承载能力大，但连杆机构难以准确地实现任意指定的运动规律，故多用于无严格运动规律要求的场合
	凸轮机构		可以实现复杂的运动规律，便于实现各执行构件的运动协调配合，推杆的行程一般较小，用在受力不太大的场合
	螺旋机构		可获得大的减速比和较高的运动精度。常用作低速进给和精密微调机构，可以满足较大行程
	齿轮齿条机构		用于移动速度较高的场合。但由于精密齿条制造困难，传动精度及平稳性不及螺旋机构，所以不宜用于精确传动及平稳性要求高的场合。可以满足较大行程
	液压缸或气缸		气动、液压机构作为驱动机构更为方便，特别是对具有多个执行构件的工程机械、自动生产线等，这样可以简化机械结构，便于自动控制
再现轨迹的机构	连杆机构		四杆机构结构简单，制造方便，但只能近似实现所预期的轨迹，多杆机构较四杆机构精度高，但设计制造较难
	齿轮一连杆组合机构		待定的尺寸参数多，精度较四杆机构高，但设计制造较难
	凸轮一连杆组合机构、联动凸轮机构		可准确实现预期轨迹，且设计方便，但凸轮制造较难，成本较高

2）按执行机构的功能选择机构类型

有的机器执行机构功能明确，如夹紧、分度、定位、制动、导向等功能。能实现这些功能的常用机构见于各种机械设计手册中，供设计时选用，也可以手册中所列的各种机构为借鉴，从中得到启发，开阔思路，在已有机构形式的基础上组合出新的机构，以实现机构的功能要求。

5. 执行系统的协调设计

一部复杂的机械，通常由多个执行机构组合而成，各执行机构不仅要完成各自的执行动作，还必须以一定的次序协调动作、相互配合，以完成机器预期的功能要求。否则将破坏机械的整个工作过程，不仅无法实现预期工作要求，甚至会损坏机件和产品，造成生产和人身事故。因此，应进行执行机构系统的运动协调设计。

执行机构系统的运动协调设计主要应满足以下要求：

(1) 各执行机构的执行动作在时间上要协调配合，即各执行机构的执行动作在时间上要保证确定的顺序，而且能够周而复始地循环协调工作。

(2) 执行机构系统中各执行机构必须保证其运动过程中的空间协调性和同步性，即在运动过程中不能发生运动轨迹相互干涉。

(3) 各执行机构对操作对象的操作必须满足协同性要求。当两个或两个以上的执行机构同时对同一对象实施操作完成同一执行动作时，各执行机构之间的运动必须协同一致。

(4) 对于有些机械，除了要求各执行机构的动作满足时间、空间上的同步性和协同性之外，还必须满足运动速度的协调性。例如，用范成法加工齿轮时，滚齿机或插齿机中的刀具和轮坯的范成运动必须保证预定的传动比。

(5) 在安排各执行机构的动作顺序时，应尽量缩短执行系统的工作循环周期，这样有利于提高劳动生产率。

(6) 在确保各执行机构的动作按先后顺序执行和时间上的同步性的前提下，为避免因制造、安装等误差造成在动作衔接处发生干涉，在一个机构动作结束到另一个机构动作起始之间应保持适当的时间间隔。

任务小结

(1) 机械系统的组成包括动力系统、执行系统、传动系统、操纵和控制系统、架体支撑系统等。

(2) 机械设计的一般程序可以分为设计规划、方案设计、技术设计、施工设计和试制投产等阶段。

(3) 执行系统方案设计的主要内容：首先应明确设计对象的总功能，再将总功能分解成一系列独立的工艺动作，并配置相应的运动规律，据此选择合适的执行机构，然后进行各机构的运动协调设计，最后形成执行机构系统的运动方案。

任务二　机械系统方案设计实例

任务导入

扫描二维码，观看牛头刨床的工作原理。

图 5-1-2 为牛头刨床的结构示意图。你能从执行系统的功能原理及运动设计、执行系统机构形式设计，以及执行系统的协调设计方面，分析牛头刨床机械系统方案设计的一般思路和方法吗？

牛头刨床

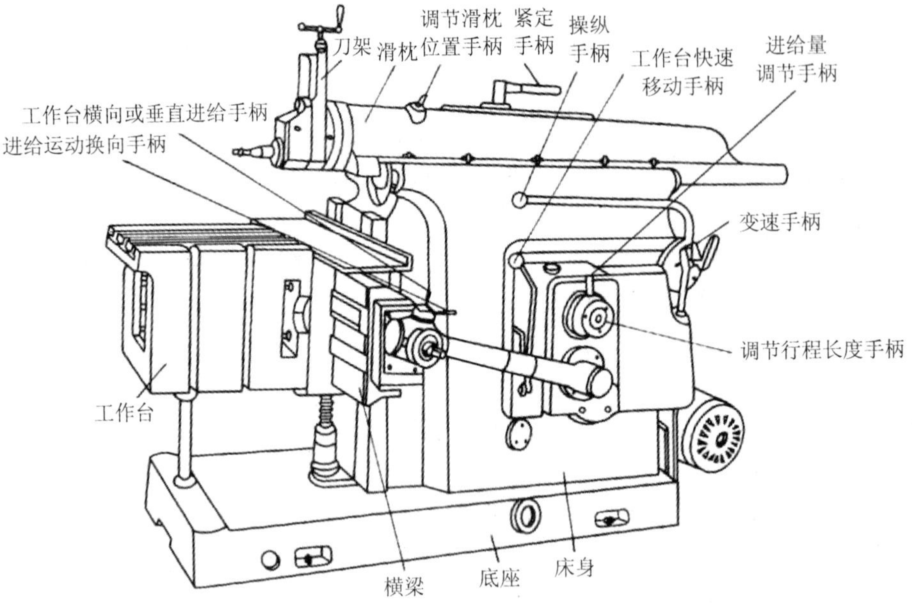

图 5-1-2 牛头刨床的结构示意图

任务实施

1. 根据牛头刨床的功能要求确定其工作原理

牛头刨床的功能是加工长度较大的平面。其工作原理是：刨刀作往复纵向刨削和退刀运动；同时，夹持工件的工作台作间歇横向进给运动，即当刨刀刨削时工作台静止不动，而退刀时工作台作横向进给。牛头刨床的刀架和工作台即机械系统中的两个执行构件。

2. 根据工作原理选择执行机构类型

1）刀架切削运动执行机构类型选择

刨刀是安装在刀架上的切削刀具，刀架的运动为往复直线运动。可被选作实现刀架运动的机构有以下几种。

（1）螺旋机构。螺旋机构中，螺杆为原动件，螺母为从动件。这种机构的优点是刀头工作行程速度均匀，传力性能好。其缺点是必须有换向和变速机构，才能使螺杆反转和刀架空程急回。显然，这会使结构复杂且行程两端冲击较大，故不是理想的刀架执行机构。

（2）直动从动件凸轮机构。这种机构的优点是很容易满足工作行程匀速和空程急回的运动要求。其缺点是凸轮为高副机构，力的传递能力差、易磨损；当刀架的行程（即凸轮从动件推程）需求较大时，则凸轮的结构尺寸会很大，使机床的纵向尺寸过大，所以这种机构不适用于牛头刨床。

（3）齿轮齿条机构。这种机构的优点是工作行程为匀速移动。其缺点是必须有换向和变速机构才能使刀架空程具有急回特性，且行程两端冲击大，也不是牛头刨床理想的选择。

（4）曲柄滑块机构。这种机构为低副机构，力的传递能力好、易制造、成本低、工作可靠、偏置曲柄滑块机构有急回特性。其缺点是工作行程速度不均匀，若行程较大时，机构沿滑块移动方向占据范围大，故不适宜作刀架运动机构。

(5) 摆动导杆机构与摆动滑块机构串联而成的组合机构。如图 5-1-3 所示，当曲柄 2 等速回转时，导杆 4 往复摆动，滑块 1 绕 O_1 摆动，滑块 5 则作往复直线运动。这种机构为低副机构，传力性能好，工作可靠，无需反向机构，且空程具有急回特性，工作行程刨刀速度较为均匀。当刀头工作行程较大时，此机构沿移动方向的尺寸比曲柄滑块机构小得多。

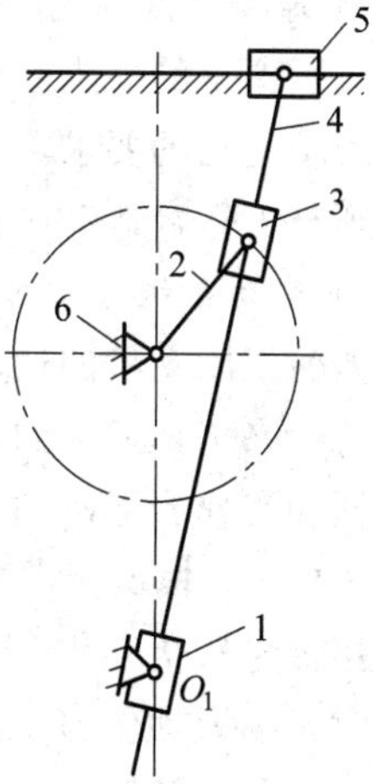

图 5-1-3　组合机构

综合以上分析比较，摆动导杆机构与摆动滑块机构的组合机构优势最明显，故可选定为刀架的执行机构。

2) 工作台进给运动机构方案设计

工作台的进给运动为：刨削时工作台静止不动，刨刀空程急回时工作台作等量直线进给运动，同时还要求工作台可作反向进给运动。

螺旋机构和齿轮齿条机构都可实现工作台的等量直线进给和反向进给。但螺旋机构具有自锁特性，故不进给时工作台会自行锁定不动；齿轮齿条机构没有自锁特性，要使不进给时工作台固定不动，必须另设定位机构。这样，会使机构本身变得复杂，相比之下，螺旋机构结构简单、制造容易，所以应优先选用。

螺旋机构虽可直线进给并自锁，但要做到间歇进给、正反向进给和进给量可调整，必须选择能满足以上要求的间歇运动机构来驱动螺旋机构。可供选择的间歇机构有槽轮机构、棘轮机构等。槽轮机构虽能实现间歇回转运动，但槽轮机构每次转过的角度不能调节，故不宜采用。棘轮机构能够实现间歇回转运动，且转角大小可根据工作需要调节，双向式棘轮机构可实现正反转驱动螺旋机构，因而棘轮机构是可供选用的理想机构。

棘轮机构的动停时间比，可以通过适当的驱动机构来改变。凡是能使带棘爪的摆杆实现往复摆动的机构都可作为棘轮机构的驱动装置，故可选用一曲柄长度可调节的曲柄摇杆机构与双向式棘轮机构串联起来，组成一组合机构。

如图 5-1-4 所示，通过转动螺杆 1 改变曲柄的长度 r 来改变摇杆 3 的摆角大小，从而达到棘轮转角的改变。当棘爪 4 翻到双点画线位置时，棘轮将作反向间歇运动，工作台

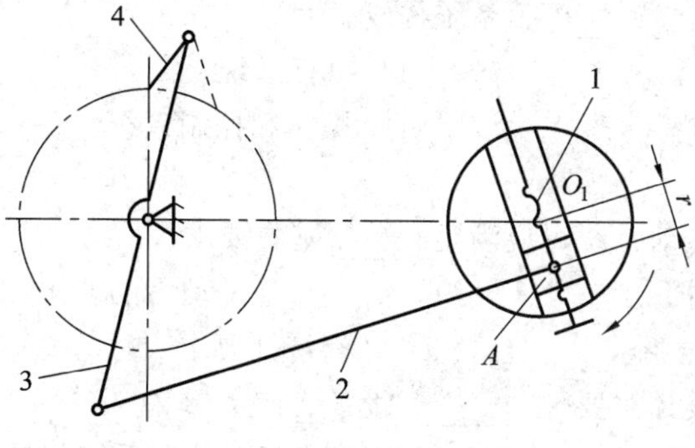

图 5-1-4　串联式组合机构

即反向进给。最后的进给机构方案应是一个螺旋机构——双向式棘轮机构和曲柄摇杆机构的串联式组合机构。

3）原动机选择

按照拟定的牛头刨床工作原理，在可选择的原动机中，交流异步电动机最为适宜，可满足回转运动的要求，且价格低廉、运行可靠、使用维护方便。如前所述，牛头刨床的刨刀运动须与工作台运动协调配合，故原动机应为同一台电机。

4）传动系统方案拟定

如何把原动机的运动和动力传递给工作机构，这需要根据牛头刨床的工作特性和原动机的特性来选择适当的传动类型。显然，电动机的转速较高，而刨刀运动执行机构的原动件曲柄和工作台运动执行机构的原动件曲柄所要求的转速较低。因而，整个传动系统的总传动比较大。根据所需要的传动比初估值，并考虑各类传动机构的单级传动比值，传动系统选用带轮机构和传动比恒定、结构紧凑、效率高的齿轮机构组成。

对于刨刀动作与工作台动作的协调配合，由于在一个工作循环中，刀架运动执行机构的原动件曲柄轴和工作台进给机构的原动件曲柄轴都回转一周，所以这两根曲柄轴之间需用一对齿数相同的齿轮连接起来，以使两曲柄轴以相同的转速等速回转，从而使刀架和工作台作协调配合，实现刨削平面的切削加工。

这样，就初步完成了牛头刨床的机械系统方案设计。

任务小结

（1）牛头刨床的功能是加工长度较大的平面，其中刨刀作往复纵向刨削和退刀运动，工作台作间歇横向进给运动。牛头刨床的刀架和工作台即是机械系统中的两个执行构件。

（2）对各种常用机构进行分析比较后，最终选定摆动导杆机构与摆动滑块机构的组合机构为刀架的执行机构；工作台的进给机构方案是一个螺旋机构——双向式棘轮机构和曲柄摇杆机构的串联式组合机构。

项 目 练 习

一、选择题

1. 机械系统一般由______等子系统构成。

A. 动力系统　　B. 执行系统

C. 传动系统　　D. 操纵和控制系统

E. 架体支撑系统

2. 设计机床的主传动系统时应满足______基本要求。

A. 机床的使用要求　　B. 机床传递动力的要求

C. 机床的工作性能要求　　D. 经济性要求

3. 机械系统方案设计主要包括______设计。

A. 机械的工作原理　　B. 原动机、传动系统与执行构件

C. 机械装配图　　D. 机械零件图

二、判断题

1. 机械系统方案设计中，即使采用同一种工作原理，也可以拟定出几种不同的机械传动方案。(　　)

2. 机械设计的一般程序可以分为设计规划、方案设计、技术设计、施工设计和试制投产等阶段。(　　)

3. 传动系统的功能是连接动力机与执行机构，并把动力机的运动和动力经适当变换，以满足执行机构的作业要求。(　　)

三、简答题

1. 缝纫机的目的是为了缝连布料，发明家突破了模仿人手的动作，采用摆梭使底线绕过面线将布料夹紧的工作原理，其工艺动作是：针杆作往复移动，拉线杆和摆梭作往复摆动，送布牙的轨迹由复合运动实现，这几个动作的协调配合便实现了缝连布料的功能。扫描下面的二维码，观看缝纫机工作原理，试简述其设计方案。

缝纫机工作原理

2. 电风扇摇头功能可由多种方案完成。图 5-1-5 所示的方案是曲柄摇杆机构结合齿轮蜗杆的传动实现风扇转动的同时风扇摆动。总结风扇摇头机构的特点。

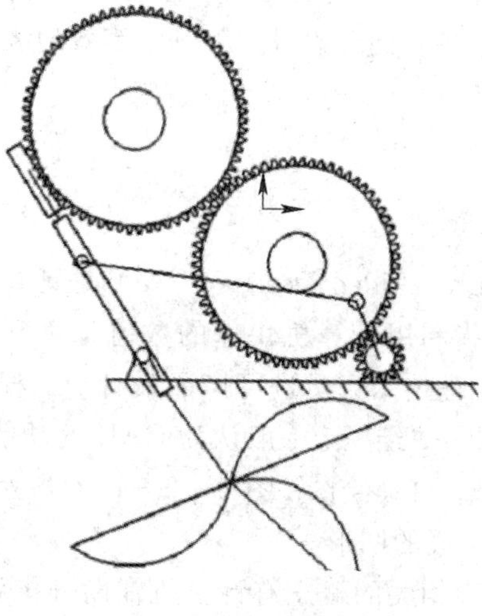

图 5-1-5　电风扇摇头机构

项目二　现代机械设计方法简介

任务一　计算机辅助设计

任务引入

从视频中可以看到设计非常巧妙的椅子，如何设计出一把好的椅子呢？除了造型之外，如何保证设计的椅子最省料、成本最低、结构尺寸最合理？这就是优化设计问题。如何保证设计效率？这就是计算机辅助设计的问题。

椅子的设计

在机械设计中，通常先用草图开始设计，然后通过计算机辅助设计，可以将草图变为工作图的繁重工作交给计算机来完成；由计算机自动产生的设计结果，可以快速用图形显示出来，这样可以及时对设计作出判断和修改；利用计算机可以进行与图的编辑、放大、缩小、平移和旋转等有关的图形数据加工工作。计算机辅助设计能够减少工业设计师们的劳动，有效地提高设计的效率，所以必须对计算机辅助设计有深刻的了解，这将有助于设计时快速、有效地表达出自己的创意。

任务实施

1. 计算机辅助设计的概念

计算机辅助设计(Computer Aided Design，CAD)是计算机科学技术发展和应用中的一门重要技术。CAD 技术是指利用计算机快速的数值计算和强大的图文处理功能来辅助工程师、设计师、建筑师等工程技术人员进行产品设计、工程绘图和数据管理的一门计算机应用技术，如制作模型、计算、绘图。一般认为 CAD 的功能可归纳为四大类，即建立几何模型、工程分析、动态模拟、自动绘图。图 5-2-1(a)所示为数字建模生成的图形，图 5-2-1(b)所示为曲面建模生成的图形。

与计算机辅助设计(CAD)相关的概念有计算机辅助分析和计算机辅助制造等。

(1) 计算机辅助分析。计算机辅助分析(Computer Aided Engineering，CAE)是指把 CAD 设计或组织好的模型用计算机辅助分析软件对原设计进行仿真设计成品分析，通过反馈的数据，对原 CAD 设计或模型进行反复修正，以达到最佳效果。

(2) 计算机辅助制造。计算机辅助制造(Computer Aided Manufacture，CAM)是指把计算机应用到生产制造过程中，以代替人进行生产设备与操作的控制，如计算机数控机床、加工中心等都是计算机辅助制造的应用实例。CAM 不仅能提高产品加工精度、产品质

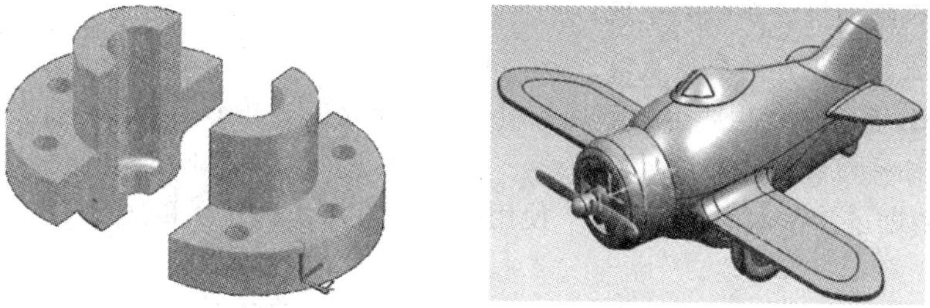

(a) 数字建模　　(b) 曲面建模

图 5-2-1　建模图形

量，还能逐步实现生产自动化，降低人力成本，缩短生产周期。把 CAD、CAE、CAM 结合起来，可使一项产品由概念、设计、生产到成品形成节省相当多的时间和投资成本，而且保证了产品质量。如图 5-2-2 所示为计算机辅助设计流程图。

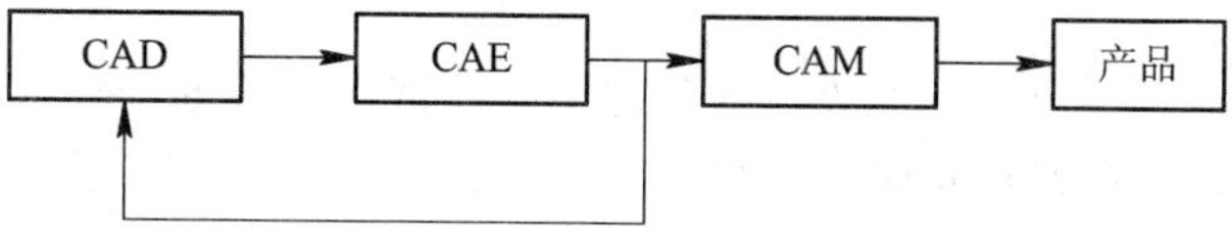

图 5-2-2　计算机辅助设计流程

CAD 技术是集计算、设计绘图、工程信息管理、网络通信等计算机及其他领域知识于一体的新技术，是先进制造技术的重要组成部分，其显著特点是提高设计的自动化程度和质量，缩短产品开发周期，降低生产成本，促进科技成果转化，提高劳动生产效率和技术创新能力。

可见，CAD 技术对工业生产、工程设计、机器制造、科学研究等诸多领域的技术进步和快速发展产生了巨大影响。

2. 计算机辅助设计发展概况

20 世纪 50 年代，美国诞生了第一个计算机绘图系统，开始出现具有简单绘图输出功能的被动式计算机辅助设计技术。60 年代初期，出现了 CAD 的曲面片技术，中期出现了商品化的计算机绘图设备。70 年代，完整的 CAD 系统开始形成，后期出现了能产生逼真图形的光栅扫描显示器，以及手动游标、图形输入板等多种形式的图形输入设备，促进了 CAD 技术的发展。

20 世纪 80 年代，工程工作站问世，CAD 技术在中小型企业逐步普及。自 80 年代中期以来，CAD 技术向标准化、集成化、智能化方向发展。一些标准的图形接口软件和图形功能相继推出，对 CAD 技术的推广、软件的移植和数据共享起了重要的促进作用；系统构造由过去的单一功能变成综合功能，出现了计算机辅助设计与辅助制造联成一体的计算机集成制造系统；固化技术、网络技术、多处理机和并行处理技术在 CAD 中的应用，极大地提高了 CAD 系统的性能；人工智能和专家系统技术引入 CAD 技术，出现了智能 CAD 技术，使 CAD 系统的问题求解能力大为增强，设计过程更趋自动化。

目前，CAD 技术已在电子和电气、科学研究、机械设计、软件开发、机器人、服装业、出版业、工业自动化、土木建筑、地质、计算机艺术等各个领域得到广泛应用。

3. 计算机辅助设计系统的组成

1）计算机辅助设计的硬件系统

一个 CAD 系统硬件主要由微型计算机、图形输入设备和绘图输出设备三部分组成。

2）计算机辅助设计的常用软件系统

计算机辅助设计深入到各行各业，使用的软件很多，下面着重介绍几个应用较广泛的常用软件。

(1) AutoCAD。AutoCAD 是美国 Autodesk 公司研究开发的一种通用计算机辅助设计软件包。Autodesk 公司在 1981 年推出了 AutoCAD 的第一个版本 V1.0，随后相继开发出多个版本，其中典型版本有 R14、AutoCAD 2000、AutoCAD 2002、AutoCAD 2005 等。AutoCAD 的功能越来越强大和完善，是当今世界上最为流行的计算机辅助设计软件之一。

(2) Photoshop。Photoshop 是 Adobe 公司推出的一款功能十分强大、使用范围广泛的平面图像处理软件。目前，Photoshop 是众多平面设计师进行平面设计、图形图像处理的首选软件。

(3) CorelDraw。CorelDraw 是 Corel 公司出品的世界一流的平面矢量绘图软件，被专业设计人员广泛使用，它的集成环境(称为工作区)为平面设计提供了先进的手段和最方便的工具。CorelDraw 系列软件包中包含了 CorelDraw、Corel Paint Photo 两大软件和一系列附属工具软件，可以完成一幅作品从设计、构图、草稿、绘制到渲染的全部过程。CorelDraw 是系列软件包中的核心软件，可以在其集成环境中集中完成平面矢量绘图。

(4) Pro/Engineer。Pro/Engineer 系统是美国参数技术公司(PTC)的产品，它刚一面世(1988 年)，就以其先进的参数化设计、基于特征设计的实体造型而深受用户的欢迎。Pro/Engineer 整个系统建立在统一的数据库上，具有完整而统一的模型，能将整个设计与生产过程集成在一起，它一共有 20 多个模块供用户选择。基于以上原因，Pro/Engineer 在最近几年已成为三维机械设计领域里最富魅力的软件之一。

(5) SolidWorks。SolidWorks 是由美国 SolidWorks 公司于 1995 年 11 月研制开发，最有代表性的三维 CAD 绘图软件，多用于外型设计。SolidWorks 是一套基于 Windows 的 CAD/CAE/CAM/PDM 桌面集成系统，与 Office 兼容，具有较强的参数化特征造型功能。

(6) CAXA 电子图板。CAXA 电子图板是由北京海尔软件有限公司于 1996 年研制开发的二维微机系统。CAXA 电子图板以交互方式对几何模型进行实时的构造、编辑和修改，并能保存各类拓朴信息。目前 CAXA 电子图板已在工程和产品设计绘图中得到广泛的应用，成为全国制图员计算机绘图技能考试的指定软件。

(7) PICAD。PICAD 系统及系列软件是中科院凯思软件集团及北京凯思博宏应用工程公司开发的拥有自主版权的 CAD 软件，本软件具有智能化、参数化和较强的开放性，对特征点和特征坐标可自动捕捉和动态导航。PICAD 是国内商品化最早、市场占有率最大的 CAD 支撑平台及交互式工程绘图系统。

(8) 高华 CAD。高华 CAD 由清华大学和广东科龙(容声)集团联合创建，其系列产品包括计算机绘图支撑系统 GHDRAFTINC、机械设计及绘图系统 GHMDS、工艺设计系统 GHCAPP、三维几何造型系统 GHGEMS、产品数据管理系统 GHPDMS 及自动数控编程系统 GHCAM。高华 CAD 也是基于参数化设计的 CAD/CAE/CAM 集成系统，是全国 CAD 应用工程的主推产品之一，其中 GHGEMS5.0 曾获第二届全国自主版权 CAD 支承软件评测第一名。

(9) 清华 XTMCAD。清华 XTMCAD 是清华大学机械 CAD 中心和北京清华艾克斯特 CIMS 技术公司共同开发的基于 Windows 95 和 AutoCAD R12 及 R13 二次开发的 CAD 软件。它具有动态导航、参数化设计及图库建立与管理功能，还具有常用零件优化设计、工艺模块及工程图纸管理等模块。作为 Autodesk 注册认可的软件增值开发商，可直接得到 Autodesk 公司的技术支持，其优势体现在对 CIMS 工程支持数据的交换与共享上。

(10) 开目 CAD。开目 CAD 是华中科技大学机械学院开发的具有自主版权的基于微机平台的 CAD 和图纸管理软件，它面向工程实际，模拟人的设计绘图思路，操作简便，机械绘图效率比 AutoCAD 高得多。开目 CAD 支持多种几何约束种类及多视图同时驱动，具有局部参数化的功能，能够处理设计中过约束和欠约束的情况。开目 CAD 实现了 CAD、CAPP、CAM 的集成，适合我国设计人员的习惯，是全国 CAD 应用工程主推产品之一。

4. 计算机辅助设计软件的设计步骤与方法

1) 设计步骤

通常情况下，先列出手工设计步骤或整个详细的设计过程，据此确定软件设计步骤，具体过程包括以下几个方面：

(1) 熟悉设计的内容、要求、任务、适用范围和功能。

(2) 熟悉设计的计算准则、计算方法和数学模型。

(3) 熟悉设计的计算步骤、计算公式、参数符号及变量。

(4) 根据设计的计算内容、方法、步骤绘出程序结构流程图。

(5) 确定功能模块的结构图。

(6) 逐个设计每个功能模块。

2) 设计方法

选择开发平台需要考虑具体的机械设计任务内容，主要涉及两个方面，一是机械设计任务内容复杂程度，如是否需大量计算、查询大量的数表和线图、绘制零件工作图等；二是每种计算机开发语言都有特长与不足，而且不同开发人员的基础各有差别，因此选择开发平台要综合考虑上述两方面因素。

就开发语言来说，VC(Visual C)语言的功能最强大，适合开发操作系统软件及一些综合功能非常强大的软件，但所需要的学习时间也最多。VB(Visual Basic)语言的功能不如 VC 的强大，但在计算功能方面优秀，语法也贴近生活，简单易学。VF(Visual Foxpro)的综合功能也不如 VC，简单易学性虽不如 VB，但它的数据管理功能却是很强大的。VL(Visual Lisp)在自动绘图方面则较优秀。这几种可视化语言都比较流行。

3) 单平台设计要点

在一种开发平台(比如 VB)上完成全部设计内容，需考虑以下几个方面：

(1) 在理解手工完成机械设计过程的基础上，确定软件的输入/输出参数及全局变量、全局过程或函数。

(2) 分配窗体功能及其接收的输入/输出参数，并进一步确定所需窗体的总数及窗体变量。

(3) 从第一个窗体开始，根据窗体功能、窗体的输入/输出参数进行窗体的外观设计，之后逐个确定并编写该窗体的每个事件过程以及每个一般过程或函数的代码，并进行调试，排除所有错误后，再设计第二个窗体。在设计第二个窗体时，要确定第一、第二两个窗体的连接交替方法，将第一、第二两个窗体合起来调试，排除一切错误后，再设计第三个窗体，将这三个窗体合起来调试，以此类推，直至全部调试完毕。

4）多平台设计要点

多平台设计要点有以下几个方面：

(1) 在弄清手工完成机械设计过程的基础上，分配每个开发平台上应完成的功能，并确定所需软件的输入/输出参数。

(2) 按照单平台设计要点，完成单平台上的开发任务，并通过编译生成可在 Windows 环境下独立运行的可执行文件(扩展名为 exe 的文件)。根据功能模块结构图中确定的前后运行关系，在前后两个开发平台上分别编写程序时，都要综合考虑并确定在这两个平台上开发的可执行文件之间的数据相互传递的方法。

(3) 将前后两个不同平台上编译的可执行文件合起来调试，直至全部调试完毕。

(4) 将所有不同平台上开发的可执行文件合起来调试，直至全部调试完毕。

任务小结

计算机辅助设计(CAD)是计算机科学技术发展和应用中的一门重要技术。

计算机辅助设计系统由硬件和软件组成，常用的软件有 AutoCAD、Photoshop、CorelDraw、Pro/Engineer、SolidWorks、CAXA 等。

知识拓展

当前国际上关于现代设计方法的研究十分活跃，由于经济文化背景不同，各国学者的研究各有自己的特点和侧重。在第二次世界大战后，德国发现自己的产品质量下降，竞争力减弱之后，分析这和设计工作不符合要求、缺乏有能力的设计人员密切相关。为此，在1963～1964 年举行了全国性“薄弱环节在于设计”的讨论会，制定了一批有关设计的各种指导性文件，举办了有关产品系统规划、创造性设计与发展、CAD 等许多专题培训班和讨论会，并在高校开设有关现代设计方法等专题课程。德国、瑞士的学者比较重视设计程序的研究：首先明确设计任务，对设计任务进行抽象化的功能分析和求解，然后将开发新产品的内容要求转化为产品图纸。

英国自 1963 年开始提出工程设计思想后，广泛开展设计竞赛，加强设计过程中的创造性开发和技术可行性、可靠性、价值分析方面的研究，从而改变了设计水平低的局面。

日本自 1960 年以来开始有关现代设计方法的研究，提高设计人员素质，开展工程技术教育。现在日本在产品开发中的更新速度受到全世界的关注，其产品的竞争能力已给许多国家造成巨大威胁。

美国的学者强调“创造性设计”，提倡设计中创造能力的开发，把设计活动分为创造—分析—决策三个步骤。在美国的设计工作中，产品设计图纸基本上由计算机绘制，设计者可以摆脱常规的技术工作，集中精力进行创造性设计。

我国对现代设计方法的研究是从 20 世纪 80 年代开始的，通过选派留学生到国外进修学习和请国外专家来讲学，组织各种类型的讲习班、培训班，开展国内外学术交流等，推广和普及现代设计的基本知识。由于世界各国对设计方法的研究越来越重视，目前已成为一项国际性学术活动。有关国家组织了关于现代设计方法的国际会议，比如国际工程设计会议(ICED)。

任务二　机电一体化设计

任务引入

扫描二维码观看机电一体化生产演示系统，这是一种利用多种机械传动方式模拟现代化产品装配过程的柔性生产系统。它把实际工业生产中应用的机械原理(如链传动、带传动、齿轮传动、齿条、涡轮蜗杆、同步带等)的典型部分充分体现出来；把实际工业生产中的电气控制器(如交流变频调速器、直流电机、步进电机、三相异步电动机、伺服电机等)应用于系统中；把实际工业生产中的各种传感器(如光电电容、金属、色差传感器、直线光栅、旋转编码器、激光传感器等)应用于系统中。现代化工业生产中的工业总线技术在该系统中得到了充分展示。

机电一体化生产演示系统

任务实施

1. 机电一体化系统的组成

1) 系统组成

当代科学技术的发展出现了纵向分化、横向综合的重要趋势。机电一体化就是机械技术和电子技术相互交叉、渗透和综合发展的产物，其组成涉及机械技术、电子技术、控制技术、信息技术等。从某种意义上讲，机电一体化已经成为交叉学科和综合技术的代名词。

如图 5-2-3 所示的机器人，它能从各种感觉器官得到各种信息，通过神经传给神经中枢，经过思维处理，再经过大脑指挥各部分动作的执行。

机电一体化机械系统从功能上可以分为传动机构、导向机构和执行机构三大机构。

图 5-2-3　机器人

(1) 传动机构。传统的机械传动是一种把动力机产生的运动和动力传递给执行机构的中间装置，是一种转矩和转速的变换器，其目的是使驱动电动机与负载之间在转距和转速上得到合理的匹配。在机电一体化系统中，普遍采用计算机控制和具有动力、变速与执行等多重功能的伺服电动机。

(2) 导向机构。导向机构不仅要支承、固定和连接系统中的其他零部件，还要保证这些零部件之间的相互位置要求和相对运动的精度要求，为机械系统中各运动装置能安全、准确地完成其特定方向的运动提供保障。

(3) 执行机构。执行机构是最终完成操作任务的部分。执行机构根据操作指令的要求在动力源的带动下完成预定的操作。与传统的执行机构相比，机电一体化系统简化了机械执行机构，充分发挥了计算机的协调和控制功能。

2）相关技术要素

（1）检测传感技术。检测各种物理量，将测得的各种参量转换为电信号，并输送到信息处理部分的功能器件统称为检测传感元器件或装置。传感器是检测部分的核心，它相当于人的感觉器官，例如，数控机床在加工过程中，利用力传感器或声发射传感器等，将刀具磨损情况检测出来，与给定值进行比较，当刀具磨损到引起负荷转矩增大并超过规定的最大允许值时，机械手就自动进行更换，这是安全运行与提高加工质量的有力保障。

（2）信息处理技术。信息处理技术包括信息的输入、交换、运算、存储和输出等技术。它可以通过微机、单片机、单板机、可编程控制器或其他 I/O 等电子装置来实现。信息处理部分相当于人的大脑。

（3）自动控制技术。自动控制技术包括高精度定位控制、速度控制、自适应控制、自诊断、校正、补偿、示教再现、检索等技术。

（4）伺服传动技术。伺服传动包括电动、气动、液压等各种类型的传动装置，这部分相当于人的手足，它直接执行各种有关的操作，对产品质量产生直接影响。

（5）精密机械技术。机电一体化系统中的机械部分精度要求高，这就要求有更好的可靠性及维护性，同时要有更新颖的结构，部件要求模块化、标准化、规格化等。也就是说，在机电一体化产品中，对机械本体和机械技术本身都提出了新的要求，这种要求的核心就是精密机械技术。

（6）系统总体技术。系统总体技术是指按组进行分析、评价、优选的综合应用技术。它通过协调所用技术来保证在给定环境条件下经济、可靠、高效益地实现目标，并使操作、维修方便。

2. 机电一体化产品典型应用

机电一体化技术的主要应用领域为数控机床、计算机集成制造系统、柔性制造系统、工业机器人。

1）数控机床

（1）总线式、模块化、紧凑型的结构，即采用多 CPU、多总线的体系结构。

（2）开放性设计，即硬件体系结构和功能模块具有层次性、兼容性，符合接口标准，能最大限度地提高用户的使用效益。

（3）智能化设计。系统能提供面向车间的编程技术和实现二、三维加工过程的动态仿真，并引入在线诊断、模拟控制等智能机制。

（4）能实现多过程、多通道控制，即具有多台机床同时完成多个独立加工任务，并将刀具破损检测、物料搬运、机械手等控制都集成到系统中去。

（5）以单板机、单片机作为控制机，加上专用芯片及模块组成结构紧凑的数控装置。

2）计算机集成制造系统

计算机集成制造系统打破了原有部门之间的界线，以制造为基础来控制“物流”和“信息流”，实现从经营决策、产品开发、生产准备、生产实验到生产经营管理的有机结合。企业集成度的提高可以使各种生产要素之间的配置得到更好的优化，各种生产要素的潜力可以得到更大的发挥。

3）柔性制造系统

柔性制造系统是计算机化的制造系统，主要由计算机、数控机床、机器人、料盘、自动搬运小车和自动化仓库等组成。柔性制造系统特别适用于多品种中小批量，或设计更改明显的离散零件的批量生产。

4）工业机器人

目前，广泛应用的为第3代机器人，即智能机器人，具有多种感知功能，可进行复杂的逻辑思维判断和决策，能在作业环境中独立行动。

3. 机电一体化产品的设计过程与方法

1）设计过程

机电一体化产品设计是根据系统论的观点，运用现代设计的方法构造产品结构、赋予产品性能并进行产品设计的过程。机电一体化产品设计的典型过程为：市场调研—总体方案设计—详细设计—样机试制与试验—小批量生产—大批量生产。

（1）市场调研。市场调研包括市场调查和市场预测。市场调查就是运用科学的方法，系统地、全面地收集所设计产品的市场需求和经销方面的情况和资料，分析、研究产品在供需双方之间进行转移的状况和趋势。市场预测就是在市场调查的基础上，运用科学的方法和手段，根据历史资料和现状，通过定性的经验分析或定量的科学计算，对市场未来的不确定因素和条件做出预计、测算和判断，为产品的方案设计提供依据。

（2）总体方案设计。总体方案设计包括产品方案构思和方案的评价两方面。产品方案构思：产品方案构思完成后，以图的形式将设计方案表达出来。方案图应尽可能简洁明了，能够反映机电一体化系统各组成部分的相互关系，同时应便于后面的修改。

方案的评价：对多种构思和方案进行筛选，选择较好的可行方案进行分析组合和评价，从中再选几个方案按照机电一体化系统设计评价原则和评价方法进行深入的综合分析评价，最后确定实施方案。

（3）详细设计。详细设计是指根据综合评价后确定的系统方案，从技术上将其细节逐层全部展开，直至完成产品样机试制所需全部技术图纸及文件的过程。首先以功能模块为单元，根据接口参数的要求对信号检测与转换、机械传动及工作机构、控制微机、功率驱动及执行元件等进行功能模块的选型、组配、设计，然后对设计进行整体技术经济评价、设计目标考核和系统优化，最后挑选出综合性能指标最优的设计。

（4）样机试制与试验。完成产品的详细设计后，可进入样机试制与试验阶段。根据制造成本和性能试验的要求，一般制造几台样机供试验使用。样机的试验分为实验室试验和实际工况试验，通过试验考核样机的各种性能指标是否满足设计要求，以及样机的可靠性。如果样机的性能指标和可靠性不满足设计要求，则要修改设计，重新制造样机，重新试验；如果样机的性能指标和可靠性满足设计要求，则进入产品的小批量生产阶段。

（5）小批量生产。产品的小批量生产阶段实际上是产品的试生产、试销售阶段。这一阶段的主要任务是跟踪、调查产品在市场上的情况，收集用户意见，发现产品在设计和制造方面存在的问题，并反馈给设计、制造和质量控制部门。编写设计说明书，为产品正式投产时的工艺设计、材料采购和销售提供详细的技术档案资料。

（6）大批量生产。经过小批量试生产和试销售的考核，排除产品设计和制造中存在的各种问题后即可投入大批量生产。

纵观机电一体化系统的设计流程，设计过程的各阶段均贯穿、围绕着产品设计目标进行了“基本原理—总体布局—细部结构”三次循环设计，每一阶段均构成一个循环体，即以产品的规划和讨论为中心的可行性设计循环；以产品的最佳方案为中心的概念性设计循环；以产品性能和结构优化为中心的技术性设计循环。循环设计使产品设计在可行性规划和论证的基础上求得概念上的最佳方案，再在最佳方案的基础上求得技术上的优化，使系统设计的效率和质量大大提高。

2）设计方法

(1) 取代法。取代法就是用电气控制机构取代原系统中的机械控制机构。该方法是改造旧产品、开发新产品或对原系统进行技术改造常用的方法，也是改造传统机械产品的常用方法。

(2) 整体设计法。整体设计法主要用于新产品的开发设计，在设计时完全从系统的整体目标出发，考虑各子系统的设计。

(3) 组合法。组合法就是选用各种标准功能模块组合设计成机电一体化系统。例如，设计一台数控机床，可以依据机床的性能要求，通过对不同厂家的计算机控制单元、伺服驱动单元、位移和速度测试单元及主轴、导轨、刀架、传动系统等产品的评估分析，研究各单元间的接口关系和各单元对整机性能的影响，通过优化设计确定数控机床的结构组成。

4. 机电一体化系统设计

机电一体化系统设计是用系统思维综合运用各有关学科的知识、技术和经验，在系统分析的基础上，通过总体研究和详细设计，实现满足设计目标的产品研发过程。机电一体化系统设计的基本原则是使设计工作获得最优化效果，在保证目的功能、要求与适当使用寿命的前提下不断降低成本。机电一体化系统设计的过程就是“目标—功能—结构—效果”多次分析与综合的过程。综合可理解为各种解决问题要素拼合的模型化过程，这是一种高度的创造行为；分析是综合的反行为，也是提高综合水平的必要手段。

随着工业技术的高度发展和人民生活水平的提高，人们迫切要求大幅度提高机电一体化系统设计工作的质量和速度，因此在机电一体化系统设计中推广和运用现代设计方法，提高设计水平，是机电一体化系统设计发展的必然趋势。与传统方法不同，机电一体化系统设计是以计算机为手段，其设计步骤通常如下：

设计预测—信号分析—科学类比—系统分析设计—创造设计—选择各种具体的现代设计方法(如相似设计法、模拟设计法、有限元法、可靠性设计法、动态分析法、优化设计法、模糊设计法等)—机电一体化系统设计质量的综合评价。

5. 机电一体化的发展趋势

纵观国内机电一体化的发展现状和科学技术的提升，机电一体化将朝着以下几个方向发展。

1）智能化

智能化是机电一体化与传统机械自动化的主要区别之一。近几年，处理器速度的提高和微机的高性能化、传感器系统的集成化，有力地推动着机电一体化产品向智能化方向发展，其产品可以模拟人类智能，从而取代制造工程中人的部分脑力劳动。人工智能在机电一体化建设中的研究日益得到重视，机器人与数控机床的智能化就是重要应用。诚然，使机电一体化产品具有与人完全相同的智能是不可能的，也是不必要的，但是高性能、高速度的微处理器使机电一体化产品赋有低级智能或者人的部分智能，则是完全可能而且必要的。

2）系统化

系统化的表现特征之一就是系统体系结构进一步采用开放式和模式化的总线结构，系统可以灵活组态；表现特征之二是通信功能大大加强，远程及多系统通信连网的局部网络正逐渐被采用。另外，机电一体化产品还可根据一些生物体优良的构造研究某种新型机体，使其向着生物系统化的方向发展。事实上，许多机电一体化产品都是受动物的启发而研制出来的。

3）微型化

微型机电一体化系统高度融合了微机械技术、微电子技术和软件技术，是机电一体化的一个新的发展方向。由于微机电一体化系统具有体积小、耗能小、运动灵活等特点，可进入一般机械无法进入的空间并易于进行精细操作，具有广阔的应用前景。微机电一体化发展的瓶颈在于微机械技术。微机电一体化产品的加工采用精细加工技术，即超精密技术，它包括光刻技术和蚀刻技术两类。

4）模块化

模块化也是机电一体化产品的一个发展趋势。由于机电一体化产品的种类和生产厂家繁多，它需要制订一系列标准，以便各部件、单元的匹配和接口的统一。机电一体化产品生产企业利用标准单元可迅速开发新产品，同时也可以不断扩大生产规模。显然，从电气产品的标准化、系列化带来的好处可以肯定，无论是对生产标准机电一体化单元的企业，还是对生产机电一体化产品的企业，模块化都将给机电一体化企业带来美好的前程。

5）绿色化

绿色化是时代的趋势。绿色产品在其设计、制造、使用和销毁的生命过程中符合特定的环境保护和人类健康的要求，对生态环境无害或危害极少，资源利用率极高。机电一体化产品的绿色化主要是指使用时不污染生态环境，报废后能回收利用。设计绿色的机电一体化产品，具有远大的发展前景。

综上所述，机电一体化技术是众多科学技术发展的结晶，是社会生产力发展到一定阶段的必然要求。它促使机械工业发生战略性变革，促使传统的机械设计方法和设计概念发生革命性的变化。大力发展新一代机电一体化产品，不仅是改造传统机械设备的要求，而且是推动机械产品更新换代、开辟新领域、发展与振兴机械工业的必由之路。

任务小结

（1）机电一体化机械系统从功能上可以分为传动、导向和执行三大机构。机电一体化技术的主要应用领域为数控机床、计算机集成制造系统、柔性制造系统、工业机器人等。

（2）机电一体化产品设计的典型过程为：市场调研—总体方案设计—详细设计—样机试制与试验—小批量生产—大批量生产。

（3）机电一体化的发展：纵观国内机电一体化的发展现状和科学技术的提升，机电一体化将朝着智能化、系统化、微型化、模块化、绿色化方向发展。

任务三 机械优化设计与创新设计

任务引入

机械加工零件时如何最省材料，比如在木材加工成家具的过程中，如何才能使材料最节省，在寻求最佳结果时我们需要运用一些计算机软件，及其附带的优化工具箱作为最优化问题的运算工具，依靠其强大的科学计算与可视化功能、良好的开放性和运行的可靠性，高效率地处理涵盖各种难度的最优化问题。这种只需在软件里进行编程、显示结果的优化设计能大幅度地提高生产效率，这在以前是无法想象的。

例如，我们学习 3D 打印技术时，通过在计算机中优化模型，就可以快速地生成我们需要的各种机械零件，扫描二维码观看 3D 打印视频。

3D 打印

任务实施

1. 机械优化设计简介

常规的机械设计是基于安全概念的“合格设计”，各种几何参数能保证零件安全就认为合格，但不一定是最优的。优化设计是根据设计的目标和要求，从大量可行方案中寻找一个最佳方案的设计。机械优化设计就是把机械设计与最优化数学理论及计算技术密切结合起来处理机械设计中的问题。采用优化设计方法，可以综合考虑多方面的复杂因素，在各种约束条件的限制下，寻求满足预定目标的最优化方案和最佳参数。这样，在缩短设计周期的同时，大大提高了设计质量，有效地确保所要求的技术、经济指标。

1）优化设计过程与方法

机械优化设计的过程一般可分为以下几个部分。

（1）分析优化设计问题，建立合适的数学模型。首先分析设计对象的具体情况和要求，确定设计内容、设计准则、已知条件、设计变量、约束条件、优化目标、计算精度等，然后抽象转化为数学表达式，再经过仔细加工得出合适的数学模型。

数学模型是优化设计的基础，它能否全面而准确地反映优化设计问题的实质，是优化设计成败的关键。有了正确的数学模型，才能按照数学模型的特点，有针对性地选择优化设计方法和计算程序，利用计算机求解，找出最佳的设计方案。

优化设计的数学模型包括三个组成要素：设计变量、目标函数和约束条件。

（2）选择优化方法进行编程解算。针对数学模型的特点（目标函数的维数、非线性程度、约束情况、求解难度等），选择合用的优化方法，力求该方法求解成功率高、计算工作量小、求解速度快、数值稳定性好、计算精度高。

（3）方案评价与决策。检查与评价优化方案是否合理，得出的优化参数是否需做必要的调整或圆整，是否适合现实的生产条件，方案是否为全局最优解（有时工程实际中允许采用局部最优解或次优解）等，这些都是优化设计中极为重要的环节。

2）优化设计应用

机械结构优化设计已经得到了广泛的应用和重视。下面以圆柱齿轮减速器为例，简单说明一下优化设计的应用。

圆柱齿轮减速器是一种应用非常广泛的机械传动装置。目前我国减速器还存在体积大、重量大、承载能力低、成本高和使用寿命短等诸多问题。

对减速器进行优化设计，就要考虑提高承载能力、减轻重量和降低经济成本。减速器的优化设计一般是在给定功率 P、齿数比 u、输入转速 n 以及其他技术条件和要求下，找出一组使减速器的某项经济技术指标达到最优的设计参数。

不同类型的减速器，选取的设计变量是不同的。展开式圆柱齿轮减速器的参数有齿轮齿数、模数、齿宽、螺旋角及变位系数等。行星齿轮减速器的参数还包括行星轮个数。设计变量应是独立参数，非独立参数不可列为设计变量。例如，齿轮齿数比为已知，一对齿轮传动中，只能取 z_1 或 z_2 中的一个为设计变量；中心距不可取为设计变量，因为齿轮齿数确定后，中心距就随之确定了。不同的设计要求，目标函数不同。若减速器的中心距没有要求时，可取减速器最大尺寸最小或重量最轻作为目标函数。

3）优化设计的发展现状

(1) 优化设计方法的发展。早在 14 世纪即出现黄金分割法和分数法的一维搜索法的基本思想，到 20 世纪 50 年代才从数学上完成完整的数学证明。20 世纪 50 年代提出线性规划和梯度法，60 年代出现多种非线性约束规划的罚函数法。20 世纪 60～70 年代，各种优化方法的提出达到一个高峰，并在理论上有重大突破，还出现了一批商品化的优化软件，对推动应用起到了很大作用。进入 80 年代，原来留下的难题和应用中提出的新需求取得重要进展。我国第一本《最优化计算方法程序》汇编于 1983 年出版；在“六五”以及“七五”的规划中相继研制出了 OPBI 优化方法程序库；专门处理混合离散程序规划的程序和专著也已出版。此外，还有一些散见在有关著作和期刊中的方法程序。所有这些说明发展我国机械优化设计应用所必须的优化方法程序已具备良好的条件。

(2) 建立数学模型的发展。建立正确、实用的数学模型是优化设计成败的关键。但在建模方法和技巧方面远远落后于优化方法的发展，其原因是优化方法的发展才能推动优化设计的应用，且应用的早期只限制简单的零部件。由于建模与具体设计对象密切相关，机械设计又具有较强的个性，使建模理论一时还难以形成。20 世纪 60～70 年代国际上出现一些建模专家，但对机械优化设计缺乏具体的指导作用。20 世纪 80 年代，国际上每 2 年举行一次数学建模学术会议，在数学建模方面已有实质性的进展。

机构运动参数的优化设计是机械优化设计中发展较早的领域，不仅研究了连杆机构、凸轮机构等再现函数和轨迹的优化设计问题，而且还提出了一些标准化程序。机械零部件的优化设计在最近十几年也有很大发展，主要是研究各种减速器的优化设计、液压轴承和滚动轴承的优化设计，以及轴、弹簧、制动器等的结构参数优化。除此之外，在机床、锻压设备、压延设备、起重运输设备、汽车等的基本参数、基本工作机构和主体结构方面也进行了优化设计工作。

(3) CAD/CAM 中资源库的发展。目前 CAD 主要限于分析计算和绘图功能，是设计后期的重要工作。如何构思设计本身及向设计的前沿渗透，是 CAD 的发展方向之一。作为设计过程来说，当设计方案和原理初步形成，采用优化设计可以在确定结构参数过程中评价方案的优劣和技术性能的满足程度，是解决设计本身向设计前沿的一个桥梁或过渡。把优化设计方法与计算机辅助设计结合起来使设计过程完全自动化，已成为设计方法的一个重要发展趋势。机械优化设计研究的发展情况表明，机械优化设计已陆续用到建筑结构、化工、冶金、铁路、航天航空、造船、机床、汽车自动控制系统、电力系统以及电动机、电器等工程设计领域，并取得了显著效果。CAD应向图示化、集成化、标准化和智能化发展，逐步达到设计自动化。作为CAD资源之一的优化设计和模型库，也应与其相应发展。

2. 机械创新设计简介

1）机械创新设计特点

机械创新设计指充分发挥设计者的创造力和智慧，利用人类已有的相关科学理论、方法和原理进行新的构思，设计出新颖、有创造性及实用性的机构或机械产品（装置）的一种实践活动。它包含以下两个方面：

（1）改进、完善现有机械产品的技术性能、可靠性、经济性和适用性等。

（2）创造设计出新机器、新产品，以满足新的生产或生活的需要。

机械创新设计的特点包括以下几点：

（1）独创性。独创性是指机械创新设计必须具有独创性和新颖性。

（2）实用性。实用性是指机械创新设计必须具有实用性。

（3）多学科交叉。机械创新设计涉及多种学科，如机械、液压、电力、气动、热力、电子、光电、电磁及控制等科技的交叉、渗透与融合。

2）机械创新设计方法

机械创新设计的方法很多，如运用机构组合原理、机构运动副演变原理、再生运动链原理等方法均能创新出新型机构。例如，电动玩具马的主体运动机构能模仿马飞奔前进的运动形态，如图5-2-4所示。它采用叠加式机构组合，即将一个机构安装在另一个机构的某个运动构件上，其功能是实现特定的输出完成复杂动作。此机构是将曲柄摇块机构 ABC 安装在两杆机构的转动导杆4上组合而成的。工作时分别由转动构件4和曲柄1输入转动，使曲柄摇杆机构中导杆2的摇摆和其上 M 点的轨迹实现马的俯仰和升降（跳跃），以两杆机构作为基础机构，使马作前进运动。三种运动形态合成马飞奔前进的运动状态。

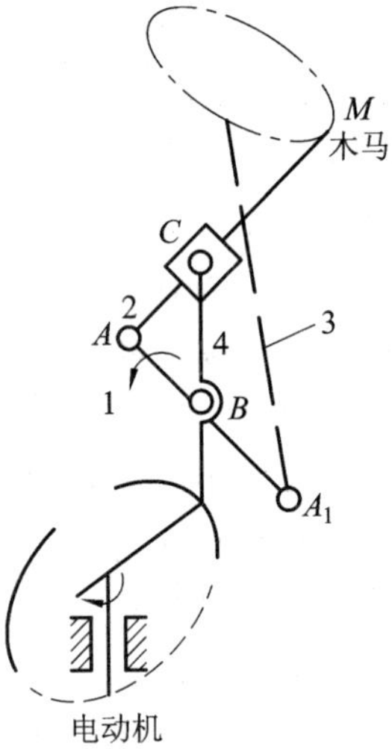

图5-2-4 电动玩具马的主体运动机构

任务小结

（1）机械优化设计就是把机械设计与最优化数学理论及计算技术密切结合起来处理机械设计的问题。

（2）机械优化设计的过程一般可分为以下几个部分：第一，分析优化设计问题，建立合适的数学模型；第二，选择优化方法进行编程解算；第三，方案评价与决策。

(3) 机械创新设计的方法很多，如运用机构组合原理、机构运动副演变原理、再生运动链原理等方法均能创新出新型机构。

知识拓展

优化理论的发展历程

历史上最早记载的最优化问题可追溯到古希腊的欧几里得(Euclid，公元前300年左右)，他指出：在周长相同的所有矩形中，以正方形的面积为最大。17、18世纪微积分的建立给出了求函数极值的一些准则，对最优化的研究提供了某些理论基础。然而，在以后的两个世纪中，最优化技术的进展缓慢，主要研究了有约束条件的最优化问题，发展了一套变分方法。

20世纪60年代以来，最优化技术进入了蓬勃发展的时期，主要是近代科学技术和生产的迅速发展，提出了许多用经典最优化技术无法解决的最优化问题。另一方面，近代科学，特别是数学、力学、技术和计算机科学的发展，以及专业理论、数学规划和计算机的不断发展，为最优化技术提供了有效手段。

现在，最优化技术这门较新的科学分支已深入到各个生产与科学领域，如化学工程、机械工程、建筑工程、运输工程、生产控制、经济规划和经济管理等，并取得了重大的经济效益与社会效益。

模块知识小结

1. 机械设计方案制定
   - 机械系统方案设计
     - 机械系统的组成
     - 机械设计的一般程序
     - 执行系统的功能原理及运动设计
     - 执行系统的机构形式设计
     - 执行系统的协调设计
   - 机械系统方案设计实例
2. 现代机械设计方法简介
   - 计算机辅助设计
     - 计算机辅助设计的概念
     - 计算机辅助设计发展概况
     - 计算机辅助设计系统的组成
     - 计算机辅助设计软件的设计步骤与方法
   - 机电一体化设计
     - 机电一体化系统的组成
     - 机电一体化产品典型应用
     - 机电一体化产品的设计过程与方法
     - 机电一体化系统设计
     - 机电一体化的发展趋势
   - 机械优化设计与创新设计
     - 机械优化设计简介
     - 机械创新设计简介

项 目 练 习

一、选择题

1. 机械设计主要应体现________特点。

A. 整体性　　B. 系统性　　C. 相关性　　D. 多解性　　E. 创新性

2. 机械产品的设计规划阶段，应完成的主要工作包括______。

A. 产品的市场需求分析　　B. 产品设计的可靠性报告

C. 产品的功能原理设计　　D. 产品的结构方案设计

E. 产品的装配草图绘制　　F. 产品的零件图和其他技术文件

3. 操纵系统基本设计问题是______以及______等。

A. 人工操作方面的问题　　B. 人与机器之间的分工问题

C. 人与机器相互交流的问题　　D. 机器的工作效率问题

4. 机械产品的功能指一个机械系统所具有的应用特性，它包括产品的______。

A. 用途　　B. 能力　　C. 性能　　D. 功用

5. 机电一体化机械系统从功能上可以分为______。

A. 执行机构　　B. 传动机构　　C. 导向机构　　D. 神经机构

二、判断题

1. 结构设计时应优先考虑结构件的主要功能展开设计，再尽量满足其他功能。(　　)

2. 每一个零部件都有单一、固定、明确的功能。(　　)

3. 执行系统的运动分析一定要通过建立复杂的运动方程才能进行。(　　)

4. 在执行系统设计中，需要对执行机构的运动进行分析。(　　)

5. 对减速器进行优化设计，就要考虑提高承载能力、减轻重量和降低经济成本。(　　)

三、简答题

1. 列举你用过哪些计算机辅助软件。

2. 计算机辅助软件对于工程设计人员来说有哪些优点？

3. 列举机电一体化的应用领域。

4. 简述优化设计的过程，并举例说明。

参 考 文 献

[1] 濮良贵，纪明刚. 机械设计. 8 版. 北京：高等教育出版社，2012.
[2] 邓昭铭，卢耀舜，周杰. 机械设计基础. 4 版. 北京：高等教育出版社，2019.
[3] 陈秀宁. 机械设计基础. 4 版. 杭州：浙江大学出版社，2017.
[4] 孙桓，陈作模，葛文杰. 机械原理. 8 版. 北京：高等教育出版社，2013.
[5] 于靖军. 机械原理. 北京：机械工业出版社，2013.
[6] 师忠秀. 机械原理. 北京：机械工业出版社，2012.
[7] 张磊，王冠五. 机械设计. 北京：冶金工业出版社，2011.
[8] 王三民. 机械设计计算手册. 2 版. 北京：化学工业出版社，2012.
[9] 姚杰，田勤. 机械设计基础. 哈尔滨：哈尔滨工业大学出版社，2010.
[10] 彭文生，李志明，黄华梁. 机械设计. 北京：高等教育出版社，2002.
[11] 濮良贵，陈国定，吴立言. 机械设计. 北京：高等教育出版社，2015.
[12] 柴鹏飞，赵大民. 机械设计基础. 北京：机械工业出版社，2018.
[13] 陈霖，谭雪松. 机械设计基础. 北京：人民邮电出版社，2018.
[14] 孙敬华. 机械设计基础. 北京：高等教育出版社，2013
[15] 机械设计手册编委会. 机械设计手册. 8 版. 北京：机械工业出版社，2007.
[16] 蔡素然，吴瑞琴. 全国滚动轴承产品样本. 2 版. 北京：机械工业出版社，2012.
[17] 朱孝录. 齿轮传动设计手册. 2 版. 北京：化学工业出版社，2010.
[18] 祝燮权. 实用滚动轴承手册. 2 版. 上海：上海科学技术出版社，2010.
[19] 成大先. 机械设计手册. 5 版. 北京：化学工业出版社，2011.
[20] 闻邦椿. 机械设计手册：第 2 卷. 6 版. 北京：机械工业出版社，2018.